普通高等教育“十三五”规划教材

平板型太阳能集热器原理与应用

孙如军　韩荣涛　李兴宾　编著

北　京
冶　金　工　业　出　版　社
2017

内容简介

本书共6章，主要内容包括绪论、太阳能资源、传热学基础知识、平板型太阳能集热器、太阳光谱选择性吸收涂层、平板型太阳能集热器光热应用等。

本书可作为高等院校建筑工程、暖通设计等相关专业教材（配有教学课件），也可供相关企业技术人员参考。

图书在版编目(CIP)数据

平板型太阳能集热器原理与应用／孙如军，韩荣涛，李兴宾编著. —北京：冶金工业出版社，2017.10
普通高等教育“十三五”规划教材
ISBN 978-7-5024-7609-0

Ⅰ.①平…　Ⅱ.①孙…　②韩…　③李…　Ⅲ.①太阳能聚热气—高等学校—教材　Ⅳ.①TK513.3

中国版本图书馆CIP数据核字（2017）第237531号

出版人　谭学余
地　　址　北京市东城区嵩祝院北巷39号　邮编　100009　电话　(010)64027926
网　　址　www.cnmip.com.cn　电子信箱　yjcbs@cnmip.com.cn
责任编辑　贾怡雯　美术编辑　杨　帆　版式设计　禹　蕊
责任校对　郑　娟　责任印制　李玉山
ISBN 978-7-5024-7609-0
冶金工业出版社出版发行；各地新华书店经销；三河市双峰印刷装订有限公司印刷
2017年10月第1版，2017年10月第1次印刷
787mm×1092mm　1/16；10.5印张；251千字；158页
30.00元

冶金工业出版社　投稿电话　(010)64027932　投稿信箱　tougao@cnmip.com.cn
冶金工业出版社营销中心　电话　(010)64044283　传真　(010)64027893
冶金书店　地址　北京市东四西大街46号(100010)　电话　(010)65289081(兼传真)
冶金工业出版社天猫旗舰店　yjgycbs.tmall.com

前　言

太阳能是已知的最原始的能源，也是地球上最主要的能源。它清洁、环保、可再生，永不枯竭，而且遍布全世界，是人类长期依赖的能源之一。几乎所有已知的其他能源都直接或间接地来自太阳能。

人类利用太阳能的历史悠久。从早期的自然利用，到我国西周时代祖先的“阳燧取火”，一直到今天，太阳能光热应用、太阳能光电应用、太阳能光化学应用以及太阳能光生物应用，太阳能利用走过了几千年的发展历程。利用技术可谓日新月异，发生了天翻地覆的变化。但在各种应用中，太阳能热水是目前人类利用太阳能最普遍的形式之一。世界各国科学家和工程师经过百年的努力，使太阳能热水技术成为当前最成熟、经济上最具竞争力、商品化程度最高的太阳能热利用技术之一。在全世界范围内，各种太阳能热水装置的生产已发展成为一个新兴产业，并且正在生活和生产领域得到广泛的应用，具有巨大的推广应用价值。

“十三五”是我国推进经济转型、能源革命、体制机制创新的重要时期，也是太阳能产业发展的关键时期。节能减排的宏观政策为太阳能等可再生能源的发展提供了良好的社会环境和广阔的市场空间。根据“十三五”规划的目标，到2020年底，太阳能热利用集热面积达到8亿平方米。太阳能规模化前景十分广阔，同时对太阳能应用产品的性能提出了更高的要求。

本书正是在此背景下，结合德州金亨新能源有限公司的生产实际编写而成。编者结合多年来研究、生产、应用平板型太阳能集热器及太阳选择性吸收涂层的经验，详细论述了集热器及涂层设计制作方法及注意事项。可以帮助读者快速了解太阳能相关知识，掌握平板型太阳能集热器的结构设计、工程应用设计以及了解太阳吸收涂层的原理及制备。

本书由德州学院孙如军和德州金亨新能源有限公司韩荣涛、李兴宾合作编写。

本书配套教学课件读者可在冶金工业出版社官网（www. cnmip. com. cn）搜索资源获得。

由于编者水平有限，书中不妥之处，恳请广大读者批评指正。

编　者

2017. 6

目　录

1 绪　论

1.1 太阳能光热技术应用历史

太阳能是已知的最原始的能源，它清洁、环保、可再生而且遍布全世界。几乎所有已知的其他能源都直接或间接地来自太阳能。

太阳能利用技术，是指人为地采用某些系统或装置（它们由一些器件、组件、机构等组成），直接把太阳的辐射能收集、转换或储存，供用户之需。为了提高这些系统或装置的工作效率和延长其工作寿命，并降低其成本，需要研究它们的工作原理、过程控制、设计方法、制造工艺、试验技术以及一些有关的材料和量测仪表，这就是太阳能利用技术这门学科所包括的内容。太阳能利用技术是一门综合性的科学技术，涉及很多学科。太阳能可以转换为热能、机械能、电能、化学能等其他能量形式。发展这门技术的目的是有效、可靠、经济地把太阳能转换为人们所需要的能量形式并加以利用。

人类利用太阳能的历史悠久。但由于生产力和科学技术发展水平的制约，在相当长的一个历史时期内，太阳能利用始终处于自然利用的初级阶段，如晾晒谷物、果蔬、肉鱼、衣被、皮革等。据史料记载，在我国西周时代（公元前 11 世纪），我们的祖先已经掌握了“阳燧取火”，这是我国有记载的最早利用太阳能的案例。“阳燧”实际上是一种金属凹面镜，在世界科学史上占有重要的地位。世界上第一个大规模应用太阳能的人是希腊著名科学家阿基米德。据说公元前 212 年，他用许多小的平面镜将阳光聚集起来烧毁了攻击西西里岛西拉修斯港的罗马舰队。

太阳能热水器（系统）是利用太阳辐射能加热水的装置，利用太阳能加热水是目前人类利用太阳能最普遍的形式之一。世界各国科学家和工程师经过上百年的努力，使太阳能热水成为当前技术上最成熟、经济上最具竞争力、商品化程度最高的太阳能热利用技术。在全世界范围内得到广泛的应用。就其发展过程来看，总体上大约可以分为三个阶段。

（1）太阳能热水初始阶段。1891 年美国马里兰州的肯普发明了世界上第一台太阳能热水器——“顶峰”热水器。其基本构造是，在一个白松木盆内放置四个涂黑的铁桶，桶与桶之间用管道相连，木盆四周及底部用油毛毡衬垫隔热，顶部盖有玻璃板，向南倾斜安装在屋顶上。水桶最下面有冷水进口，上面有热水出口。用热水时，打开室内冷水阀，流入桶内的冷水将热水从该桶的上面顶出。虽然“顶峰”热水器只能生产 40℃以下的热水，由于当时，煤、油、电力价格都十分昂贵，“顶峰”太阳热水器的问世，立刻轰动了全国。两年后，当地有 30%的家庭都用上了“顶峰”热水器。“顶峰”太阳热水器的发明开启了人类利用太阳能加热水的新时代。

1898 年，美国人法兰克・沃克对“顶峰”太阳热水器进行改革，设计了“沃克”太阳热水器。这种太阳热水器将水桶由 4 个减少为 1~2 个，并把热水出口置于水桶的顶部，冷水进口置于桶的底部，从而保证了能够使用最热的水。另外，在水桶的下部还安装了一块抛光金属板，可以把直射阳光反射到热水器上，以提高热水器的热性能。这种沃克太阳热水器于1902年6月获得美国专利，成为世界上继"顶峰"热水器之后的第二个太阳热水器专利，并在加州南部得到了相当广泛的应用。

1905年，美国人查尔斯·哈斯克尔将热水器中的水桶改为扁形，提高了水的加热速度，于1907年1月获得了美国专利，称为"改进的顶峰"太阳热水器。之后后人又对这种热水器的保温和防冻进行了改进设计，设计出了能昼夜使用及防冻的热水器。

从肯普发明世界上第一个太阳热水器，到第二次世界大战结束，大约经历半个世纪，这期间人们发明了各式各样的闷晒式太阳热水器。这也是太阳能热水器的第一代产品。

（2）平板集热器发展阶段。第二次世界大战结束后，像日本一些缺少常规能源的国家，开始注意开发利用太阳能，市场上出现了各种简易的平板太阳集热器。但战后初期，由于中东石油的大力开发利用，价格低，各国对太阳能利用的兴趣一度低迷，太阳能的利用和发展比较缓慢。

1961年联合国在罗马召开的国际新能源会议，把太阳能利用作为主要议题之一。世界各国真正开始重视并有组织地对太阳能利用开展较大规模研究开发和试验示范工作。尤其是20世纪70年代初全球石油危机的爆发，更是激起人们对太阳能利用的热情，许多国家都投以相当大的人力、物力和财力进行太阳能利用的研究，尤其是太阳能热水器技术。并制订了全国性的近、中、远期规划。这一时期新能源各个领域研究都快速发展。太阳能空间加热和空调（被动和主动系统）、太阳能热发电、太阳能光发电、太阳能制冷、海洋热能发电、波浪和潮汐发电、风力发电、生物质能、地热能、残余物的高温分解（气化）等领域都取得了众多的成果。建立起一批技术先进、规模较大有示范推广意义的系统。

1955年以色列泰伯等人在第一次国际太阳能热科学会议上提出选择性涂层的基础理论，并研制成功实用的黑镍等选择性涂层，为太阳能高效集热器的发展创造了条件。在此期间，平板集热器的设计不断向前发展，各种结构陆续出现。表面吸收涂层从最早的非选择性涂层黑板漆发展到各种选择性吸收涂层，如铝阳极氧化、镀黑镍、镀黑铬等。透明盖板从普通平板玻璃发展到钢化玻璃。集热器的性能不断提高。到70年代末期，全世界大约装有太阳热水器300多万台。太阳热水器的开发利用在美国、澳大利亚、日本、德国、以色列等国都有很大的发展。

平板太阳能热水器属于太阳能热水器的第二代产品。

我国是于20世纪50年代末开始现代太阳能利用的研究，在平板太阳能热水器的开发上，也做出了不少贡献。北京市太阳能研究所于1986年从加拿大引进一条具有国际先进水平的铜铝复合太阳能条带生产线，使我国平板集热器技术跨上一个新的台阶。到20世纪90年代全国已有4000余家生产厂家。1995年销售量超过100万平方米。之后，该项技术先后辐射到沈阳、烟台、广州、昆明、兰州等地，在全国又相继建立起十几条铜铝复合太阳能条带生产线。

（3）全玻璃真空管太阳能热水器阶段。1975年，美国欧文斯—伊利诺依（Owens-Illinois）公司发明了全玻璃真空管太阳能集热器。当时，集热管的选择性吸收涂层的平均太阳光谱吸收率约为83%，但由于采用了高真空技术，集热器的热损失比普通管板式平板太阳集热器降低了2个数量级，从而大大地提高了太阳能热利用技术水平。

1979年初，我国清华大学开始研制全玻璃真空管太阳能集热器。经过几年的研究，清华大学殷志强教授等人发明了采用磁控溅射工艺技术制作多层（渐变）铝-氮/铝选择性吸收涂层，其太阳光谱吸收率可达0.93，红外发射率约为0.05（80℃）。它是世界上第一次只采用一种金属材料，既制备金属底层又制备复合材料的选择性吸收涂层。申报了中国发明专利，将全玻璃真空集热技术又提高了一步。目前，我国的全玻璃真空集热管和全玻璃真空管太阳热水器，从总体上来说，无论是产量和质量均居世界第一，国内全玻璃真空集热管和全玻璃真空管太阳热水器技术经过多年发展已经普及化。

全玻璃真空管太阳能热水器是太阳能热水器的第三代产品。

1.2 太阳能光热技术的发展现状

目前使用最多的太阳能收集装置，主要有平板型集热器、真空管集热器和聚焦型集热器等3种。通常根据所能达到的温度和用途的不同，而把太阳能光热利用分为低温利用（低于200℃）、中温利用（200~800 ℃）和高温利用（高于800℃）。目前低温利用主要有太阳热水器、太阳能干燥器、太阳能蒸馏、太阳房、太阳能温室、太阳能空调制冷系统等，中温利用主要有太阳灶、太阳能热发电聚光集热装置等，高温利用主要有高温太阳炉等。截至2016年上半年统计数据，在我国太阳能集热器及系统总体销量中真空管型产品占比86.6%，平板型产品占比13.4%。产品结构从真空管型产品一枝独秀到与平板型产品并重发展。平板型产品2014年上半年占10.2%，2015年上半年占10.6%，2016年上半年占13.4%。

如图1-1、图1-2所示，截至2016年，全国太阳能集热面积保有量达到46360万平方米，年生产量在2013年年生产量达到顶峰为6360万平方米，2016年为3950万平方米，其中真空管型产品销量占3420万平方米，同比下降9.9%，平板型销量占530万平方米，同比下降3.3%。据《2016年全球可再生能源现状报告》统计，2015年全球太阳能集热器装机容量为435GW·t·h 。2015年，尽管由于中国和欧洲市场持续萎缩，市场发展步调有所放缓，全球玻璃和非玻璃太阳能集热器容量仍增长了6%。中国约占新增太阳能热水器装机容量的77%，其次是土耳其、巴西、印度和美国。

目前的现状是，应用新技术全力开发高性能平板集热器、全玻璃真空管太阳集热管和热管真空集热管，并不断地加以改进，使其达到更高的性能指标，在此基础上，组构各种型号的家用太阳热水器和大型太阳热水系统，大力发展热水器系统的防冻抗冻技术，以满足太阳热水器全年使用的要求，太阳能热利用成本进一步降低，太阳能供热、制冷及工农业等领域应用技术取得突破，应用范围由单一的生活热水，向采暖、制冷空调、工农业供热、热发电等系统多元化综合应用生产领域扩展，市场竞争力迅速提高。

但近年，太阳能热利用产业升级缓慢。在太阳能光热行业，平板太阳能集热器在设计、工艺、生产、使用过程中还存在一些问题，限制了太阳能的发展及推广速度。传统的太阳能热水应用发展进入瓶颈期，产品雷同，缺乏创新，太阳能热利用市场增长放缓，小规模，低水平的家用太阳能热水器企业已处于关、停、并、转状态。如图1-1和图1-2所示。太阳能热利用产业在太阳能供暖、工业供热等多元化应用总量较小，相应产品研发、系统设计和集成方面的技术能力较弱。在实际中高温工业应用、北方寒冷地区供热采暖应用领域存在着热损大、太阳能热效率输出低的缺陷，在生产环节自动化程度低、手工工作量大。而且在新应用领域的相关标准、检测、认证等产业服务体系尚需完善。

目前国内太阳能市场，截止 2016 年上半年，工程市场继 2015 年超过零售市场后，比重继续上升。工程市场 2014 年上半年占 38%，2015 年上半年占 55%，2016 年上半年占 68%。零售市场占比 32%，零售市场比重继续下降，市场结构从零售市场为主向工程市场为主发展表现十分明显。

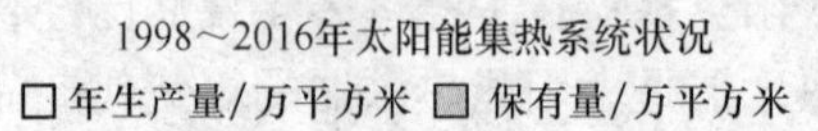

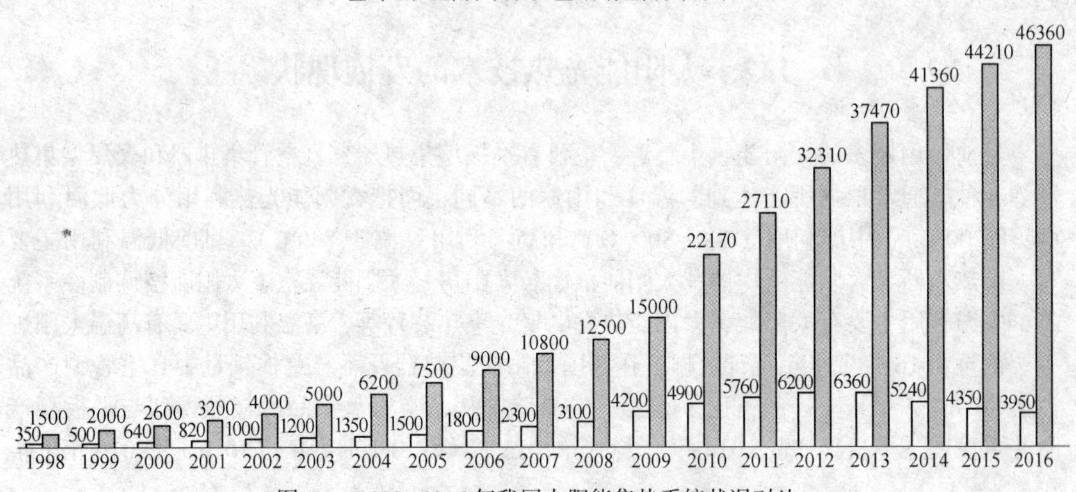

图 1-1　1998~2016 年我国太阳能集热系统状况对比

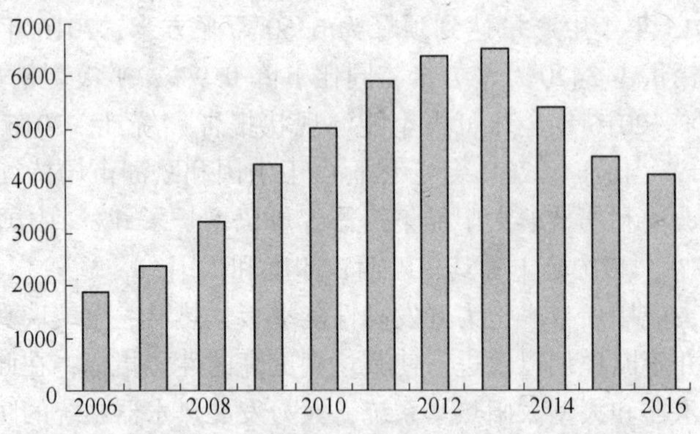

图 1-2　2006~2016 年我国太阳能集热系统总产量对比图

1.3　太阳能光热技术发展前景

由于常规能源的大力开发利用，造成世界范围内的环境污染日趋严重。世界上很多国家已经认识到，太阳能作为可再生能源，在持久使用环境资源为人类造福方面将起到十分巨大的作用。

当然，尽管我国太阳能热水器技术和产业有了较大的发展，但对于一个人口大国来说，太阳能热水器的普及率仍然不太高。从基于玻璃和非玻璃集热器容量，2014 年末世界各国人均太阳能热水器安装容量排名来看，人均容量最多的是奥地利，排在前五名的分别是奥地利、以色列、塞浦路斯、希腊、巴巴多斯。产品的品种、功能和供应量也都远远不能满足人民物质生活水平日益增长的需求。这就有待我国太阳能热水技术和产业都取得更大的发展。

当前太阳热水器（系统）的主要发展趋势有如下几个特点。

（1）太阳能热水器在住宅建筑中的应用。太阳热水器发展至今天，技术上已日趋成熟，太阳热水器的经济性取决于当地的太阳能资源和气候条件、热水器的效率和造价以及用户负荷特性。在相互匹配的前提下，太阳热水器在经济上已具备相当的竞争力。家庭有热水供应是居民生活质量达到小康的基本要求，同时开发利用可再生能源，可节约常规能源、减少环境污染、改善生态平衡，其社会效益更大。因此，世界各国都力图将太阳热水器与住宅建筑密切结合，寻求外形美观、布局合理、管路规范的太阳热水器与建筑一体化的住宅设计。

为民用建筑提供生活热水是改善人民生活水平的标志之一，而节能和环保又是当今建设民用建筑的两大主题。所以太阳能热水器在建筑中的大规模应用将成为可持续发展的必然趋势。近年来，我国太阳能界和建筑界的科技人员共同努力，在太阳能热水器与建筑结合方面开展了大量工作，对产品结构功能、热水系统设计、建筑阳台设计、常规能源匹配、系统安装测试、标准化规范化等各项技术专题进行了研究、探索和实践。并通过实施各种形式的试点示范工程。积累了不少成功的经验。这些都为实现太阳能热水器与建筑相结合提供了一定的技术基础。

目前，在以色列已有65%的家庭居民住宅已经安装上了太阳能热水器。这已经成为当今时代太阳热水器应用的主要潮流。

（2）太阳能热水系统在大型生活设施和工业生产中的应用。全玻璃真空管太阳能集热器和热管式太阳能集热器以及一些高性能的平板太阳能集热器可以运行于较高的温度中，且具有较高的效率，可以全年使用。基于这样一些特点，组构采光面积达几千平方米，运行温度达45~100℃的大型太阳热水系统，以满足大型生活设施和工业生产用热，应用越来越广泛。

（3）大力开发多能互补的高性能太阳热水器。再高性能的太阳热水器，最终也不能完全依赖于太阳能而运行，不同地区太阳能资源有很大差别，而家庭用热基本上是恒定热负荷，因此不可能与当地的太阳能资源完全匹配。在人民生活水平不断提高的今天，单一的太阳热水器已不能满足小康之家恒定热负荷的需求。因此，应开发多能互补的高性能太阳热水器。

未来中国太阳能光热产业将呈现三大趋势：从农村走向城市、从民用走向工商业、从单一能源走向复合能源。有数据显示，在建筑总能耗中，使用能耗约为建筑能耗的15倍左右，供暖能耗又几乎占总使用能耗的35%。建筑节能已经成为我国节能减排的重要目标，“近零能耗建筑”已经成为国际新的发展趋势，可再生能源建筑一体化是必然发展方向。

《中国可再生能源2050发展路线图》指出，2020年前，我国太阳能热水系统的应用仍将是主流应用方式，约60%建筑安装太阳能热水系统。同时，太阳能采暖、制冷系统应用快速发展，1%左右的总建筑面积将应用太阳能采暖、制冷系统。太阳能采暖商业化、规模化前景十分广阔。对太阳能行业来说，这是机遇也是挑战，对太阳能应用产品的性能提出了更高的要求。

复习思考题

1-1 简述太阳能光热应用发展的三个阶段。
1-2 概括太阳能各应用领域状况。
1-3 简述太阳能发展趋势的特点。

2 太阳能资源

2.1 太 阳 辐 射

太阳是太阳系的中心天体，是距地球最近的一颗恒星。太阳是一个巨大的炽热球体，直径大约为 1.39×10^6 km，是地球直径的 109 倍。就体积而言，太阳的体积为 $1.41 \times 10^{18} km^3$，是地球的 130 万倍。太阳的质量为 1.982×10^{27} t，占有太阳系总体质量的 99.86%，比地球质量大 33.3 万倍，而它的平均密度约为 $1.41 g/cm^3$，只为地球平均密度的 1/4。

图 2-1 是太阳的结构示意图。由里往外，太阳由核心、辐射区、对流层、光球层、色球层、日冕层构成。光球层之下称为太阳内部；光球层之上称为太阳大气。太阳的主要组分是氢和氮等多种元素，其中氢的含量约为 81%，氦的含量为 17%。

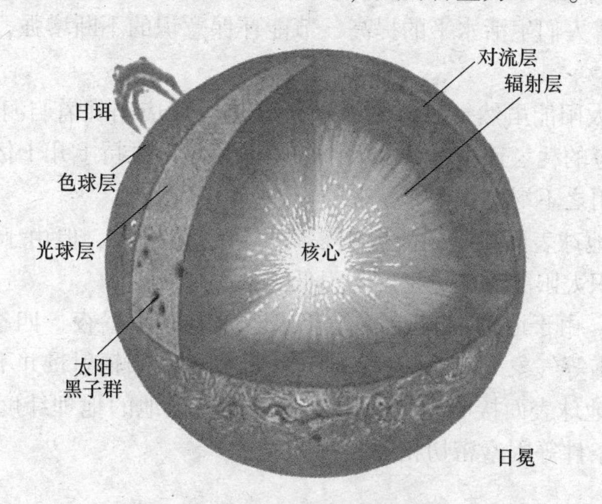

图 2-1　太阳的结构示意图

太阳一刻不停地向四周放射着巨大的能量。这些能量都来自于太阳内部由于高温高压而连续不断地进行着的核聚变反应。其总量平均每秒钟可达 3.865×10^{26} J，相当于每秒钟烧掉 1.32×10^{16} t 标准煤释放出来的能量。而地球大气表层所接收到的能量仅是其中的 22 亿分之一。但尽管如此，每秒钟也有 1.757×10^{17} J，折合标准煤约为 6×10^6 t。

太阳热核反应释放出的巨大能量主要以辐射的形式传向宇宙空间。这种能量的传递过程就是太阳辐射。太阳辐射可分为两类：一类是光辐射，又称为电磁波辐射，即以电磁波的形式从太阳光球表面辐射出的光热能量，这种辐射由可见光和人眼看不见的不可见光组成；另一类是微粒辐射，它是由带正电荷的质子和大致等量的带负电荷的电子以及其他粒子所组成的粒子流。微粒辐射的能量较弱，也不稳定，只有在太阳活动剧烈时，才能影响到人类和地球大气层，由于其带给地球的能量微乎其微，我们通常所说的太阳能，主要是指光辐射。

太阳内部核反应不停地消耗着自身的氢，太阳的寿命大致为100亿年，目前太阳大约45.7亿岁。相对于人类寿命来说，太阳能可谓取之不尽，用之不竭。太阳能既无污染，又不需运输，是理想和洁净的可再生能源，也是人类可利用能量的最大源泉之一。太阳能是各种可再生能源中最重要的基本能源，像生物质能、风能、潮汐能、水能等本质上都来自于太阳的辐射能。

2.2 太阳辐射的特点

太阳每时每刻都向宇宙空间放射着巨大的能量，但我们却不能随心所欲地使用太阳能，对地球上的人类而言，相较于其他常规能源以及核能来说，太阳能有其独有的特性。

（1）普遍性。地球上无论是陆地、海洋，还是高山或者岛屿，太阳光都无处不在，人们无需开采和运输就可以直接开发和利用。这对于像山区、沙漠、海岛等偏远、交通不便的地区尤其重要。

（2）清洁性。太阳能是最清洁的能源之一，开发利用太阳能可以减少常规能源对环境的污染破坏。随着人们生活水平的提高，节能环保意识的不断增强，太阳能的利用越来越得到人们的认可。

（3）长久性。太阳能虽然每时每刻地进行着热核反应消耗着自身氢的含量，但根据目前太阳核聚变反应的耗氢速率估计，太阳的寿命还足以维持上几十亿年，因而可以说太阳能是取之不尽，用之不竭的。

（4）分散性。地球表面接收到的太阳辐射尽管总量巨大，但由于其分散到地球的每一处，因而单位面积太阳能的能量密度却很低。

（5）不稳定性。由于地球的自转及公转，地球上有了昼夜、四季之分，再加上阴、晴、云、雨、雾、霾等气象天气的影响，地球接收到的太阳辐射量并不是恒定的。

（6）区域性。地球表面接收到的太阳能，不仅与当地的地理纬度有关，还与当地的大气透明度和气象条件等因素密切相关。

2.3 地球的自转与公转

太阳是太阳系的中心，其质量占太阳系总质量的99.8%，它以自己强大的引力将太阳系内所有天体都牢牢地吸引在它的周围，使它们不离不散、井然有序地围绕自己旋转。

地球是太阳的八大行星之一，它绕太阳逆时针公转，其公转的轨道接近椭圆形轨道，太阳位于椭圆形的一个焦点上，稍有偏心。该椭圆形轨道称为黄道。在黄道平面内，长半轴约为153×10^6km，短半轴约为147×10^6km，太阳与地球的平均距离约为150×10^6km，在太阳与地球的连线上，地球上某点至太阳的张角仅为32′，因此太阳投射到地球上的光线可以近似看作是一组平行光线。

2.3.1 昼夜交替与四季

在地球上，一天中有昼夜之分，一年中有春夏秋冬四季之分，这些自然现象，都是地球自转及地球绕太阳公转引起的。假设有一条轴贯穿地球中心与南北两极，这条轴我们就称之为地轴。地球就像一只陀螺，每天绕着地轴不停地旋转，每转一周形成一个昼夜。地球上朝着太阳的一面是白天，背着太阳的一面是夜晚，于是就产生了昼夜交替的现象。地球自转的方向是自西向东的，所以我们看到日月星辰从东方升起，西方降落。地球自转一周 360°是一昼夜，每昼夜是 24h，所以地球每小时自转 15°。

除了自转，地球还在不停的绕太阳公转，其周期是一年。地球绕太阳公转的轨道面称为黄道面，地轴与黄道面有 66°34′的夹角，也就是说地球赤道面与黄道面有 23°26′的夹角。在地球绕太阳公转的过程中此夹角始终保持不变，因此当地球处在公转轨道的不同位置时，阳光投射到地球上的角度也就不一样，有时偏北，有时偏南，有时又直射赤道。因此，在地球绕太阳公转的一年中，有时地球北半球倾向太阳，有时南半球倾向太阳。总之太阳的直射点总是在南北回归线之间移动，于是产生了昼夜长短的变化和四季的交替现象。

图 2-2 是以北半球春分、夏至、秋分、冬至四个典型季节日所代表的地球公转的运行图。由图 2-2 可以看到，3 月 20 日前后，中午时阳光垂直照射赤道，地面上昼夜时长相等，此时为春分；6 月 21 日前后，中午时阳光垂直照射北回归线，即北纬 23°26’，北半球昼长夜短，此时为夏至，在南极圈（南纬 66°33’）内则为极夜，全天见不到太阳，北极圈内则为极昼，太阳整日不落；9 月 23 日前后，阳光又再次垂直照射赤道，此时为秋分；12 月 22 日前后，中午时阳光垂直照射南回归线，即南纬 23°26’，南半球昼长夜短，此时为冬至。

地球绕太阳运行一周，历时一年，计 365 天 5 时 48 分 46 秒。这一周期在天文学上称为一个“回归年”。在实际日历中，规定一年 365 天，称为“平年”。每四年增加一天至 366 天，称为“闰年”。

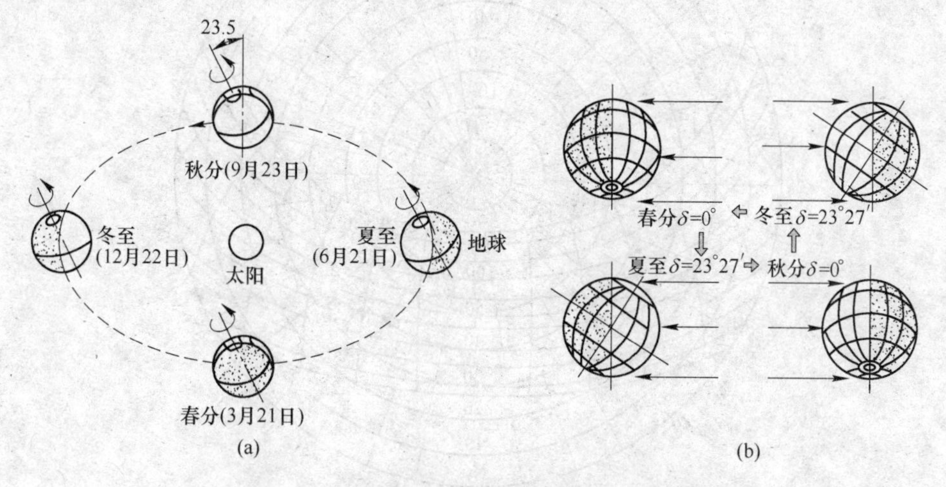

图 2-2 地球绕太阳运行及北半球的四季交替示意图

（a）地球绕太阳运行示意图；（b）地球受太阳照射的变化

2.3.2 太阳周日视运动

每天，我们都看到太阳从东方升起，又从西方落下。如图 2-3 所示，每天早上太阳从东方的地平线上升起，中午到达天空的最高位置，然后逐渐转向西方又降落到地平线下。这种现象每天都重复地出现，就叫做“太阳的周日视运动”。它是地球每天自转的反映。

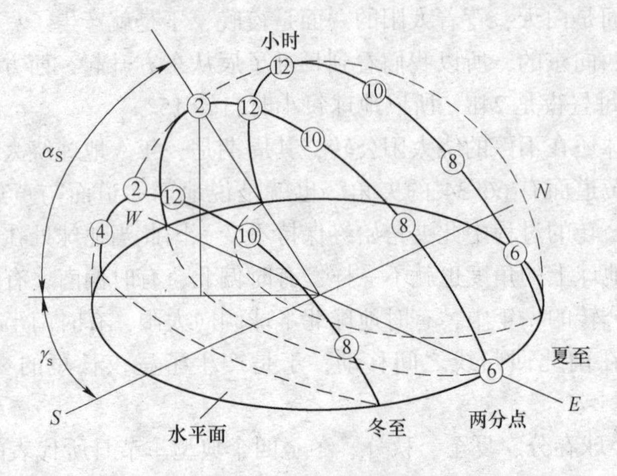

图 2-3 太阳的周日视运动

太阳的周日视运动，随观测地点和时令季节而异。太阳在天球上的行程，称为“太阳轨迹平面投影图”。图 2-4 示出了北纬 40°（北京地区）的太阳轨迹平面投影图。从图 2-4 可清楚地看到，正午时，太阳高度达到最高位置，但太阳高度以及日出日没的方位均

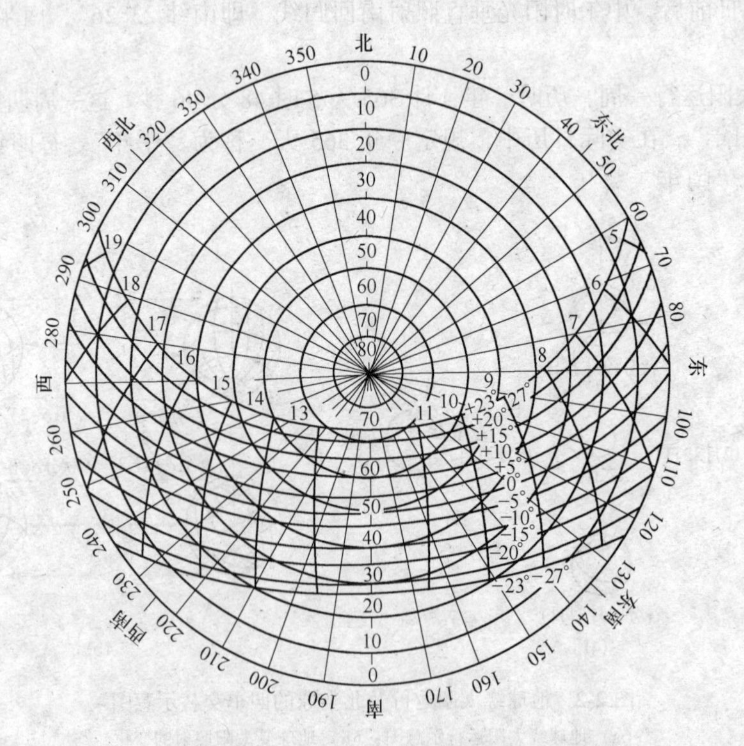

图 2-4 北纬 40°（北京地区）的太阳轨迹平面投影图

随季节而变化。春分日（3月21日）太阳出于正东，没于正西，昼夜等长。春分日过后，太阳升落点逐日向北偏移，白昼时间增长，黑夜时间缩短，正午太阳高度与日俱增。夏至日（6月22日），正午太阳高度达到一年中的最大值，白昼最长。夏至日过后，太阳高度逐日降低，白昼缩短，太阳升落又趋向东、西点。到了秋分（9月23日），太阳再次出于正东，没于正西。秋分日后，太阳高度越来越低，黑夜越来越长，太阳升落点向南移动。到了冬至日（12月22日），正午太阳高度为一年中的最小值，并且白昼最短。表2-1给出了北纬40°（北京地区）太阳高度角及方位角的日变化。

表2-1　北纬40°（北京地区）太阳高度角及方位角的日变化

时间		5：00 19：00	6：00 18：00	7：00 17：00	8：00 16：00	9：00 15：00	10：00 14：00	11：00 13：00	12：00
太阳高度角	春、秋分			13°	23°	33°	42°	48°	50°
	夏　至	4°	14°	26°	37°	48°	59°	69°	73.5°
	冬　至				5°	14°	21°	25°	26.5°
方位角	春、秋分			82°	72°	57°	42°	23°	0°
	夏　至	118°	109°	100°	91°	80°	65°	37°	0°
	冬　至				53°	42°	29°	15°	0°

2.4 太阳角

地球表面覆盖着30km的大气层，太阳辐射从太空经过大气层到达地球表面，受多种因素影响。地面上某处所接收到的太阳辐射能量的大小与太阳相对于地球的位置息息相关。当我们仰望天空时，整个天空就像一个半球，我们定义为天球，罩在我们头顶上方，而我们就位于这个球体中心。对于地球表面上某点来说，太阳在天球的空间位置可用太阳高度角和太阳方位角来确定，而太阳高度角又与地理纬度、太阳赤纬和时角有关。

2.4.1　赤道坐标系

赤道坐标系是人在地球以外的宇宙空间里，看太阳相对于地球的位置，这时太阳相对于地球的位置是相对于赤道平面而言，用赤纬角和时角这两个坐标表示，如图2-5所示。相对于赤道平面，太阳与地球间的任何夹角都是与赤道平面的夹角，可以将地球压缩成一个赤道面来看，因而世界各地都具有相同的赤纬角，跟所在的地区无关，只跟一年中的某月某日有关，世界上不同的地区，只要日期相同，赤纬角就相同，日期不同，则赤纬角不同。

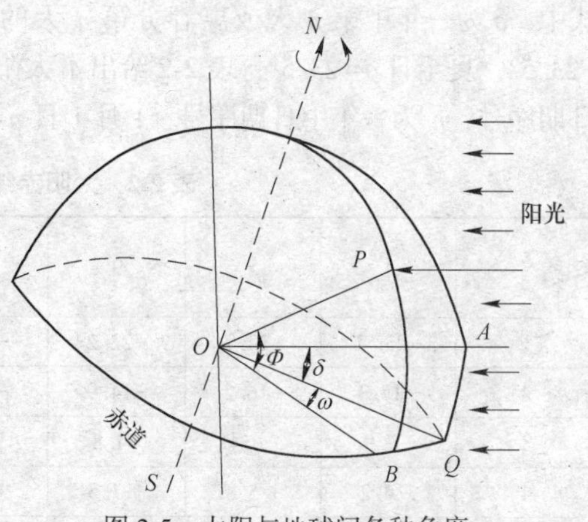

图2-5　太阳与地球间各种角度

2.4.1.1　太阳赤纬角

如图2-5所示，太阳中心与地球中心O的连线，即太阳光线在地球表面的直射点A与

地球中心 O 的连线，与在赤道平面上的投影 OQ 间的夹角，用 δ 表示，即称为太阳赤纬角（或称太阳赤纬）。太阳赤纬角是由于地球赤道面与公转轨道面（黄道面）不重合造成的，由于地轴的倾斜角度一直保持不变，地轴与黄道平面（即轨道平面）之间始终保持66°33′的夹角，因而太阳赤纬角在一年中的每一天都具有不同的数值，且它与地球上的不同地区无关，只要日期相同，世界上各地都有相同的赤纬。

在一年中，太阳光线在地球表面上的垂直照射点的位置在南回归线、赤道和北回归线之间往复移动．使该直射点与地球中心连线在赤道面上的夹角也随之重复变化，即太阳赤纬角一年里在 23°27′~−23°27′之间变化。在春秋分时，太阳光垂直照射赤道，此时地球中心与太阳中心连线与其在赤道面上的投影重合，即 $\delta=0°$；夏至时，太阳光垂直照射在北回归线（北纬 23°27′），此时赤纬角 $\delta=23°27'$，而在冬至日时，太阳光垂直照射在南回归线（南纬 23°27′）上，此时赤纬角 $\delta=-23°27'$。这里做如下规定，太阳直射点在赤道以北太阳赤纬角为正，直射点在赤道以南则为负。

图 2-6 为太阳赤纬变化曲线，表 2-2 为太阳赤纬与日期对照表，可从曲线图或表格中直接查找赤纬值。

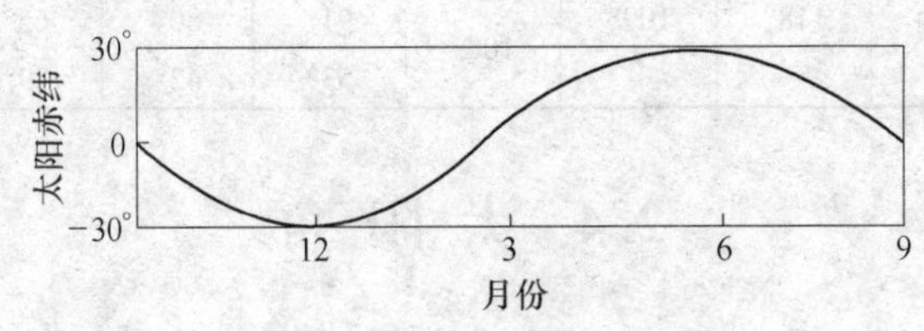

图 2-6　太阳赤纬变化曲线

每日的赤纬角 δ 计算公式：

$$\delta = 23.45\sin\left(\frac{2\pi d}{365}\right) \tag{2-1}$$

或

$$\delta = 23.45\sin\left(360 \times \frac{284 + n}{365}\right) \tag{2-2}$$

式中，δ 为一年中第 n 天或离春分第 d 天的赤纬，（°），春分和秋分日 $\delta=0$，冬至日 $\delta=-23.5°$，夏至日 $\delta=23.5°$，表 2-2 给出了太阳赤纬角 δ 与日期的对照；d 为由春分日起算的日期序号；n 为一年中日期序号，1 月 1 日 $n=1$，1 月 2 日 $n=2$，以此类推，见表 2-3。

表 2-2　太阳赤纬角 δ 与日期对照表　　（°）

月 \ 日 δ	1	5	9	13	17	21	25	29
1	−23.1	−22.7	−22.2	−21.6	−20.9	−20.1	−19.2	−18.2
2	−17.3	−16.2	−14.9	−13.7	−12.3	−10.9	−9.4	
3	−7.9	−6.4	−4.8	−3.3	−1.7	−0.1	+1.5	+3.0
4	+4.2	+5.8	+7.3	+8.7	+10.2	+11.6	+12.9	+14.2
5	+14.8	+16.0	+17.1	+18.2	+19.1	+20.0	+20.8	+21.5
6	+21.9	+22.5	+22.9	+23.2	+23.4	+23.4	+23.4	+23.3

续表 2-2

日 δ 月	1	5	9	13	17	21	25	29
7	+ 23.2	+ 22.9	+ 22.5	+ 21.9	+ 21.3	+ 20.6	+ 19.8	+ 19.0
8	+ 18.2	+ 17.2	+ 16.1	+ 14.9	+ 13.7	+ 12.4	+ 11.1	+ 9.7
9	+ 8.6	+ 7.1	+ 5.6	+ 4.1	+ 2.6	+ 1.0	−0.5	−2.1
10	−2.9	−4.4	−5.9	−7.5	−8.9	−10.4	−11.8	−13.2
11	−14.2	−15.4	−16.6	−17.7	−18.8	−19.7	−20.6	−21.3
12	−21.7	−22.3	−22.7	−23.1	−23.3	−23.4	−23.4	−23.3

表 2-3 月天数与年天数换算表

月份	年天数 n	月份	年天数 n
一月	x	七月	x +181
二月	x +31	八月	x +212
三月	x+ 59	九月	x+ 243
四月	x +90	十月	x +273
五月	x +120	十一月	x +304
六月	x +151	十二月	x +334

注：x=月天数，在闰年的二月份以后 x 应加 1。

2.4.1.2 时角

地球每小时自转的角度即定义为时角 ω。地球自转一周 360°对应的时间为 24h，则每小时对应的时角 $\omega=360/24=15°$。在此规定，正午时角为零，其他时辰时角的数值等于离正午的时间（小时）乘以 15°。上午时角为负值，下午时角为正值，日出、日落时时角最大，正午时最小。例如上午 10 时和下午 2 时的时角分别为−30°及+ 30°。

2.4.2 地平坐标系

在太阳能利用中，一般都采用“地平坐标系”。地平坐标系是人站在地球上观看空中的太阳相对于地球的位置。此时天空就像一个巨大的半球罩在人所站的地平面上，半球与地平线相交的大圆圈称为地平圈。此半球即为天球，在地平坐标系中人始终处于天球球心上。

在地平坐标系中，观察者所在的地平面是参考平面，此时太阳相对于地球的位置是相对于地平面而言的，其空间位置可以用太阳高度角 h 和太阳方位角 α 来确定。太阳与地球间的任何夹角都是与地平面的夹角，因此，在同一时刻，世界各地的高度角和方位角都不同。

图 2-7 所示为太阳高度角、方位角和天顶角的关系。

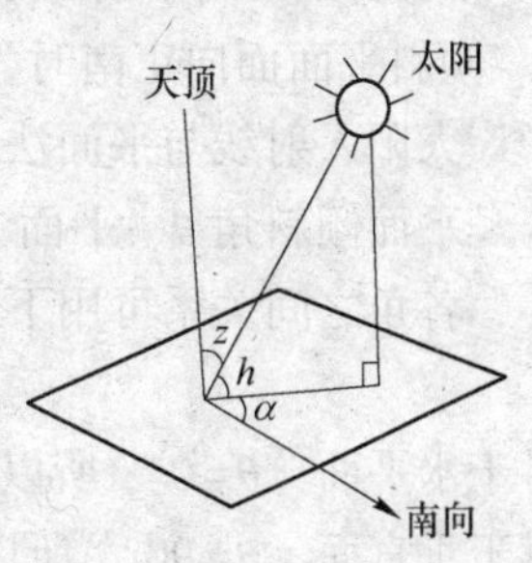

图 2-7 太阳高度角、方位角及天顶角关系

2.4.2.1 天顶角 z

地平面上某点的法线与太阳光线之间的夹角称为天顶角，用 z 表示。由图 2-7 可知：

$$z = 90° - h \quad (2\text{-}3)$$

2.4.2.2 太阳高度角 h

地平面上某点和太阳的连线与它在地平面上的投影线地平面之间的交角称为太阳高度角，用 h 表示，表示太阳高出地平面的角度。可由下式计算：

$$\sin h = \sin\phi\sin\delta + \cos\phi\cos\delta\cos\omega \quad (2\text{-}4)$$

式中，ϕ 为当地纬度，我国一些城市的经纬度见附录 1；δ 为赤纬角；ω 为太阳时角。

从公式可以看出，太阳高度角随地区、季节和每日时刻的不同而改变。

太阳高度角在一天之内不断变化，日出时太阳高度角为 0°，正午时最大，之后又逐渐减小，到日落时又为 0°。又因为地球在公转时自转轴与公转轨道面始终保持 23°27′的夹角，所以太阳高度角一年之内也是不断改变的。例如夏至时，太阳光垂直照射在北回归线（北纬 23° 27′）正上方，而到了冬至，太阳光又垂直照射在南回归线（南纬 23°27′）上。

2.4.2.3 太阳方位角 α

太阳方位角是地平面上某点与太阳的连线在地平面上的投影线与正南方向线的夹角。它表示太阳光线的水平投影线偏离正南方向的角度。太阳方位角的计算公式为：

$$\sin\alpha = \frac{\cos\delta\sin\omega}{\cos h} \quad (2\text{-}5)$$

方位角从正午起算，按顺时针方向为正，逆时针方向为负，也就是上午为负，下午为正。方位角和时角本身的正、负可以互换，但方位角和时角两者之间的正、负必须一致。见表 2-4。

表 2-4 时角与方位角

	上午	下午	上午	下午
时角	+	−	−	+
方位角	+	−	−	+

2.4.2.4 任意平面上的太阳光入射角

任意倾斜平面与水平面之间的夹角称为该平面的倾斜角 θ。对于垂直面，$\theta=90°$，对于水平面，$\theta=0°$。

任意倾斜平面的法线在水平面的投影与正南方向线之间的夹角称为任意平面的方位角 γ。倾斜平面面向正南时，$\gamma= 0°$，面向东时，γ 为负，面向西时，γ 为正。

太阳入射线与平面法线之间的夹角称为阳光入射角 i。

平面倾斜角 θ、平面方位角 γ 与阳光入射角 i 之间的几何关系见图 2-8。

各角之间关系可用下式计算：

$$\cos i = \cos\theta\sin h + \sin\theta\cos h\cos(\alpha-\gamma) \quad (2\text{-}6)$$

对于水平面，$\theta=0°$，所以

$$\cos i = \sin h \quad (2\text{-}7)$$

对于垂直面，$\theta=90°$，所以

$$\cos i = \cos h\cos(\alpha-\gamma) \quad (2\text{-}8)$$

对于面向正南的任意倾斜角为 θ 的斜面：

$$\cos i = \cos(\phi-\theta)\cos\delta\cos\omega + \sin(\phi-\theta)\sin\delta \quad (2\text{-}9)$$

2.4.2.5 日出、日没时角

太阳视圆面中心出没地平线瞬间的时角，称为日出、日没时角，即太阳高度角取零时的时角。由式（2-4）确定的日出、日没时角为：

$$\omega_0 = \pm\cos^{-1}(-\tan\phi\tan\delta) \qquad (2\text{-}10)$$

式中，正值表示日没时角，负值表示日出时角。

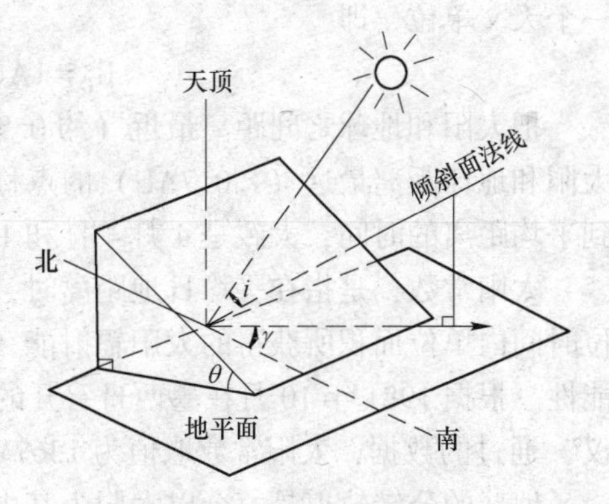

图 2-8 阳光入射角示意图

太阳内部不停进行着的热核反应，释放出的巨大能量主要以辐射的形式传向宇宙空间。这种能量的传递过程就是太阳辐射。为了表示太阳辐射强烈程度，天文学上引入太阳辐射强度这一概念，太阳辐射强度即单位面积在单位时间内接受的太阳辐射能称为太阳辐射强度，通常以 I 表示，其单位为 W/m^2。此数值决定着利用太阳能的可能性。

2.4.2.6 太阳时和时差

太阳视圆面中心连续两次通过天顶的时间间隔定为一个“真太阳日”。1 真太阳日分为 24 个真太阳时，这一时间系统，称为“真太阳时”或“太阳时”。

太阳时是以当地太阳位于正南向的瞬时为正午。由于太阳与地球之间的距离和相对位置随时间在变化，以及地球赤道与其绕太阳运行的轨道所处平面的不一致，因而真太阳时与当地钟表指示的时间（平均太阳时）之间有所差异，将它们的差值称为时差。

太阳角度计算中所指的时间都是太阳时。我国标准时间北京时间与太阳时的关系式为：

$$太阳时 = 北京时间 + E^{-4}\times(120-L) \qquad (2\text{-}11)$$

式中，E 为时差，min，从图 2-9 查出；L 为当地的经度。

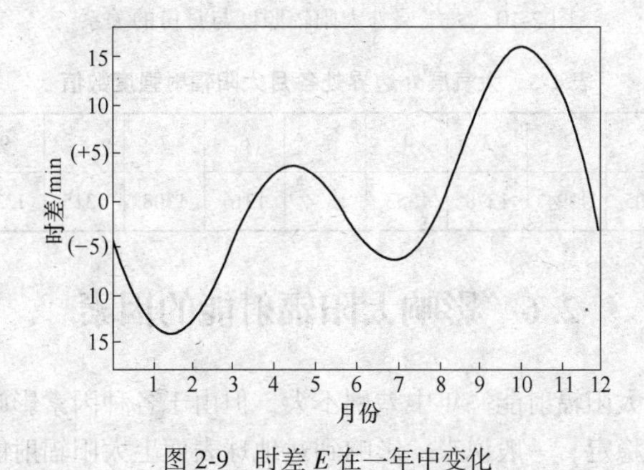

图 2-9 时差 E 在一年中变化

2.5 太阳常数

在大气层上端，太阳辐射强度和太阳与地球间的距离的平方成反比，因此认识太阳和地球间的距离对于确定太阳辐射来说非常重要。通常，将全年太阳与地球间平均距离叫做

一个天文单位，即

$$R_0 = 1AU = 1.496 \times 10^8 km$$

把太阳和地球之间距离最近（约0.983AU）的点称为近日点，时间大约为1月3日，太阳和地球距离最远（1.017AU）的点称为远日点，大约为7月4日。每年太阳和地球达到平均距离的时间，大致是4月4日和10月5日。

太阳常数，是指在平均日地距离时，在地球大气层上界垂直于太阳光线的平面上，单位时间内单位面积所获得的太阳辐射能，其单位为W/m²。此数值决定着太阳能利用的可能性。根据1981年10月在墨西哥召开的“世界气象组织仪器和观测方法委员会第八届会议”通过的数据，太阳常数取值为1367W/m²。

地球的公转轨道是一个以太阳为其中一个焦点的椭圆轨道，严格来说，由于地球不停地公转，太阳与地球之间的距离也是时刻都在变化，因而地球大气层上边界处垂直于太阳光线表面上的太阳辐射强度也在不断变化，如图2-10所示，在1月1日最大1419W/m²，7月1日最小1321W/m²，两者相差约7%。在计算太阳辐射时，按月份采取不同数值，其精度完全可以满足工程要求。大气层外边界处各月太阳辐射强度数值见表2-5。

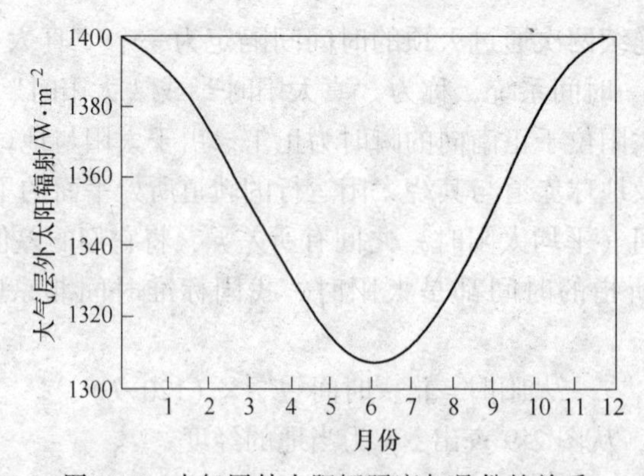

图2-10　大气层外太阳辐照度与月份的关系

表2-5　大气层外边界处各月太阳辐射强度数值

月份	1	2	3	4	5	6	7	8	9	10	11	12
辐射照度/($W \cdot m^{-2}$)	1405	1394	1378	1353	1334	1316	1308	1315	1330	1350	1372	1392

2.6　影响太阳辐射能的因素

地球大气层外的太阳辐射能一年中差别不大，但由于各种因素影响，实际到达地面上的太阳辐射能则极不稳定。一般说来，影响到达地球表面上太阳辐射能的因素主要有以下几方面。

（1）天文因素：日地距离、太阳赤纬角、太阳时角。

（2）地理因素：地理纬度、经度及海拔高度。

（3）几何因素：太阳高度，受辐射表面的倾角及方位。

（4）物理因素：大气衰减，受太阳辐射表面的物理化学性质，包括表面涂层性质。

2.7　大气层对太阳辐射的吸收、反射和散射

地球表面覆盖有一层厚厚的大气层，厚约30km。当太阳辐射穿过大气层时，云层以及大气中的灰尘会对太阳辐射形成一定的反射和散射，其中太阳辐射中大部分的紫外辐射被大气层上部的臭氧层所吸收，大气层中的各类气体，如臭氧、二氧化碳、水蒸气和灰尘等物会对一部分红外光形成吸收、反射和散射。经过大气层后，太阳辐射强度被显著衰减。据估计，反射回宇宙的能量约占太阳辐射能量的30%，另有约23%的能量被吸收，只有47%左右的能量才能到达地球陆地和海洋，并成为地球上所有能量的主要来源。

2.7.1　直射辐射和散射辐射

到达地面的太阳辐射分直射辐射和散射辐射两部分。

“直射辐射”是太阳光线没有被改变方向，没有受到反射或散射直射而是直接从太阳辐射到地面的太阳辐射部分。在大气层上界，太阳能辐射都是直射辐射。

如图2-11说明了地球大气层内部对太阳辐射的各种作用。

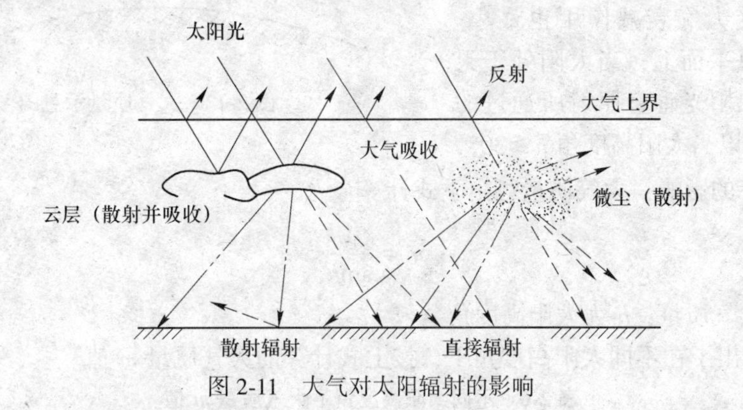

图2-11　大气对太阳辐射的影响

“散射辐射”是太阳辐射经过大气层时，被云层和大气层至少一次散射或反射，改变了原来的方向才到达地面的太阳辐射部分。它来自四面八方各个方向，故也被称为“天空辐射”或“半球辐射”。

不同天气条件下，直射辐射和散射辐射在总辐射中的占比不同。天气越晴朗、大气质量越好，直射辐射占比越大。在晴天，到达地面的太阳辐射中直射辐射约占90%，散射辐射约占10%。而阴天，到达地面的太阳辐射可能全是散射辐射。

2.7.2　大气质量

大气透明度是表征大气层对于太阳光线透明程度的一个参数。大气透明度与天空云量和大气中所含灰沙等杂质的多少有关。大气透明度越高，则穿过地球大气层之后到达地面的太阳辐射能就越多；相反，大气透明度越差，则到达地面的太阳辐射能就越少。例如，当天气晴朗无云，大气透明度很高时，我们就会感到太阳很热；而当天空中云雾、沙尘较多，大气透明度低时，则感到太阳不太热。

此外，大气透明度与海拔高度也有很大关系。一般来说，海拔越高，大气透明度越

高，太阳辐射强度越大，也就是说太阳能资源越丰富。由此可见，海拔越高的地方越有利于利用太阳能，比如我国的青藏高原，大部分都处于海拔3000~5000m的地方，非常有利于利用太阳能。

大气层是到达地面的太阳辐射衰减的主要原因。为了表示大气对太阳辐射衰减作用的大小，一般用大气质量来表示。所谓大气质量m即太阳光线穿过地球大气层的路程与太阳在天顶时太阳光线穿过地球大气层的路程之比。

到达地面的太阳辐射强度的衰减程度和大气质量以及大气透明度有关，并与穿过大气层的距离有关。太阳辐射穿过大气层时，通过的路程越长，则大气对太阳辐射的吸收、反射和散射越多，即大气辐射被衰减的越厉害，到达地面的辐射能量便越小。

图2-12所示为大气质量示意图。图中 A 为海平面上一点，O 为太阳 S 在天顶位置时大气层上的点，S、S' 表示不同位置的太阳。当太阳位于天顶 O 时，它在海平面上方的高度为90°，此时太阳光到达海平面所经过的路程最短，受大气衰减作用也最小。这里规定在海平面上，当太阳处于天顶位置时，太阳光垂直照射所通过的路程为1。所以当太阳高度角 $h \geqslant 30°$，忽略地球曲率的影响，大气质量可由下式计算：

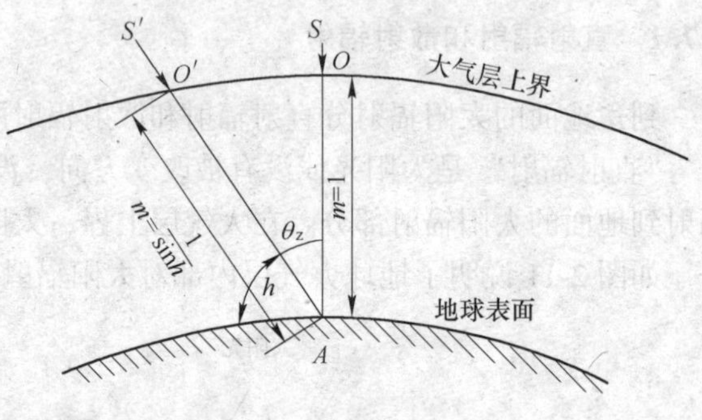

图2-12　大气质量示意图

$$m = \frac{1}{\sin h} \tag{2-12}$$

式中，m 为大气质量；h 为太阳高度角。

表2-6列出了在不同太阳高度角下，按上式计算的大气质量 m 值。

表2-6　不同太阳高度角下大气质量 m 值

太阳高度角 h	90°	80°	70°	60°	50°	40°	30°
大气质量 m	1.000	1.015	1.064	1.155	1.305	1.555	2.000
太阳高度角 h	25°	20°	16°	12°	8°	5°	4°
大气质量 m	2.37	2.92	3.63	4.81	7.18	11.5	14.3

从式（2-12）及表2-6中可以看出，太阳高度角越小，即太阳在地面上方的高度越低，则大气质量越大，太阳辐射受大气的衰减作用越大。太阳接近地平线时，大气质量是中午时的几十倍，此时的太阳辐照度很低。

2.8　倾斜平面上太阳辐射强度计算

为了获得尽量多的太阳能量，在实际应用中，太阳能集热器通常安装有一定的倾斜角度。当我们设计太阳能应用系统方案时，首先需要了解的一个基本问题，便是需要知道投射在工程项目所在地太阳能集热器采光面上的太阳辐射强度的量值。由于一般气象资料给出的通常是水平面上的太阳辐照度，因而在设计应用时必须进行转换，即把水平面上的太阳辐照度转换成相当于集热器安装倾角的倾斜面上的太阳辐照度。

在实际太阳能系统设计时用的更多的还有日或年均辐照量。附表2我国一些主要城市各月的设计用气象参数，表中列出了水平面太阳总辐射月平均日辐照量、倾角等于当地纬度倾斜表面上的太阳总辐射月平均日辐照量、月日照时数、月均室外气温等数据。附表1则列出了不同地区由于太阳能集热器倾角及朝向不同的集热器补偿面积比。

倾斜平面上总的太阳辐照度 I_θ 包括三部分：直射辐射辐射度 $I_{D\theta}$、散射辐射辐射度 $I_{d\theta}$ 和地面反射辐射辐射度 $I_{R\theta}$。即

$$I_\theta = I_{D\theta} + I_{d\theta} + I_{R\theta} \tag{2-13}$$

式中，$I_{D\theta}$ 为倾斜平面上太阳直射辐射强度；$I_{d\theta}$ 为倾斜平面上太阳散射辐射强度；$I_{R\theta}$ 为倾斜平面上所获得的地面反射辐射强度。

（1）倾斜面上的太阳直射辐射辐照度 $I_{D\theta}$ 倾斜面上的直射辐射照度可通过逐时计算，准确实现从水平面到倾斜面的转换，图2-13表示了倾斜面上与水平面上直射辐射的关系。

水平面上的直射辐射辐照度为：

$$I_{DH} = I_n \sin\alpha_S \tag{2-14}$$

斜面上的直射辐射辐照度（W/m²）为：

$$I_{D\theta} = I_n \cos\theta_T \tag{2-15}$$

式中，I_n 为垂直于太阳光线表面上的太阳直射辐射辐照度；θ_T 为太阳直射辐射的入射角，太阳入射光线与接收表面法线之间的夹角。

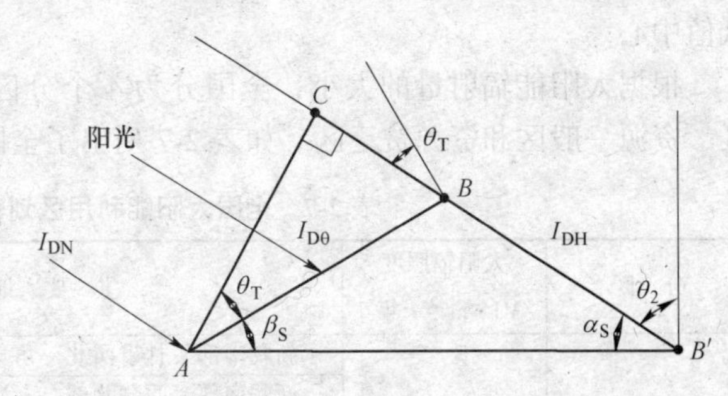

图2-13 倾斜面上与水平面上直射辐射的关系

则
$$R_b = \frac{\text{斜面上的直射辐射}}{\text{水平面上的直射辐射}} = \frac{I_{D\theta}}{I_{DH}} = \frac{\cos\theta_T}{\sin\alpha_S} \tag{2-16}$$

入射角的计算公式如下：

$$\cos\theta = \sin\delta\sin\phi\cos S - \sin\delta\cos\phi\sin S\cos\gamma_f + \cos\delta\cos\phi\cos S\cos\omega + \cos\delta\sin\phi\sin S\cos\gamma_f\cos\omega + \cos\delta\sin S\sin\gamma_f\sin\omega \tag{2-17}$$

式中，θ 为入射角；δ 为赤纬角；ω 为时角；ϕ 为当地地理纬度；γ_f 为表面方位角，指倾斜表面法线在水平面上投影线与南北方向线之间的夹角，对于朝向正南的倾斜表面，$\gamma_f=0$；S 为表面倾角，指表面与水平面之间的夹角。

$$I_{D\theta} = R_b I_{DH} \tag{2-18}$$

朝向正南的倾斜表面，由于 $\gamma_f=0$，R_b 的计算公式可简化为：

$$R_b = [\cos(\Phi - S)\cos\delta\cos\omega + \sin(\Phi - S)\sin\delta]/(\cos\Phi\cos\delta\cos\omega + \sin\Phi\sin\delta) \tag{2-19}$$

（2）倾斜面上的太阳散射辐射辐照度 $I_{d\theta}$。太阳散射辐射认为是各向同性的，即太阳散射辐射均匀分布在半球天空，则斜面上的散射辐照度 $I_{d\theta}$（W/m²）可用下式计算：

$$I_{d\theta} = I_{dH}(1 + \cos S)/2 \tag{2-20}$$

式中，$I_{d\theta}$ 为倾斜面上的散射辐射辐照度；I_{dH} 为水平面上的散射辐射辐照度；S 为倾斜面倾角。

（3）地面上的反射辐射辐照度 $I_{R\theta}$。地面上的反射辐射认为是各向同性的，则地面上的反射辐射辐照度 $I_{R\theta}$（W/m^2）可用下式计算：

$$I_{R\theta} = \rho_G(I_{DH} + I_{dH})(1 - \cos S)/2 \qquad (2\text{-}21)$$

式中，ρ_G为地面反射率，工程计算中，取平均值 0.2，有雪覆盖地面时取 0.7。

2.9　我国太阳能资源

我国地处北半球，绝大部分地区位于北纬 45°以南，太阳能资源非常丰富。据估算，我国太阳能年辐射总量大概在 930~2330kW·h/(m²·a) 之间，超过 1630kW·h/(m²·a)（约相当于 1.2×10^4亿吨煤）的地区约占全国总面积的 2/3。

我国幅员辽阔，由于纬度和气候的不同，各地太阳能资源分布并不均匀。总的来说西部地区的太阳年能总辐射量高于东部，除西藏和新疆两个自治区外，基本上北方高于南方。太阳能的高值中心和低值中心都在北纬 22°~35°一带。青藏高原是高值中心，四川是低值中心。

根据太阳能辐射量的大小，全国分为 4 个分区，分别是：资源丰富区、资源较丰富区、资源一般区和资源贫乏区。如表 2-7 列出了全国太阳能利用区划系统及分区特征。

表 2-7　全国太阳能利用区划系统及分区特征

分　区	太阳辐照度 /MJ·m⁻²·年⁻¹	主　要　地　区	月平均气温≥10℃、日照时数≥6 小时天数
Ⅰ太阳能资源丰富区	>6280	新疆南部、甘肃西北一角	275 左右
		新疆南部、西藏北部、青海西部	275~325
		甘肃西部、内蒙古巴颜淖尔盟西部、青海一部分	275~325
		青海南部	250~300
		青海西南部	250~275
		西藏大部分	250~300
		内蒙古乌兰察步盟、巴颜淖尔盟及伊克昭盟一部分	>300
Ⅱ太阳能资源较丰富区	5020~6280	新疆北部	275 左右
		黑龙江、吉林大部、内紫古呼伦贝尔盟	225~275
		内蒙古锡林郭勒盟、乌兰察布、河北北部一隅	>275
		吉林、辽宁、长白山地区	<225
		山西北部、河北北部、辽宁大部分、河北大部分、北京、天津、山东西北部	250~275
		山西南部、河南大部及安徽、山东、江苏部分	200~250
		内蒙古伊克昭盟大部分	275~300
		陕北及甘肃东部一部分	225~275
		青海东部、甘肃南部、四川西部	200~300
		四川南部、云南南部一部分	200~250
		西藏东部、四川西部和云南北部一部分	<250
		云南东南一部分	175 左右
		云南西南一部分	175~200
		福建、广东沿海一带	175~200
		海南	225 左右

续表 2-7

分　区	太阳辐照度 /MJ·m^{-2}·年$^{-1}$	主　要　地　区	月平均气温≥10℃、日照时数≥6小时天数
Ⅲ太阳能资源一般区	4190~5020	湖南、安徽、江苏南部、浙江、江西、福建、广东北部	150~200
		湖南东部和广西大部分	125~150
		湖南西部、广西北部一部分	125~175
		陕西南部	150~175
		湖北、河南西部	125~175
		四川西部	150~175
		贵州西部、云南东南一隅、广西西部	150~175
Ⅳ太阳能资源贫乏区	<4190	四川、贵州大部分	<125
		成都平原	<100

其中Ⅰ、Ⅱ、Ⅲ类地区太阳能资源属于丰富与较丰富地区，具有利用太阳能的良好基础条件，Ⅳ类地区虽然属于太阳能资源贫乏区，但仍有一定的太阳能利用价值。

复习思考题

2-1 简述太阳辐射的特性。

2-2 计算北京地区6月5日下午3：30时的太阳高度角和方位角。

2-3 简述影响到达地面的太阳能强度的因素。

2-4 简述我国太阳能资源分区及特征。

3 传热学基础知识

传热学是以热力学定律为基础，用分析或实验方法研究热能的传递过程，并以此定量地预示热能的传递速率和温度场变化的一门学科。传热是热能的传递和转移。传热学研究的是物体之间或物体内部因温差而发生的热能传递的规律。

在自然界中，只要存在有温度差的地方，就会发生热能的传递或转移。传热学研究的就是物体（固体、液体、气体）之间或物体内部因存在温差而发生的热能传递的规律。传导、对流和辐射热能传递的三种方式。在实际情况中，三者经常是同时发生的，只是在特定的条件下，有的以这种方式为主，有的则以另一种方式为主。

3.1 温度和热量

温度是表征物体的冷热程度的量，在工程上常用摄氏温度（℃）与绝对温度（K）来度量温度。包括我国在内的世界上绝大多数国家都使用摄氏度，美国和其他一些英语国家使用华氏度而较少使用摄氏度。

在摄氏温标中，规定标准大气压下水的冰点即冰融化时的温度为 0℃，水的沸点即水沸腾时的温度为 100℃，根据水这两个固定温度点进行分度，将 0~100℃之间等分为 100 个刻度，每一刻度就是摄氏温标的 1℃。

绝对温标也称热力学温标，其中规定水的三相点（水的固、液、汽三相平衡的状态点）的温度为 273K（精确实验证明实际为 273.16K）。在热力学中用绝对温标与摄氏温标所标示的每度的大小是相等的，但绝对温标的 0K，则是摄氏温标的-273℃，两者的关系如下：

$$T = t + 273 \tag{3-1}$$

式中，T 为绝对温度，K；t 为摄氏温度，℃。

热力工程的计算都是以绝对温标计算的。

热量是热能的量度，热量反映了物质内部分子等微观粒子无规则运动的能量。从宏观上说，由于物体之间存在温度差而引起热传递，这种传递的能量称为热量，热量一般用符号 Q 表示。热量的单位与其他能量单位相同，都用焦耳表示，符号是 J，也可用千焦表示，符号 kJ。热量的另一个单位是卡（cal），或千卡（kcal），千卡也称大卡。

3.2 比热容和热量计算

（1）质量比热容（或称比热）。质量比热容即是单位质量的物质温度每升高 1℃所吸收的热量，或每降低 1℃所放出的热量，其单位是 kJ/(kg · ℃)，或 J/(g · ℃)。一般用符号 c 表示。

比热容是物质的一个基本的热力学性质。不同的物质具有不同的比热容，其数值可以通过实验测得。另外，某一物质的比热容并不是一个固定不变的数值，它随湿度、压力等外界条件的变化而变化。但是当外界条件变化不大时，可以认为其值不变。水的比热容是 4.186kJ/(kg·℃)。

(2) 热量计算。当物质进行热交换时，利用比热容可以对吸收或放出的热量进行计算。计算公式如下：

$$Q = cm\Delta t \tag{3-2}$$

式中，Q 为热量，J；c 为比热容，kJ/(kg·℃)；m 为物质质量，kg；Δt 为物质的变化温差。

(3) 体积比热容。此外，为了计算方便，人们又引入体积比热容的概念，它表示单位体积的某物质温度升高 1℃或 1K 时，所吸收的热量，或降低 1℃或 1K 时所放出的热量。

3.3 传 导

热传导是依靠物体质点的直接接触来传递能量的。在不透明和无气孔的固体中，导热是热能的传递唯一方式。且只要物体中存在温度差，热能就会自动地由高温处向低温处传递。

在固体、液体、气体中都可以产生热传导现象，但纯热传导只能发生在完全密实的固体中。在气体中这种能量的转移是在气体的分子碰撞时完成的；在流体中，分子间距离较近，分子碰撞的机会较多、较强，故液体比气体导热能力强。热传导的特点是，在传热过程中，物体的各个部分并不发生明显的宏观位移。

导热系数是反应材料导热能力大小的一个物理量，其有两种计量方式。

一种是千卡/(米·时·摄氏度)，是指在稳定传热条件下，1m 厚的材料，两侧表面的温差为 1K(℃) 时，在单位壁面积上每小时所传递的热量（过去的资料上常用这个单位)，其符号为 kcal/(m·h·℃)。

另一种是瓦/(米·开)，是指在稳定传热条件下，1m 厚的材料，两侧表面的温差为 1K (℃) 时，在单位壁面积上每秒钟所传递的热量，其符号为 W/(m·K) 或 W/(m·℃)。

两者的换算关系为：1kcal/(m·h·℃) = 1.163W/(m·K)。

导热系数是针对均质材料而言的，实际情况下，还存在有多孔、多层、多结构、各向异性材料，此种材料获得的导热系数实际上是一种综合导热性能的表现，也称之为平均导热系数。导热系数与材料的种类有关，对同一种材料，导热系数还与材料所处的温度有关。通常导热系数的数值由实验来测定。

表 3-1 列出了部分常用材料的传热系数值。附表 7 列出部分常用隔热材料导热系数。

表 3-1 常用材料的导热系数 λ

材料名称	导热系数/W·m^{-1}·K^{-1}	材料名称	导热系数/W·m^{-1}·K^{-1}
纯铜	387	混凝土	1.84
纯铝	237	平板玻璃	0.76
硬铝	177	玻璃钢	0.50
铸铝	168	聚四氟乙烯	0.29
黄铜	109	玻璃棉	0.054
碳钢	54	岩棉	0.0355
镍铬钢	16.3	聚苯乙烯	0.027

3.4 对 流

对流换热是在流动的流体之间或流体和固体壁面之间进行的热量交换现象。

对流换热只在流体（液体或气体）中发生。因流体的热导率很小，这种热量传热主要是靠流体分子的随机运动和流体的宏观运动实现的。对流可分为自然对流和强迫对流。若流体的运动是依靠外力（风、泵或风机等）作用实现的，称为强迫对流；流体内的温度梯度会引起密度梯度变化，若流体的运动是由流体中因密度不同而产生的浮升力所引起的，则称为自然对流。

不论是自然对流还是强迫对流，流体的流动状态及热物理性质对对流换热的速率都起着非常重要的作用。对换热强度有很大的影响。流动状态有层流和湍流两种。层流流动的特点是各流层平行地向前流动，其间不发生掺杂混合，在垂直于流动方向的热能传递只能依靠导热。湍流流动时，虽然从宏观上来说，流体总是朝着一个方向流动，但流体的微团在上下、左右、前后各方向做无规则的涡流运动。湍流时的换热强度比层流时大得多。

3.5 辐 射

物体以电磁波的形式向外发射能量的过程称为辐射。物体会因各种原因发射辐射能，其中因自身热能原因向外发送辐射能的过程称为热辐射。辐射传热，是热的三种主要传导方式之一。辐射传热是一种非接触式传热，它不依赖任何外界条件而进行，在真空中也能进行，例如地球大气层外的太阳辐射就是典型的真空中辐射传热。

任何物体只要其温度高于绝对零度，就不停向外发射辐射能，同时也不断吸收周围物体发来的辐射能，并转化为热能。这就是辐射换热。辐射换热的过程不仅有能量的传递，还有能量形式的转换，从热能转换为辐射能或从辐射能转换成热能。

通常热辐射所包括的波长范围可近似地认为是 0.3~50μm。热辐射的传播速度与光速相同。物体的辐射能力（即单位时间内单位面积向外辐射的能量），随温度的升高快速增加。一物体辐射出的能量与吸收的能量之差，就是它传递出去的净能量。

在太阳能热利用中，辐射换热具有特殊的地位。对太阳能集热器来说，为了从太阳辐射中获得尽可能多的热量，就应该尽可能地提高吸热体吸收表面太阳光谱吸收率，并尽量降低吸热体吸收表面的热发射率，即提高吸收率与发射率的比值（α/ε），以使太阳能集热器充分吸收入射来的太阳辐射而尽量少的向环境热辐射。

复习思考题

3-1 热能传递的方式是什么？

3-2 某家用太阳能热水器水箱容积是 80L（水），内装 1.5kW 的电加热（加热效率按 95%），现需将其温度由 15 度用电加热升高到 50 度，试计算所需要加热时间及用电量？

4 平板型太阳能集热器

平板型太阳能集热器是一种吸收转化太阳辐射能量并向工质传递热量的装置。它是太阳能热利用中的关键部件。太阳能热水低温应用是太阳能利用行业发展最快、最成熟、产业化最好的行业。平板太阳集热器结构简单、维护及故障少、固定安装方便、成本较低，是太阳能低温热利用的基本部件，已广泛应用于生活用水加热、游泳池加热、工业用水加热、建筑物采暖与空调、制冷与干燥等领域。

4.1 平板型太阳能集热器原理

平板型太阳能集热器是利用盖板允许可见光线透过，而红外热射线不能透过的“温室效应”原理，加热流过内部工质的装置。其工作原理是阳光透过透明盖板照射在表面涂有高太阳能吸收率涂层的吸热板上面，吸热板吸收太阳辐射能量并转化为热量后本身温度升高，吸热板再将热量传递给流经集热器金属流道的导热介质，使介质温度升高，导热介质再经过循环流动和换热将热量不断传递走，从而实现利用太阳能加热的目的。

4.2 平板型太阳能集热器分类

平板型太阳能集热器按所加热介质，可以分为两大类：平板型液体太阳能集热器和平板型空气太阳能集热器。平板型太阳能集热器如图 4-1 所示。我们平时所说的平板型太阳能集热器一般指的就是平板型液体太阳能集热器。本书重点介绍的是液体集热器。

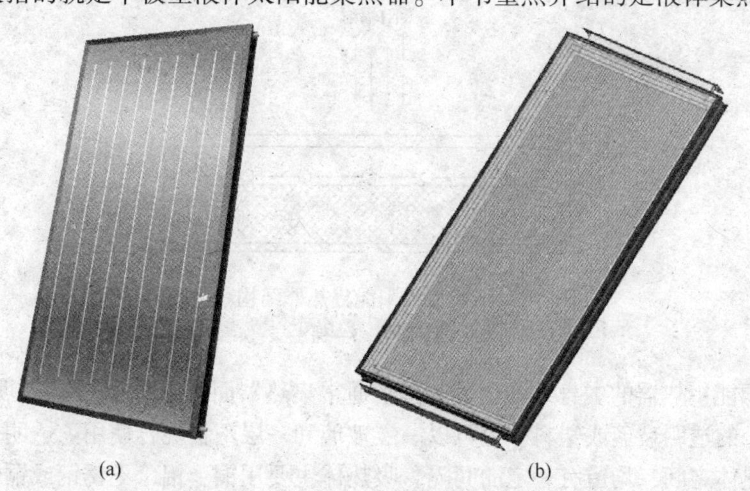

(a) (b)

图 4-1 平板型太阳能集热器

(a) 平板型（液体）太阳能集热器；(b) 平板型（空气）太阳能集热器

顾名思义，平板型液体太阳能集热器即集热器内部所加热的导热介质是液体。目前市场上应用最成熟，广泛应用于各种类型、大小的太阳能热水、采暖项目中。常用的导热液体是水、乙二醇水溶液、丙二醇水溶液、导热油等。

平板型液体太阳能集热器特点：结构简单、加工制造方便、成本低、承压性好、易于实现建筑一体化、寿命长。缺点是热损大，热利用温度低，普通平板太阳能集热器一般多用于100℃以下的生活热水、采暖项目上。

平板型空气太阳能集热器内部加热的导热介质是空气。平板型空气太阳能集热器逐渐得到人们重视，在太阳能采暖、干燥等领域应用越来越多。其特点是结构简单、加工制造方便、成本低、寿命长、不存在泄露问题。缺点是运行成本高（空气热容小，风机耗能大）、难以蓄热，蓄热成本高、噪音大。

4.3 平板型太阳能集热器结构组成

平板型太阳能集热器结构较简单，市场上集热器样式虽然也不少，但总体结构基本相同，主要由边框、透明盖板、吸热体、保温材料、背板和密封件组成。图4-2所示为平板型液体太阳能集热器结构所示。

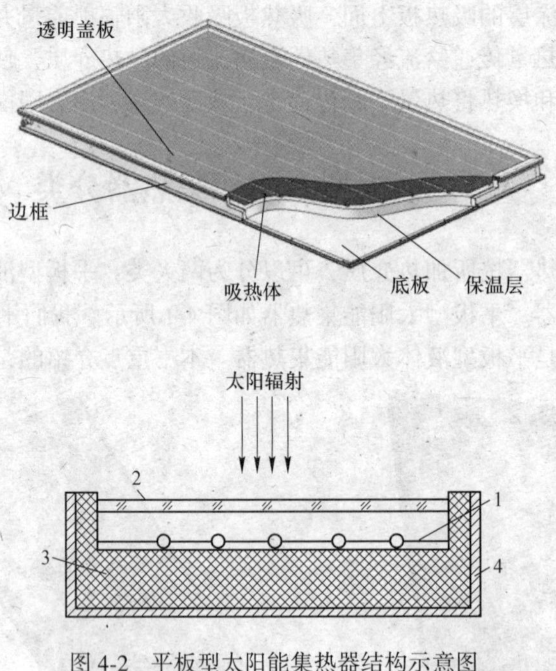

图4-2 平板型太阳能集热器结构示意图

1—吸热体；2—透明盖板；3—保温层；4—边框外壳

平板太阳能集热器的本身结构比较简单。通常集热器面部盖有1~2层透明玻璃或塑料。可以采用单一的透明玻璃或塑料，也可以一层玻璃和一层塑料混合使用。透明盖板之间、透明盖板和吸热体之间，均留有一定的间隔，吸热体主要用铜、铝、不锈钢或铜铝复合等金属材料制造。吸热板表面涂以黑漆，或者制成各种选择性吸收涂层，以提高阳光的吸收率。此外，在吸热体和壳体之间，填充一定厚度的绝热材料，以减少集热器的热损失。

4.4 各部分功能、材料及要求

4.4.1 透明盖板

透明盖板的作用：一是尽可能多地让太阳光透过并照射在吸热体上；二是保护吸热体和其他部件不受雨、雪、灰尘、污物等的直接侵袭；三是罩在吸热体的上方，与边框壳体一起构成一个温室环境，以减少吸热体对环境的对流和辐射热损失。

透明盖板应具有以下特性：

（1）光学性能好。即太阳辐射透过率高，吸收率和反射率，红外热辐射不透过性好。

（2）机械性能好。有足够的强度和刚度，能承受一定的风压、积雪、冰雹等外力，热稳定性好。

（3）耐老化性能好。长期暴露在大气环境和阳光下，上述特性无严重恶化。

目前用于透明盖板的材料有钢化玻璃、甲基丙烯酸甲酯板和聚酯玻璃钢。但最常用的还是采用3.2mm厚的超白低铁钢化玻璃。这种材料的优点一是强度高，二是含铁量低，三是透光率好，全光谱透过率可以达到91.2%。普通平板玻璃透光率低、力学性能不好。而甲基丙烯酸甲酯板、聚酯玻璃钢虽然透光率好，质量轻，但在耐候性和机械强度方面都存在一些问题，特别是在耐候性方面，塑料板经不起长期的日晒雨淋，容易老化变质，软化点低，热膨胀系数大。

透明玻璃和透明塑料板的光学特性如图4-3和图4-4所示。从图中可以看到，在0.3~2.75μm波长范围内，两者的阳光透过率都比较高，相反，在2.75μm波长以上时，则透过率急剧下降，太阳辐射能量的99.9%分布在0.3~2.55μm波长范围内。透明玻璃和丙烯板都能使太阳辐射极易透过。波长2.75μm以上，为集热器吸热体的低温热辐射区。透明玻璃和丙烯板不透过低温热辐射，这种能最大限度地透过太阳辐射而不透过低温热辐射的性质，通常称为“温室”效应。这也是集热器光学设计的要求。

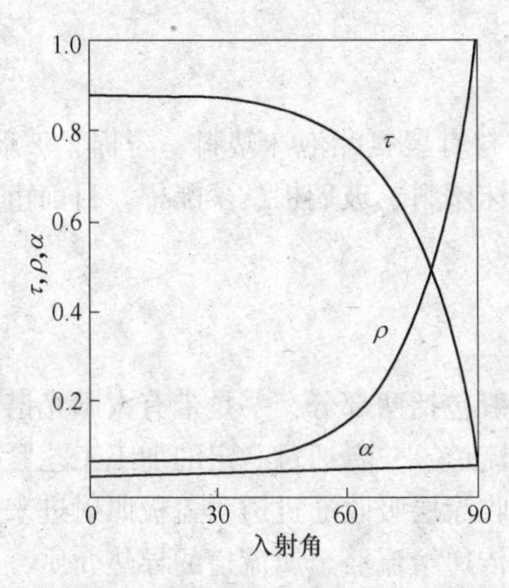

图4-3　3mm普通平板玻璃的光学特性

τ—阳光透过率；α—阳光吸收率；ρ—阳光反射率

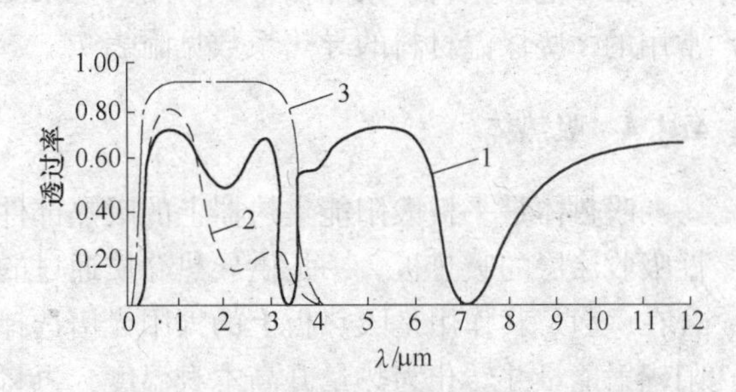

图4-4　几种透明塑料板的光谱透过率曲线

1—聚乙烯；2—玻璃纤维增强聚酯；3—有机玻璃

4.4.2　边框壳体

边框壳体包括侧面四周边框和底面背板，和透明盖板一起构成一个完整的箱体，构成一个温室环境，并具有一定的刚度和强度。边框壳体的作用：一是将吸热体、透明盖板和保温层装配成一体；二是保护吸热体和其他部件不受雨、雪、灰尘、污物等的直接侵袭；三是方便安装与固定。

边框壳体应具有以下特性：

（1）力学性能好。有足够的强度和刚度，能承受一定的风压、积雪、冰雹等外力，耐腐蚀性好。

（2）保护吸热体和隔热层不受外界环境的影响。

（3）结构合理，方便固定安装。

（4）外形美观。

目前用来做边框壳体的材料有铝合金型材、塑料、玻璃钢、彩涂板、镀铝锌板、镀锌钢板、不锈钢板等。常用的边框材料是铝合金挤压型材，背板材料多用彩涂板、镀铝锌板、镀锌钢板、铝合金。

4.4.3　保温材料

保温材料即隔热层安装在边框壳体内层，在吸热体的底部和四侧，作用是为了将金属边框壳体与高温吸热体隔离开，减少吸热体对边框壳体的辐射传热，以降低集热器通过边框壳体对外界的热损失，以提高其热效率。

保温材料应具有以下特性：

（1）绝热性能好。导热系数小，不大于 $0.055W/(m^2 \cdot ℃)$，尽可能减少吸热体热损失。

（2）吸水率低。保温材料含水，在集热器工作时，由于受热，水分就会蒸发附在透明盖板内表面，影响太阳光的透过率，进而影响产品的热效率。

（3）耐高温。

（4）价格低，便于安装。

目前用于平板太阳能集热器保温材料的绝热材料有聚氨酯泡沫塑料、岩棉、玻璃棉、聚苯乙烯泡沫塑料、聚酯棉等。常用的是聚氨酯泡沫塑料、玻璃棉、聚酯棉。目前市场上常用的一些保温材料的导热系数见附表7。

4.4.4　吸热体

吸热体是平板太阳能集热器上的吸热部件，一般包括两部分，一是带有太阳光谱选择性吸收涂层的吸热板，一是供导热介质通过的金属流道。二者通过一定的加工工艺紧密结合在一起。其作用是吸热板上的太阳光谱选择性吸收涂层吸收通过透明盖板照射进来的太阳辐射能量并转化为热量升高本身温度，再将热量传递给流经金属流道的导热介质，使介质温度升高。

吸热体作为平板太阳能集热器的核心部件，其性能优劣对平板太阳集热器的工作特性起着决定性的作用，其应具有以下特性：

(1) 热工性能优良。太阳光谱吸收率高，热发射率低，尽可能多的吸收太阳光的能量，并尽量少的向外发射能量。

(2) 传热性能好。传热结构合理，导热系数高，能及时快速地将吸收到的能量传递给导热介质。

(3) 耐腐蚀。与导热介质相容性好，不易被腐蚀，寿命长。

(4) 具有一定的承压能力，应用范围广。

(5) 加工工艺简单，易于实现工业化生产。

目前市场上所用的吸热体材料有紫铜管、紫铜板、不锈钢板、不锈钢管、铝板、铝合金型材等。其中最常用的吸热板材质有紫铜板、铝板。流道材质一般为 TP2 紫铜管。

4.5 平板型太阳能集热器能量平衡方程

根据前面所述平板太阳集热器的工作原理可知。导热工质在吸热体流道中被加热，温度逐渐升高，加热后的热工质，再经过循环流动和换热，将热能蓄入储水箱中待用，即为有用能量收益。与此同时，由于吸热体温度升高，部分热量又通过透明盖板和边框外壳向环境散失掉。这就是平板太阳能集热器的基本工作过程。

投射到集热器吸热体上的太阳能辐射能大部分为工质吸收，成为集热器有用能量收益，其余为集热器向环境的散热损失和集热器本身的储能。根据能量守恒定律，集热器的能量平衡方程为：

$$Q_A = Q_U + Q_L + Q_S \tag{4-1}$$

式中，Q_A为入射在集热器上的太阳辐照能量，W；Q_U为集热器的有用能量收益，W；Q_L为集热器对周围环境的散热损失，W；Q_S为集热本身吸收的能量，W。

(1) 入射在集热器上的太阳辐照能量 Q_A：

$$Q_A = A_C(\tau\alpha)_e I_\theta \tag{4-2}$$

式中，A_C为集热器采光面积，m^2；I_θ为任意倾斜平面上太阳辐射强度，W/m^2；$(\tau\alpha)_e$为有效透过率与吸收率的乘积。

(2) 集热器的有用能量收益 Q_U：

$$Q_U = A_c G C_p (T_o - T_i) \tag{4-3}$$

式中，T_i为集热器工质进口温度,℃；T_o为集热器工质出口温度,℃；G 为集热器单位面积单位时间的工质质量流量，$kg/(m^2 \cdot h)$；C_p为工质的定压比热容，J/(kg·℃)。

(3) 集热器对周围环境的散热损失 Q_L：

$$Q_L = A_C U_L (T_p - T_a) \tag{4-4}$$

式中，U_L为集热器的总热损失系数，$W/(m^2 \cdot ℃)$；T_p为吸热板温度,℃；T_a为环境温度,℃。

(4) 集热本身吸收的能量 Q_s：

$$Q_s = C_C \frac{dT}{d\tau} \tag{4-5}$$

式中，C_C为集热器的热容量，J/℃；τ 为时间，s；T 为温度,℃。

稳定工况时，$\frac{dT}{d\tau}=0$，则 $Q_s=0$，这时集热器本身各部分即不吸热也不放热。非稳定工况时，当 $\frac{dT}{d\tau}>0$，则 $Q_s>0$，如上午集热器开始工作时，集热器本身各部分将不断地吸热。当 $\frac{dT}{d\tau}<0$，则 $Q_s<0$，如傍晚集热器停止工作时，集热器本身各部分将不断地放热。

4.6　透过率-吸收率乘积

后面 4.8 节会讲到平板集热器瞬时效率及曲线，由平板太阳能集热器效率方程式（4-29），可知 $C=F_R(\tau\alpha)_e$，C 值表示集热器所可能达到的最高效率。C 值主要决定于透明盖板的光学性能和层数及吸热板的光谱吸收能力，也就是集热器的光学效率。这里涉及一个参数（$\tau\alpha$）$_e$即有效透过率-吸收率乘积，其中 τ 为透明盖板光谱透过率，α 为吸热板的光谱吸收率。

对平板集热器，阳光在通过透明盖板时，会被盖板本身反射和吸收一小部分，剩下的大部分透过盖板照射吸热板上。部分透过的阳光，也没有被吸热板全部吸收，只有其中一部分被吸收。因此，出现了一个特殊的物理参数——透过率-吸收率乘积 $\tau\alpha$。它表明入射到集热器上的总太阳辐射，只有其中的 $\tau\alpha$ 部分可作为集热器的有效的能量输入。图 4-5 表示吸热板与盖板系统之间对太阳辐射的吸收和反射过程。一般平板集热器的透明盖板，由 1~2 层平板玻璃或透明材料板组成。由图 4-5 可以看到，阳光透过盖板系统后，$\tau\alpha$ 部分为吸热板所吸收，$(1-\alpha)\tau$ 部分从吸热板反射回盖板系统。这种反射多半是漫反射。到达盖板的散射辐射 $(1-\alpha)\tau$，其中的 $(1-\alpha)\tau\rho_d$ 又被反射回吸热板。如此反射、吸收，一直继续下去。最终为吸热板所吸收能盘的比值（τ_α）为：

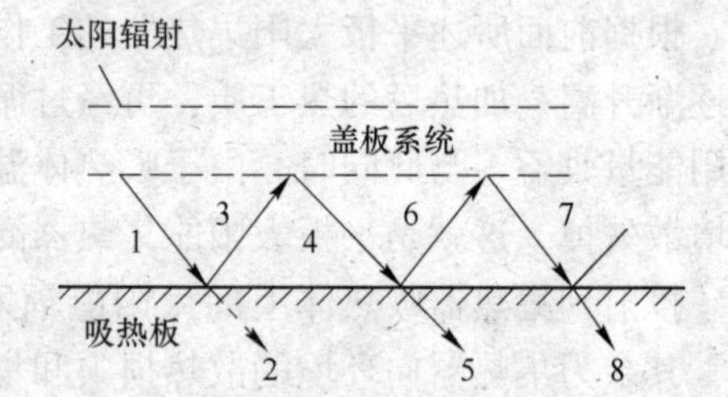

图 4-5　吸热板与盖板系统之间对太阳辐射的吸收和反射过程

1—τ；2—$\tau\alpha$；3—$(1-\alpha)$；4—$(1-\alpha)\tau\rho_d$；5—$\tau\alpha(1-\alpha)\rho_d$；6—$(1-\alpha)\tau\rho_d$；7—$(1-\alpha)^2\tau\rho_d^2$；8—$\tau\alpha(1-\alpha)^2\tau\rho_d^2$

$$(\tau\alpha)=\frac{\tau\alpha}{1-(1-\alpha)\rho_d} \tag{4-6}$$

式中，ρ_d为盖板系统的漫反射率。对于由 1、2、3 以及 4 层玻璃组成的盖板系统，ρ_d的数值分别是 0.16、0.24、0.29 和 0.32。

太阳辐射经过盖板系统时，盖板吸收一部分能量，但并非全部损失掉。因为被盖板所吸收的这部分能量，将增加盖板温度，从而减少由吸热板传向盖板的热损失。从效果上看，似乎增加了盖板系统的透过率。如此，在式（4-6）的基础上，可以得到一个新的量，即有效透过率-吸收率乘积（$\tau\alpha$）$_e$，可以写为：

$$(\tau\alpha)_e=(\tau\alpha)+a_1(1-e^{-K_1L_1})+a_2\tau_1(1-e^{-K_2L_2})+a_3\tau_1\tau_2(1-e^{-K_3L_3})+\cdots \tag{4-7}$$

式中，a_1、a_2、a_3 为计算常数，可由表 4-1 查得；K_i 为 i 层盖板的消光系数，对同种玻璃，取相同数值，由表 4-2 查得；τ_i 为 $i+1$ 层盖板的透过率，由表 4-2 查得；L_i 为辐射经过 i 层盖板时所实际走过的路程。

表 4-1 式（4-7）中常数 a_i 的数值

透明盖板层数	a_i	$\varepsilon_p=0.95$	$\varepsilon_p=0.50$	$\varepsilon_p=0.10$
1	a_1	0.27	0.21	0.13
2	a_1	0.15	0.12	0.09
	a_2	0.62	0.53	0.40
3	a_1	0.14	0.08	0.06
	a_2	0.45	0.40	0.31
	a_3	0.75	0.67	0.53

表 4-2 国产某些主要平板玻璃的光学特征

玻璃牌号	透过率 τ					消光系数	含铁量(Fe_2O_3)/%
	δ_2/mm	δ_3/mm	δ_4/mm	δ_5/mm	δ_6/mm	K	
株 州	0.907	0.897	0.886	0.882	0.868	0.071	0.11
昌 平		0.894				0.078	0.21
昆 明	0.885			0.878	0.895	0.103	0.10
洛 阳		0.876	0.876	0.849	0.840	0.144	0.19（浮法）
	0.883	0.873		0.838		0.171	0.27
天 津		0.873	0.866	0.844		0.153	0.24
大 连	0.881	0.817	0.863	0.843	0.824	0.164	0.23
秦皇岛		0.869		0.827		0.188	0.37
湖 北		0.882		0.851		0.137	0.20
威 海		0.881		0.849	0.827	0.148	0.20

计算常数 a_i 的值，实际上与板温、环境温度、吸热板发射率以及风速等量有关。表 4-1 中所给的 a_i 数值，是在风速 5m/s，板温 100℃以及环境温度和天空温度为 10℃的条件下算出的。a_i 受温度的影响可以忽略不计，但受风速的影响则较大。例如，对于吸热板发射率为 0.95 的双层盖板集热器，风速为 10m/s 时，a_1 和 a_2 的值分别为 0.09 和 0.60。但对风速 5m/s，a_1 与 a_2 之和为 0.77，而风速 10m/s 时为 0.69。这就是说，用风速 5m/s 下的 a_i 值，在计算玻璃中吸收而贡献给有用能量收益的太阳辐射量时会造成 10%的误差，但被玻璃吸收的能量总量毕竟很小，所以 10%的误差并不重要。

在实际计算过程中，L_1、L_2、L_3、…的数值应根据各层盖板的厚度以及阳光入射角来进行换算，其关系如图 4-6 所示。L 的数值可由下式求得：

$$L=\frac{\delta}{\sqrt{1-\left(\frac{\sin i_1}{n_2}\right)^2}} \tag{4-8}$$

式中，i_1 为太阳入射角；n_2 为透明盖板的折射率，对玻璃其平均值为 1.52，对透明塑料其平均值为 1.59；δ 为透明盖板厚度。

根据以上讨论，有效透过率与吸收率乘积（$\tau\alpha$）$_e$，可以由式（4-7）进行精确的计算。但求得的 $(\tau\alpha)_e$ 的数值只比 $(\tau\alpha)$ 大1%～2%。对一层盖板非选择性吸收涂层吸热板集热器，假定盖板吸收入射辐射4%，那么如此求得的 $(\tau\alpha)_e$ 只比 $(\tau\alpha)$ 大1%，对一层盖板选择性吸收面，只大0.5%左右，对双层盖板非选择性吸收面，将近大2%。由于盖板系统表面的辐射特性区别不大，因此有效透过率与吸收率乘积可以采用下式进行估算：

$$(\tau\alpha)_e = 1.02(\tau\alpha) \tag{4-9}$$

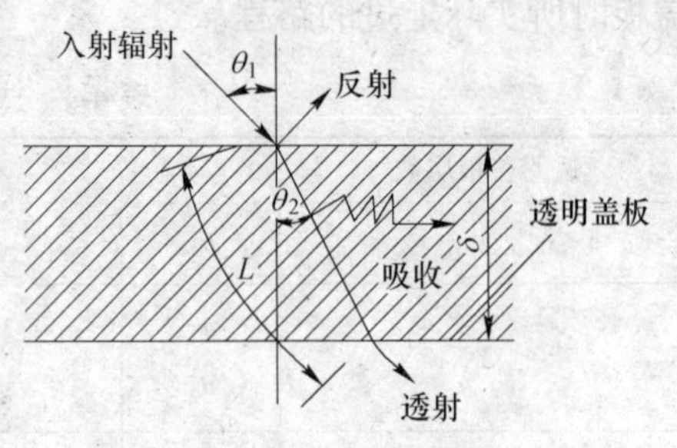

图4-6 透明体中辐射透射的关系

4.7 集热器总热损系数

当集热器的吸热板在高于环境温度下吸收太阳辐射能时，所吸收的太阳能量必定有一部分散失到周围环境中去，构成集热器的热损失。板温越高，则其热损失越大，集热器的有用能量收益也就越小。只有确定了这部分热损失，才有可能根据式（4-1）推算集热器的有用能量收益。

吸热板的温度 T_p 是太阳能集热器中温度最高处，各种热损失都出自于这里。如图4-7所示，平板型集热器的总散热损失由顶部散热损失、底部散热损失和侧面散热损失三部分组成，即

$$Q_L = Q_t + Q_b + Q_e \tag{4-10}$$

$$Q_t = A_t U_t (t_p - t_a) \tag{4-11}$$

$$Q_b = A_b U_b (t_p - t_a) \tag{4-12}$$

$$Q_e = A_e U_e (t_p - t_a) \tag{4-13}$$

式中，Q_t、Q_b、Q_e 分别为顶部、底部、侧面散热损失，W；U_t、U_b、U_e 分别为顶部、底部、侧面热损系数，W/(m²·K)；A_t、A_b、A_e 分别为顶部、底部、侧面面积，m²。

(1) 顶部热损系数 U_t。假定典型平板太阳能集热器为单层透明盖板，当吸热板温度高于环境温度时，吸热板和透明盖板之间将产生对流和辐射换热，同时，透明盖板与环境（天空）之间也将产生对流和辐射换热。

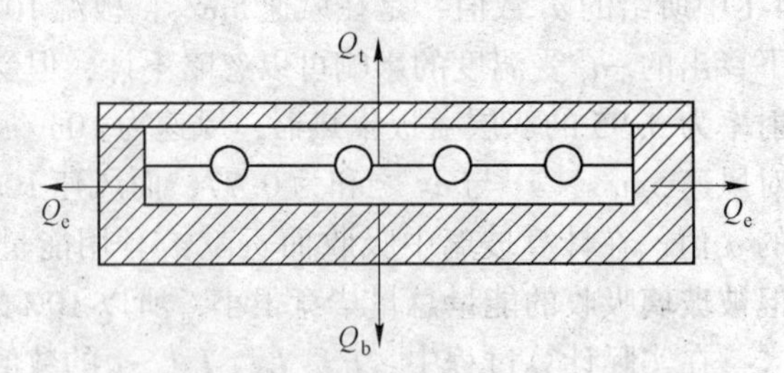

图4-7 平板型集热器散热损失示意图

克莱恩（Klein）提出了一个计算 U_t 的经验公式：

$$U_t = \left[\frac{N}{\dfrac{344}{T_p}\times\left(\dfrac{T_p - T_a}{N+f}\right)^{0.31}} + \frac{1}{h_w}\right]^{-1} + \frac{\sigma\ (T_p + T_a)\ \times\ (T_p^2 + T_a^2)}{\dfrac{1}{\varepsilon_p + 0.0425N\ (1-\varepsilon_p)} + \dfrac{2N+f-1}{\varepsilon_g} - N} \tag{4-14}$$

$$f = (1.0 - 0.04h_w + 5.0\times10^{-4}h_w^2)\times(1 + 0.058N) \tag{4-15}$$

$$h_w = 5.7 + 3.8v \tag{4-16}$$

式中，f为有盖板与无盖板时热阻之比值；N为透明盖板层数；T_p为吸热板温度，K；T_a为环境温度，K；ε_p为吸热板的发射率；ε_g为透明盖板的发射率；h_w为环境空气与透明盖板的对流换热系数，W/(m^2·K)；v为环境风速，m/s。

对于40～130℃的吸热板温度范围，采用克莱恩（Klein）公式的计算结果同采用迭代法的计算结果非常接近，两者偏差在±0.2W/(m^2·K）之内。另外集热器倾斜角对热损的大小也有影响，如图4-8所示为倾斜角β对U_t的影响关系。

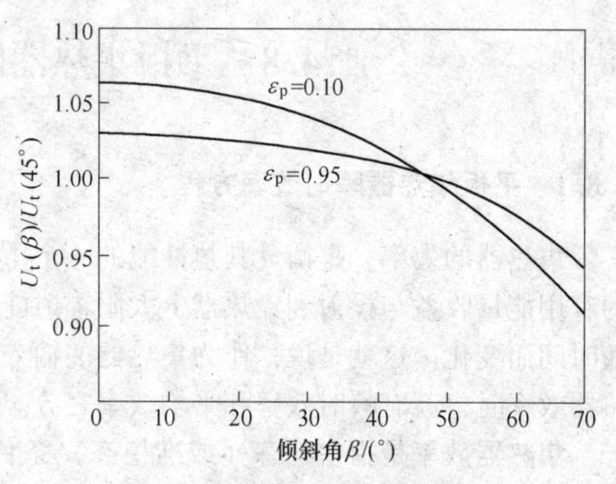

图4-8　倾斜角对β对U_t的影响

图4-9给出顶部热损系数U_t与玻璃之间距离的关系。

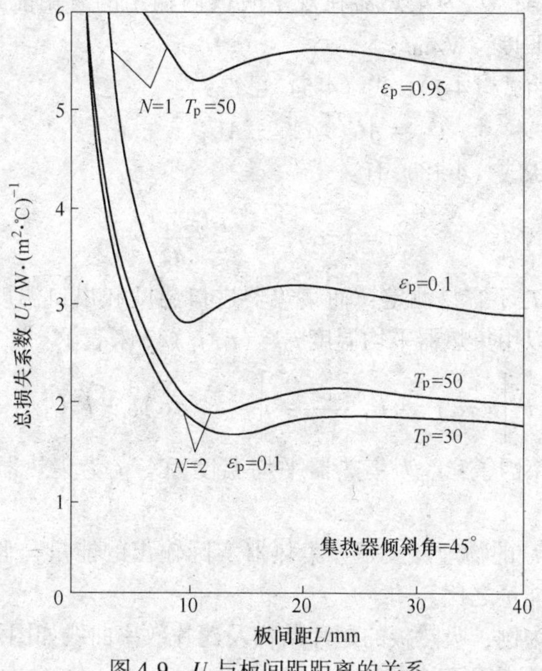

图4-9　U_t与板间距距离的关系

（2）底部热损系数U_b。集热器的底部散热损失是通过底部隔热层和外壳以热传导方式向环境空气散失的，根据平板导热的基本公式，有

$$U_b = \frac{1}{\dfrac{\delta_s}{\lambda_s} + \dfrac{\delta_c}{\lambda_c} + \dfrac{1}{h_w}} \tag{4-17}$$

式中，δ_s、δ_c分别为隔热层和壳体层的厚度；λ_s、λ_c分别为隔热层和壳体层材料的导热系数；

（3）侧面热损系数U_e。集热器的侧面散热损失是通过侧面隔热层和外壳以热传导方式向环境空气散失的。侧面热损系数U_e也可用式（4-17）进行计算。

4.8 平板集热器瞬时效率及曲线

4.8.1 平板集热器瞬时效率方程

集热器的效率，是衡量其热性能的一个重要参量。太阳集热器的效率，定义为集热器的有用能量收益与投射到集热器上太阳辐射能量之比值。一天之中，太阳辐射能量的大小随时间而变化。这就是说，作为集热器的输入能量，每时每刻都在变化。因此，在讨论集热器效率时，就有瞬时效率和平均效率之分。

集热器效率是指在稳态（或准稳态）条件下，集热器传热工质在规定时段内输出的能量与规定的集热器面积和同一时段内入射在集热器上的太阳辐照量的乘积之比，即

$$\eta = \frac{Q_U}{AG} \tag{4-18}$$

式中，η 为集热器效率；Q_U 为集热器在规定时段内输出的有用能量，W；A 为集热器面积，m^2；G 为太阳辐照度，W/m^2；

在稳态条件下，由式（4-1）~式（4-5）可得到：

$$Q_U = AG(\tau\alpha)_e - AU_L(t_p - t_a) \tag{4-19}$$

将式（4-19）代入式（4-18）有：

$$\eta = (\tau\alpha)_e - U_L\frac{t_p - t_a}{G} \tag{4-20}$$

由于吸热板温度 T_p 不容易测定，而集热器进口温度和出口温度比较容易测定，所以集热器效率方程也可以用集热器平均温度 $t_m = (t_i + t_e)/2$ 来表示：

$$\eta = F'\left[(\tau\alpha)_e - U_L\frac{t_m - t_a}{G}\right] = F'(\tau\alpha)_e - F'U_L\frac{t_m - t_a}{G} \tag{4-21}$$

式中，F' 为集热器效率因子；t_m 为集热器平均温度，℃；t_i 为集热器进口温度，℃；t_e 为集热器出口温度，℃。

集热器效率因子 F'' 的物理意义是：集热器实际输出的能量与假定整个吸热板处于工质平均温度时输出的能量之比。

以管板式集热器为例，吸热板的翅片结构及翅片效率曲线如图 4-10 所示。

经推导，集热器效率因子 F' 的表达式为：

$$F' = \frac{\dfrac{1}{U_L}}{W\left[\dfrac{1}{U_L[D + (W - D)F] + \dfrac{1}{C_b} + \dfrac{1}{\pi D_i h_{f,i}}}\right]} \tag{4-22}$$

式中，W 为排管的中心距，m；D 为排管的外径，m；D_i 为排管的内径，m；U_L 为集热器总热损系数，$W/(m^2 \cdot K)$；$h_{f,i}$ 为传热工质与管壁的换热系数，$W/(m^2 \cdot K)$；F 为矩形直肋典型肋片效率；C_b 为结合热阻，$W/(m \cdot K)$。

又有：

$$F=\frac{\tanh[m(W-D)/2]}{m(W-D)/2} \tag{4-23}$$

$$m=\sqrt{\frac{U_L}{\lambda\delta}} \tag{4-24}$$

$$C_b=\frac{\lambda_b b}{\gamma} \tag{4-25}$$

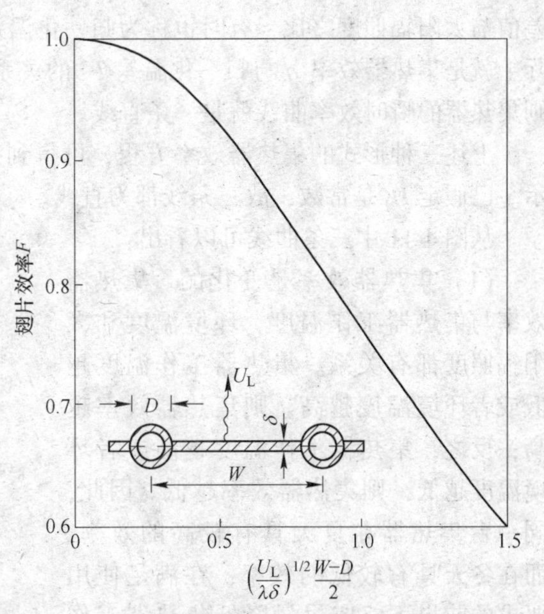

图 4-10 管板式集热器的翅片结构示意以及翅片效率曲线

式中，λ 为翅片的导热系数，W/(m·K)；δ 为翅片的厚度，m；λ_b 为结合处的导热系数，W/(m·K)；γ 为结合处的平均厚度，m；b 为结合处的宽度，m；tanh 为双曲正切函数。

由式（4-22）可见，集热器效率因子 F' 是跟翅片效率 F、管板结合工艺 C_b、管内传热工质换热系数 $h_{f,i}$、吸热板结构尺寸 W、D、D_i 等有关的参数。

由式（4-23）和式（4-24）可见：翅片效率 F 是跟翅片的厚度、排管的中心距、排管的外径、材料的导热系数、集热器的总热损系数等有关的参数，它表示出翅片向排管传导热量的能力。如图 4-10 所示，随着材料导热系数 λ 增大，翅片厚度 δ 增大，排管中心距 W 减小，则翅片效率 F 就增大，但 F 增大到一定值之后，便增加非常缓慢。因此，从技术经济指标综合考虑，应当在翅片效率曲线的转折点附近选取 F 所对应的上述各项参数。

尽管集热器平均温度可以测定，但由于集热器出口温度随太阳辐照度变化，不容易控制，所以集热器效率方程也可以用集热器进口温度来表示

$$\eta=F_R\left[(\tau\alpha)_e-U_L\frac{t_i-t_a}{G}\right]=F_R(\tau\alpha)_e-F_RU_L\frac{t_i-t_a}{G} \tag{4-26}$$

式中，F_R 为集热器热转移因子。

集热器热转移因子 F_R 的物理意义是：集热器实际输出的能量与假定整个吸热板处于工质进口温度时输出的能量之比。

集热器热转移因子 F_R 与集热器效率因子 F' 之间有一定的关系

$$F_R=F'F'' \tag{4-27}$$

式中，F'' 为集热器流动因子。由于 $F''<1$，所以 $F_R<F'<1$。

式（4-20）、式（4-21）、式（4-26）称为集热器效率方程，或称为集热器瞬时效率方程。

4.8.2 平板型太阳能集热器效率曲线

将集热器效率方程在直角坐标系中以图形表示，可以得到集热器效率曲线，或称为集热器瞬时效率曲线。在直角坐标系中，纵坐标 y 轴表示集热器效率 η，横坐标 x 轴表示集热器工作温度（或吸热板温度，或集热器平均温度，或集热器进口温度）和环境温度的

差值与太阳辐照度之比，有时也称为归一化温差，用 T^* 表示。所以，集热器效率曲线实际上就是集热器效率 η 与归一化温差 T^* 的关系曲线。假设 U_L是不随温度而变化的恒量，则集热器的瞬时效率曲线就是一条直线。

上述三种形式的集热器效率方程，可得到三种形式的集热器效率曲线，如图 4-11 所示。已假定 U_L是常数，故三条线都为直线。

从图 4-11 中三条曲线可以看出：

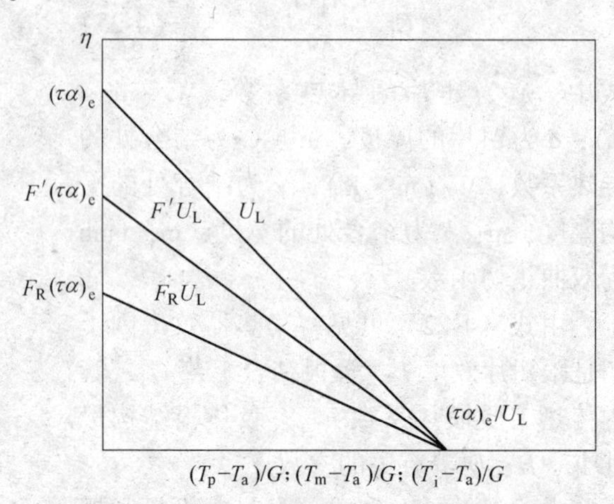

图 4-11　平板太阳集热器瞬时效率曲线

(1) 集热器效率是变化的。集热器效率与集热器工作温度、环境温度和太阳辐照度都有关系。集热器工作温度越低或者环境温度越高，则集热器效率越高；反之，集热器工作温度越高或者环境温度越低，则集热器效率越低。因此，同一台集热器在夏天具有较高的效率，而在冬天具有较低的效率；在满足使用要求的前提下，应尽量降低集热器工作温度，以获得较高的效率。

(2) 效率曲线在 y 轴上的截距值表示集热器可获得的最大效率。当归一化温差为零时，集热器的散热损失为零，此时集热器达到最大效率，常用 η_0表示。在这种情况下，效率曲线与 y 轴相交，η_0就代表效率曲线在 y 轴上的截距值。在图 4-11 中，η_0值分别为（$\tau\alpha$）$_e$、$F'(\tau\alpha)_e$、$F_R(\tau\alpha)_e$。由于 $1>F'>F_R$，故（$\tau\alpha$）$_e>F'$（$\tau\alpha$）$_e>F_R$（$\tau\alpha$）。

(3) 效率曲线的斜率值表示集热器总热损系数的大小。效率曲线的斜率值是跟集热器总热损系数直接有关的。斜率绝对值越大，即效率曲线越陡峭，则集热器总热损系数就越大；反之，斜率值越小，即效率曲线越平坦，则集热器总热损系数就越小。在图 4-11 三条曲线中，效率曲线的斜率值分别为 U_L、$F'U_L$、F_RU_L。同样由于 $1>F'>F_R$，故 $U_L>F'U_L>F_RU_L$。

(4) 效率曲线在 x 轴上的交点值表示集热器可达到的最高温度。当集热器的散热损失达到最大时，集热器效率为零，此时集热器达到最高温度，也称为滞止温度或闷晒温度。用 $\eta=0$ 代入式（4-20）、式（4-21）和式（4-26）后，可得：

$$\frac{t_p - t_a}{G} = \frac{t_m - t_a}{G} = \frac{t_i - t_a}{G} = \frac{(\tau\alpha)_e}{U_L} \tag{4-28}$$

这说明，此时的吸热板温度、集热器平均温度、集热器进口温度相等。这时集热器的温度称为“平衡温度”。其数值取决于太阳辐射强度 G，环境温度 T_a及集热器特征参数 $(\tau\alpha)_e$和 U_L。

集热器的瞬时效率方程是评定集热器热性能的唯一依据，全面地描述了集热器的结构 [F''，UL，$(\tau\alpha)_e$]、流体参数（T_m，F_R）和太阳辐射与环境条件（G，T_a，v）对集热器性能的影响，是集热器的优化设计和合理运行的理论基础，也是太阳能热利用系统设计的重要资料。

令 $C=F_R$（$\tau\alpha$）$_e$，$D=F_RU_L$，这样，表示平板太阳集热器的一般效率方程式（4-26）

可以写为如下更为简便的形式。即

$$\eta = C - D\frac{T_i - T_a}{G} \tag{4-29}$$

上式中 C 和 D，对已经定型生产的集热器是已知的常数。对新设计的集热器，则可根据已有的公式进行计算。式（4-29），无论对用户或设计者，只要知道了 C 和 D 的值，就可以用来大致地评估集热器的性能非常方便。可以看到，式（4-29）的 C 值如图中曲线在纵轴上的截距，表示集热器所可能达到的最高效率。而式中的 D 值则为效率曲线的斜率。随着集热器运行温度升高，其效率将沿直线下降。设计性能良好的集热器，其 C 值大而 D 值小。由公式可知，C 值主要决定于透明盖板的光学性能和层数及吸热板的光谱吸收能力，也就是集热器的光学效率。

而 D 值则主要决定于集热器性能和吸热体的传热性能，如采用的选择性吸收表面的热发射性，管板结合热阻，保温材料性能等。所以 C 值大，表明集热器光学性能好，而 D 值小，则表明集热器的热损失小。一天之中，太阳辐射能量是不断变化的，所以集热器的运行工作点沿效率曲线在某一个区间内移动。从曲线上看，D 值大，曲线陡，集热器工作点移动时，效率变化大。相反 D 值小，曲线平，工作点移动时，效率变化平缓。所以在设计平板太阳集热器时，总是希望有较小的 D 值，以求得集热器具有较好的高温运行特性。

4.9 平板型太阳能集热器设计

平板型太阳能集热器作为太阳能热利用中的基本部件，又是核心部件。其性能的优劣直接决定着太阳能热利用系统的使用效果。设计良好的集热器可以有效降低项目的投资及使用成本。

平板太阳能集热器设计应依据效率方程进行，效率方程是设计集热器的理论基础。在设计平板太阳能集热器时，首先应根据集热器的特定用途和工作环境进行总体设计，确定集热器类型。其次再根据平板太阳能集热器效率方程，从以下几方面提高集热器性能。一是尽量提高阳光的透过率和吸热板的吸收率；二是优化吸热体流道结构设计，提高其热转移能力；三是从传热学三种基本传导方式（传导、对流、辐射）降低集热器热损失。

4.9.1 集热器类型选择

集热器的用途和使用工作温度是平板太阳能集热器性能设计的主要依据。所以在进行具体的集热器设计时，需要首先根据集热器的特定用途和工作环境进行总体设计，也就是选型设计，首先确定集热器类型，是单层盖板还是双层盖板等。

图 4-12 列出了几种不同类型的平板太阳集热器的典型瞬时效率曲线，它们具有各自不同的有利工作区域和应用场所。

（1）无透明盖板集热器。适用于夏季游泳池加热集热器。因夏季环境温度高，加热水温要求低，流量大，采用无透明盖板集热器设计，可以充分利用其归一化温差在 0～0.02m^2·℃/W 区域内该集热器效率高而成本低廉的优点。

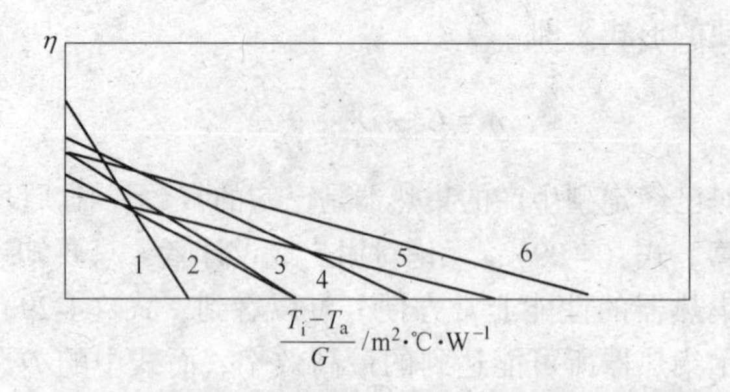

图 4-12 几种典型平板太阳能集热器的瞬时效率曲线

1—无盖板平板集热器；2—管板结构，一层透明玻璃盖板，普通黑漆涂层；3—扁合式或扁管式，一层透明玻璃盖板，普通黑漆涂层；4—扁盒式或扁管式，一层透明玻璃盖板，选择性吸收涂层；5—扁盒式或扁管式，双层透明玻璃盖板，选择性吸收涂层；6—全玻璃真空管集热器

（2）单层透明盖板、普通黑漆涂层集热器。设计适用于春、夏、秋三季生产 40~45℃低温生活用热水，较为经济。因为在温度较低的区域，选择性吸收涂层所取得的效益不显著。

（3）单层透明盖板，选择性吸收涂层集热器。设计适用于春、夏、秋三季生产 60~70℃较高温度生活或工业用热水。一般该集热器的工作区城在 0.08~0.12m^2·℃/W，尚有较好的热效率。

（4）双层透明盖板、选择性或非选择性吸收涂层集热器。设计可以用于生产更高温度的热水，或用于环境温度较低的寒冷地区。

4.9.2 透明盖板、层数及板间距设计

前面介绍到，在平板型太阳能集热器的各种热损失中以顶部热损为最大。而顶部热损失主要是通过辐射和吸热板与透明盖板间的对流换热产生的。

玻璃对阳光有一定反射，为了降低其反射率，可用氟硅酸对玻璃的表面进行化学处理，使之在表面产生多孔性腐蚀膜，或在玻璃表面涂一层氟化硅之类的减反射膜。这些方法，均可将玻璃的反射率降低到 2%左右。此外，为了提高玻璃盖板的保温性能，增强“温室效应”，也可用化学蒸镀或真空蒸镀方法，在玻璃内表面涂上一层 SnO_3 或 In_3O 等半导体材料的选择性透过膜。但以上诸多技术措施，从技术经济上看，收益甚微，所以平板集热器透明盖板一般不作上述的技术处理。

对于透明盖板层数的设计，是综合考虑其光、热损失后确定的。透明盖板的层数取决于太阳集热器的工作温度及使用地区的气候条件。双层或多层盖板可以用于生产更高温度的热水，或用于环境温度更低的寒冷地区。绝大多数情况下，都采用单层透明盖板。当太阳集热器的工作温度较高或者在气温较低的地区使用时，譬如在我国南方进行太阳能空调或者在我国北方进行太阳能采暖，宜采用双层透明盖板。一般情况下，很少采用三层或三层以上透明盖板，因为随着层数增多，虽然可以进一步减少集热器的对流和辐射热损失，但同时会大幅度降低实际有效的太阳透射比，集热器总体热效率也会降低。

对于透明盖板与吸热板之间的距离，吸热板和盖板之间的热交换，主要是夹层中的空气对流产生的。为了抑制这种由对流引起的热损失，通常将空气夹层的厚度设计为一定的数值。根据已有的经验，最佳厚度为 20~30mm。

此外，为了降低空气夹层的对流热损失，可以在夹层中加装透明蜂窝结构体，选用阳光透过率高的玻璃或塑料制作。这种透明蜂窝结构体对抑制集热器空气夹层的对流热损失，具有明显的效果，关键是其经济效益尚待确认。

4.9.3 吸热体设计

吸热体是平板太阳能集热器内的核心部件，其性能优劣对平板太阳能集热器的工作特性起着决定性的作用，是平板太阳能集热器设计的重中之重，其结构的好坏直接决定着集热器的换热效果。

平板太阳能集热器发展时间较长，在其发展的过程中，人们设计出了很多形状的吸热体流道结构，图4-13列出了部分曾经使用过的吸热体结构形式。

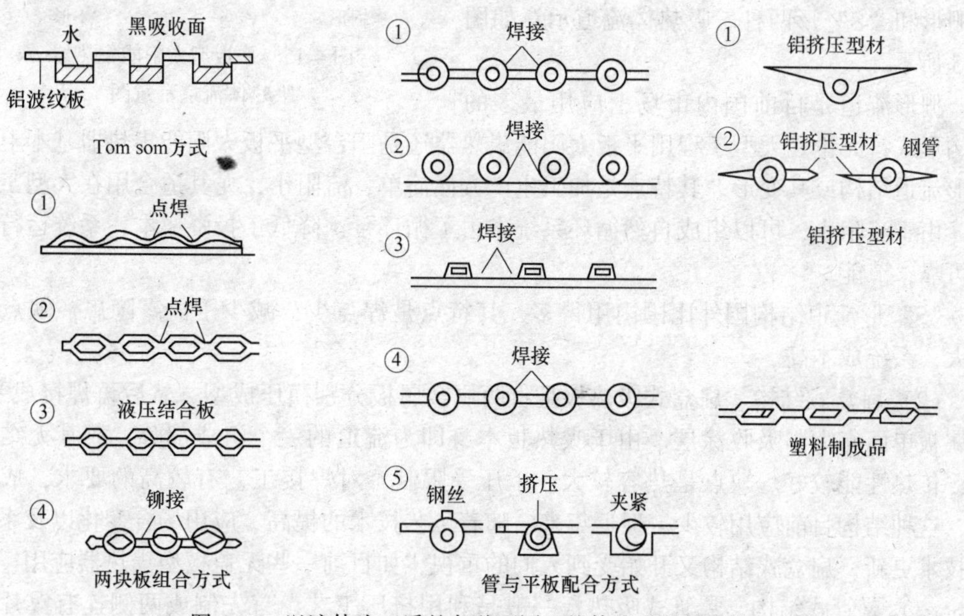

图4-13 以液体为工质的各种不同吸热体流道结构形状

平板太阳能集热器所用吸热体的结构大致可以分为三种基本类型：管板式、翼管式、扁盒式，其结构如图4-14所示。目前市场上所生产的集热器，基本上以管板式为主。

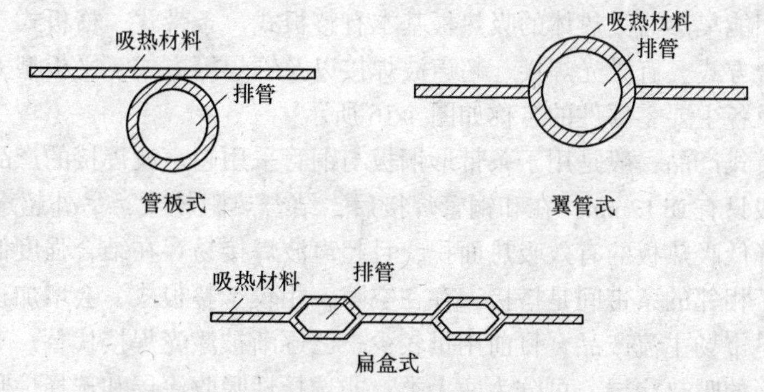

图4-14 平板型太阳能集热器吸热体典型结构类型示意

（1）管板式结构。吸热板与流道管是两个部件，并以一定的结合方式（如焊接）连接成一体。吸热板与管内流体之间传热性能取决于吸热板与流道管之间的热结合状况。一般情况下，管板式吸热体的热容量较小，启动较快。这是平板太阳集热器规模生产初期最早采用的一种形式。由于早期排管与平板的结合工艺落后（如捆扎、铆接、胶粘、锡焊等），结合热阻也比较大，后来逐渐被淘汰。但随着工艺设备技术的进步，管板式结构吸热体又成为目前市场上所生产的平板型太阳能集热器的主要吸热体形式。流道结构有栅形和“S”形两种。吸热体流道示意如图4-15所示。

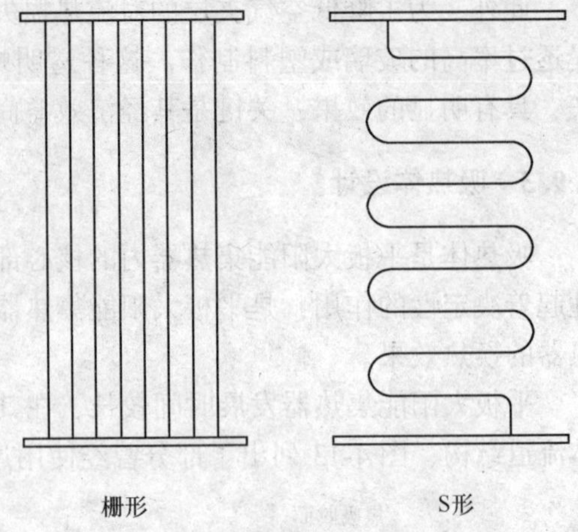

图 4-15　平板型太阳能集热器吸热体流道示意图

栅形流道是目前国内市场上应用最多的结构形式，无论是大型工程用平板太阳能集热器还是阳台型平板太阳能集热器基本上都是栅形流道结构或其变形。其特点是加工生产方便简单，流阻小，尤其适合用在大型工程上面。由于流阻小，可以组成自然循环系统省去了循环泵，降低了投资成本，系统运行更稳定可靠，节能。

“S”形流道结构国外比国内用得多，其特点是焊点少，减少了泄露隐患。缺点是流阻大，系统成本高。

（2）扁盒式结构。扁盒式吸热板是将两块金属板分别模压成型，然后再焊接成一体，金属板单面有太阳吸收涂层。由于吸热板本身即为流道的一个组成部分，故其无结合热阻，传热性能较好。缺点是热容较大、承压受限制，对焊接工艺有较高的要求，成本较高，这种结构目前应用较少。但近年来，随着工艺技术的提高、应用场合变化以及系统设计技术更新，扁盒式结构又开始受到人们的重视，如目前一些无盖板型集热器应用。

（3）翼管式结构。翼管式吸热板一般是利用挤压工艺，首先制成两侧连有翼片的流道翅片管型材，如图4-14所示，然后再与上下集管焊接成吸热板。吸热板材料一般采用铝合金。由于流道和翅片是一体的，无结合热阻，热效率高，耐压能力强。缺点是耐腐蚀性差，寿命短。

平板型太阳能集热器吸热体的吸热板基本有整板式、条带式、格板式三种类型。吸热板和流道的结合方式，有激光焊接、超声波焊接以及钎焊等方式。平板型太阳能集热器吸热体典型结构及各主要零部件的名称如图4-16所示。

目前，条带式产品一般是用于条带形铜板与铜管采用超声波焊接的产品上，紫铜板厚度非常薄，一般只有0.12mm，在和铜管焊接后，结合热阻较大，另外超声波焊接需要破坏吸热涂层，降低吸热板的有效吸热面积，且超声波焊接易存在结合强度低的缺陷，同时条带式产品由于相邻的条带间是搭接，存在空隙，相较于整板式，会增加顶部热损失。条带式产品早期是市场主流产品，目前用量较少，已逐渐被激光焊接代替。

吸热板表面的吸热涂层，可分为两大类：非选择性吸收涂层和选择性吸收涂层。非选择性吸收涂层是指其光学特性与辐射波长无关的吸收涂层。选择性吸收涂层则是指其光学特性随辐射波长不同有显著变化的吸收涂层。

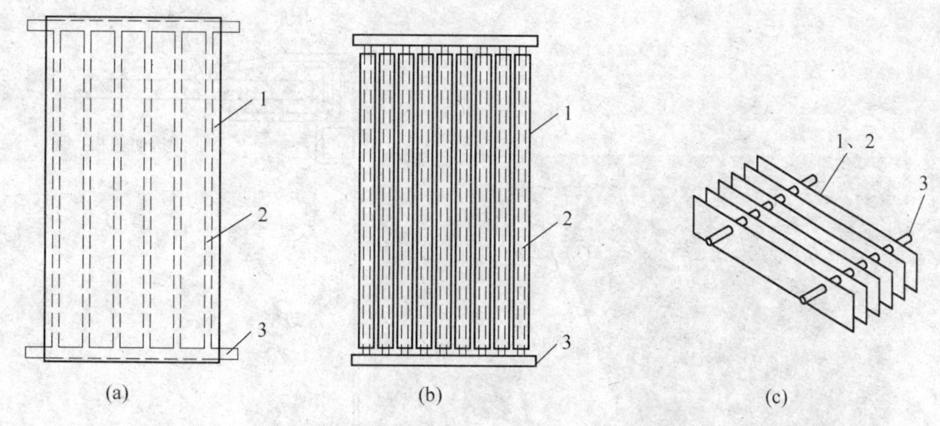

图 4-16 平板型太阳能集热器吸热体典型结构示意

(a) 整板式；(b) 条带式；(c) 格板式

1—吸热板；2—排管；3—集管

目前市场上生产的平板型太阳能集热器都采用太阳选择性吸收涂层。吸收涂层类型有采用磁控制溅射工艺制作的蓝膜、铝阳极氧化膜、镀黑镍、镀黑铬等。各种涂层的特性及制备方法在后面章节会详细叙述，这里不再介绍。

4.9.4 隔热层设计

平板型太阳能集热器的热损失主要包括顶部热损、底部热损和侧面边框热损三部分。为了降低底部热损和侧面边框热损，就需要在吸热体的底面和四周，即在由背板和边框组成的壳体内部衬垫一定厚度的隔热层。隔热层的厚度需要根据集热器的工作温度、使用环境等技术要求，根据所选用的绝热材料的不同（材质不同，其导热系数不同，但不高于0.55W/(m·K)）具体计算，一般为30~50mm。实际生产中，隔热层一般都按一定的结构设计压制成型，这样组装和维修更换都比较方便。

隔热层设计时需要注意以下几点：

一是隔热层在装配时应填充密实，不留空隙等热损失点。二是注意保温材料的耐温性能。因为平板集热器在闷晒状态时，吸热体的温度可高达150~200℃，所以，在选用绝热材料时，要确保绝热材料在此高温下不损坏变形及绝热性能恶化现象。而且绝热材料在高温时不能有挥发物质，因为挥发物会粘在盖板内侧及吸热体表面，影响阳光的透过率及吸热体的吸收率。三是吸水性差，且不得从绝热材料中渗出有害的化学成分，对吸热体、边框背板等造成腐蚀。

4.9.5 边框外壳

目前市场上主流平板集热器主要有两种结构：

(1) 一种是铝型材边框加背板组合式结构，如图4-17所示。这种结构集热器适用范围广，产品尺寸可以根据实际工程需要灵活调整，是目前应用最广泛的集热器结构形式。经过这么多年的发展，配套生产设备基本成熟，加工生产方便，适宜流水线作业生产。

(2) 一种是边框和背板一体式结构，如图4-18所示。背板一般采用镀锌板或铝板整体拉伸成槽式结构。这种结构集热器相较于铝型材边框加背板组合结构，组装工序少，密

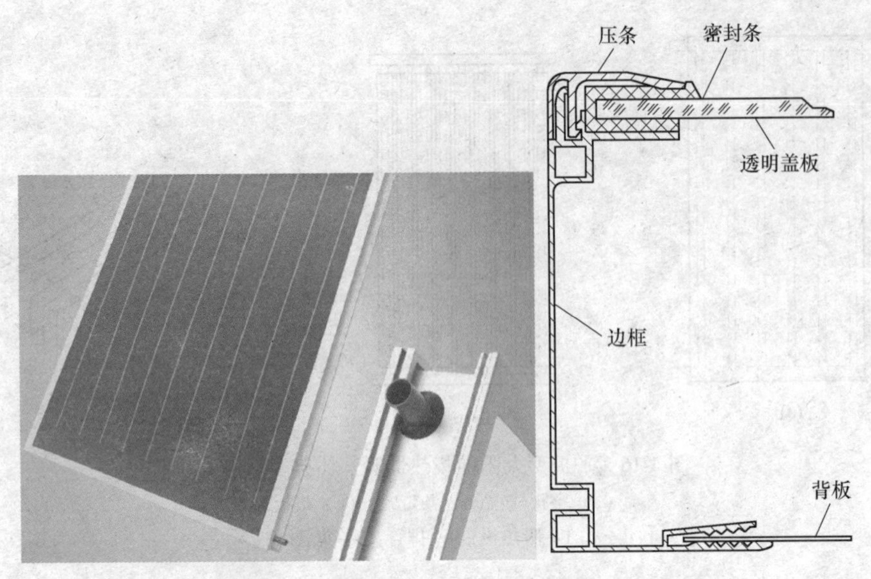

图 4-17 铝型材边框平板太阳能集热器

封性好，外形美观，缺点是由于背板是由模具拉伸成型的，投资较大，尺寸相对固定，不能随意调整，应用范围受限。

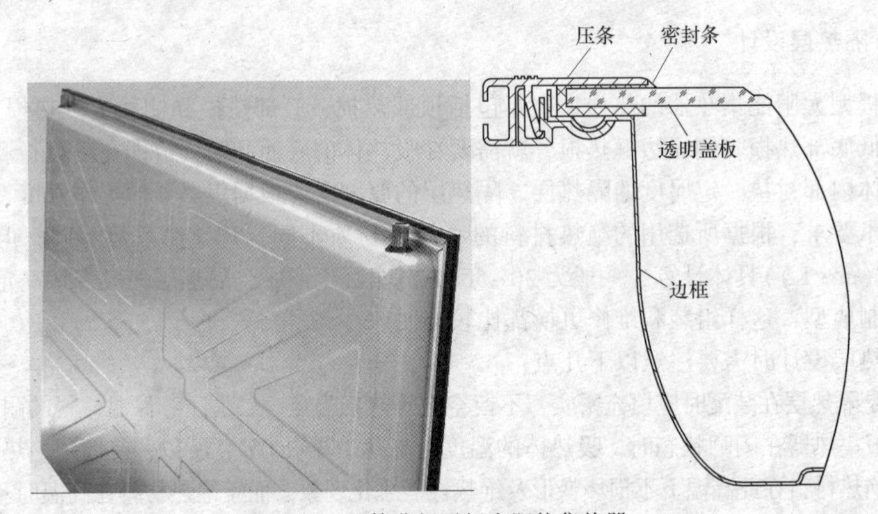

图 4-18 整体背板平板太阳能集热器

另外也有个别厂家采用塑料、玻璃钢等材料来生产边框。但在材料性能及成本方面还存在一些问题，并没有广泛应用。

4.9.6 呼吸系统设计

平板太阳能集热器在工作时，集热器内部一天之中温度变化很大。中午太阳辐射强度高时，透明盖板空气夹层中的温度可达 70~80℃，空气受热膨胀，需向外排气。夜晚温度降低，夹层空气冷却收缩，又向内吸气。如果集热器四周完全密封严实，由于这种昼夜温差的变化，会在透明盖板内外两侧之间出现压力差，这会引起在透明盖板上产生相当大的作用力。这是不允许的，所以平板集热器必须留有呼吸孔道。

实际上在集热器装配时，也不可能做到完全密封严实，密封不严留下的缝隙，自然成为集热器的呼吸孔道。另外更重要的是，由于集热器，不可能做到完全密封严实，还会有水进入集热器内部的可能，同时绝热材料本身也不能完全做到吸水率为零，因而集热器内部就会存在水汽，水汽会附着在玻璃盖板内表面，这样会影响其阳光透过率，增加呼吸孔道的另一个作用就是在高温时能够让水汽通过呼吸孔蒸发掉，保证集热器高效运行。

在设计呼吸孔时，要注意防尘处理。因为空气进出，常会有细微的尘土被吸入集热器内部，附着和堆积在吸热板和玻璃盖板上。时间过久，就会明显地影响集热器的性能，所以，在呼吸孔位置及集热器密封差的连接部位，应填入一定数量起过滤作用的绝热材料，以防止灰尘进入。

呼吸孔设置常用的是在边框上面加工出孔隙，如图 4-19 所示。也有厂家在背板上面设置呼吸孔。

图 4-19 平板太阳能集热器呼吸孔示意图

4.9.7 提高平板集热器性能的主要途径

平板型太阳能集热器作为太阳能热利用中的基本部件，又是核心部件。其性能的优劣直接决定着太阳能热利用系统的使用效果。设计良好的集热器可以有效降低项目的投资及使用成本。

为了提高平板集热器产品的性能与质量，既要提高它的热性能，又要提高它的耐久、可靠性能。总的来说，平板集热器性能可从以下两个方面加以改进。

(1) 提高集热器到导热介质的热传递能力。这可通过如下改进措施实现：

1) 优化设计集热器吸热体结构。综合考虑材料、厚度、管径、管间距、管与板连接方式等因素对热性能的影响，以提高吸热板的翅片效率。还要注意导热介质在流道中的对流性质，如流动是湍流或是层流，以及流道表面粗糙程度。

2) 完善和提高吸热板加工工艺。努力降低流道管与吸热板之间的结合热阻，以提高集热器效率因子。

3) 研究开发适用于平板太阳能集热器的选择性吸收涂层。要求吸收涂层具有高太阳辐射吸收率、低发射率、强耐候性，将吸热板的辐射热损失降到最低程度。

4) 采用透过率高的透明盖板（玻璃或塑料）。

(2) 通过降低传导、对流和辐射热损失来减少由集热器到环境的热损失。可通过如下改进措施实现：

1) 优化设计集热器保温结构，选用热导率低的保温材料作为集热器底部和侧面的隔热层，并保证足够的厚度，将集热器底部和侧面热损降到最低。

2) 优化设计透明盖板层数及盖板与吸热板之间距离，降低集热器顶部热损失。热量通过吸热板和透明盖板之间的空气层从吸热板传导到周围空气中去。增加空气层厚度对降低热损失有一定限制，进一步增加会使自然对流变得突出。自然对流以比传导高的速率传递热量，因而会导致热损失更高。另外，可用增加透明盖板层数还降低顶部热损。但透明盖板层数增加又降低了太阳能的透过率。因而，当吸热板温度不比外层盖板（控制着热损失的传递）温度高出许多时，单层盖板集热器是最有效的，但当温差增加时，单板就会迅速失效。因而高温集热器要求用两层透明盖板。在条件许可的情况下，也可以在透明盖板内表面，增加减反射涂层，尽可能提高透明盖板的太阳透射比，还可以在玻璃表面加红外反射涂层将吸热板发射的热辐射从盖板下表面反射回去也可降低辐射热损失。另外，对于在寒冷地区使用的太阳能集热器，还可以在盖板与吸热板之间优化设计增加透明蜂窝隔热材料，尽可能抑制透明盖板与吸热板之间的对流和辐射换热损失；但这一技术也存在着不十分成熟和性价比不高的问题。

4.10　平板型太阳能集热器性能检测

目前平板型太阳能集热器在我国发展迅猛，应用越来越广泛，产品规模化产业化已非常成熟。国家质量监督检验检疫总局国家标准化管理委员会也于 1984 年发布了平板型太阳能集热器的标准。经过几个版本的修订，目前最新版本是 GB/T 4271—2007《太阳能集热器热性能试验方法》与 GB/T 6424—2007《平板型太阳能集热器》。

（1）GB/T 4271 规定了太阳能集热器稳态和动态热性能的试验方法及计算程序。

该标准适用于利用太阳辐射加热、有透明盖板、传热工质为液体的平板型太阳能集热器以及传热工质为液体的非聚光型全玻璃真空管型太阳能集热器、玻璃-金属结构真空管型太阳能集热器和热管式真空管型太阳能集热器。该标准不适用于储热器与集热器为一体的储热式太阳能集热器，也不适用于无透明盖板的和跟踪聚焦的太阳能集热器。

测试项目方面，GB/T 4271 规定了集热器所需试验的性能主要包括以下几方面：

1）稳态或准稳态瞬时效率特性。

2）有效热容和时间常数。

3）集热器入射角修正系数。

4）集热器两端压降测定。

（2）GB/T 6424 规定了平板型太阳能集热器的术语和定义、产品分类与标记、应当满足的一些技术要求、试验方法、检验规则、标志、包装、运输、储存以及检测报告。

该标准适用于利用太阳辐射加热，传热工质为液体的平板型太阳能集热器。该标准不适用于真空管型太阳能集热器和闷晒式热水器。

GB/T 6424—2007《平板型太阳能集热器》针对平板型太阳能集热器的性能主要从稳态或准稳态瞬时效率特性、可靠性和耐久性方面进行了规定和要求。表 4-3 列出了国标中

表 4-3　平板型太阳能集热器技术要求

试验项目	技 术 要 求	备 注
热性能	（1）效率截距 $F_R(\tau\alpha)_e$ 不低于 0.72，总热损系数 $F_R U_L$ 不高于 6.0W/(m^2·℃)。 其中：效率截距为集热器基于采光面积、进口温度的瞬时效率截距；U_L 为以 T_i^* 为参考的集热器总热损系数；F_R 为热转移因子（小于1）；τ 为透明盖板的太阳能透射比；α 为吸热体的太阳能吸热比。 （2）应做出（t_e-t_a）随时间的变化曲线，并给出平板型太阳能集热器的时间常数（t_e 为集热器出口温度，t_a 为环境温度）。 （3）应给出平板型太阳能集热器的入射角修正系数 k_θ 随入射角 θ 的变化曲线和 $\theta=50°$ 时的 k_θ 值	试验方法参照国家标准（GB/T 4271—2007）
压力降落	应作出平板型太阳能集热器的压力降落曲线	

续表 4-3

试验项目	技 术 要 求	备 注
耐压	传热工质应无泄漏，非承压式集热器应承受 0.06MPa 的工作压力，承压式集热器应承受 0.6MPa 的工作压力	试验方法参照国家标准（GB/T 6424—2007）
空晒	应无变形、无开裂破损或其他损坏	
闷晒	应无泄漏、开裂、破损、变形及其他损坏	
内通水热冲击	不允许损坏	
外淋水热冲击	不允许有裂纹、变形、水凝结或浸水	
淋雨	应无渗水和破坏	
强度	应无损坏及明显变形。透明盖板应不与吸热体接触	
刚度	无损坏及明显变形	
耐冻试验	集热器应无泄露、变形、损坏、扭曲，部件与工质不允许又冻结	
涂层	吸热体和壳体的涂层应无剥落、反光和发白现象，应给出吸热体涂层的红外发射率，吸热体涂层的吸收比不低于 0.92	
外观	集热器零部件易于更换、维护和检查，易固定。吸热体在壳体内应安装平整，间隙均匀。透明盖板若有拼接，必须密封，透明盖板与壳体应密封接触，考虑热胀情况，透明盖板无扭曲、划痕。壳体应耐腐蚀，外表面涂层应无剥落。隔热体应填塞严实，不应有明显萎缩或膨胀隆起现象。产品标记应符合本标准规定	
透射比	应给出透明盖板的透射比	
耐撞击	应无划痕、翘曲、裂纹、破裂、断裂或穿孔	

规定的平板型太阳能集热器技术要求。具体测试方法可以参照 GB/T 4271—2007《太阳能集热器热性能试验方法》与 GB/T 6424—2007《平板型太阳能集热器》。

复习思考题

4-1 简述平板太阳能集热器的工作原理。

4-2 简述平板太阳能集热器的结构组成及其功能。

4-3 简述平板太阳能集热器的类型及应用特点。

4-4 简述提高平板太阳能集热器性能的主要途径。

4-5 简述平板型太阳能集热器性能检测项目及要求。

5 太阳光谱选择性吸收涂层

5.1 辐射的特性

5.1.1 辐射的吸收、反射和透射

不同的物质对辐射具有不同的吸收率、反射率和透过率。

当辐射投射在一个物体上时，一部分辐射能量将会被吸收，还有部分辐射能量被反射回去，其余的辐射能量会透过物体，如图 5-1 所示。由能量守恒定律可以得到下面公式：

$$Q = Q_{\alpha} + Q_{\rho} + Q_{\tau} \tag{5-1}$$

式中，Q_{α}、Q_{ρ}、Q_{τ} 分别代表被吸收的能量、被反射的能量和被透过的能量。

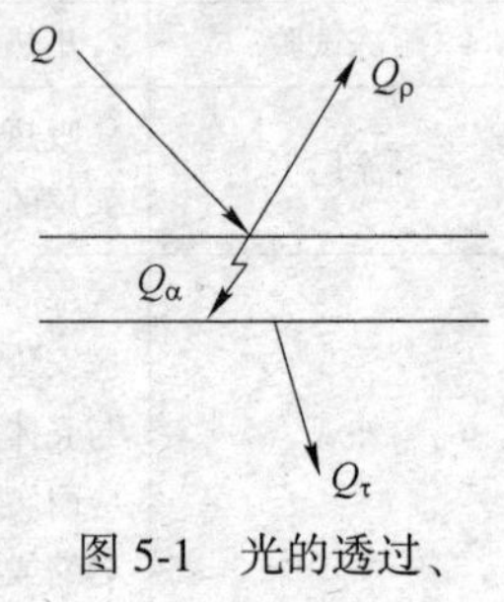

图 5-1　光的透过、吸收和反射

若用 α、ρ 和 τ 分别表示吸收、反射和透射的辐射能占投射到物体上的总辐射能的份额，则有：

$$\alpha + \rho + \tau = 1 \tag{5-2}$$

式中，α 为太阳吸收比；ρ 为太阳反射比；τ 为太阳透射比。

对全透明物体有 $\tau=1$；白体有 $\rho=1$；黑体则有 $\alpha=1$。玻璃属于半透明体，其吸收率、反射率和透射率都介于 0~1 之间。而对于不透明体，也就是说如果物体不能透过太阳辐射，比如金属等，其 τ 为零，则有：

$$\alpha + \rho = 1 \tag{5-3}$$

5.1.2 黑体及黑体辐射定律

黑体是一种理想的物体，它能全部吸收投射在其上的辐射。并且，黑体的这种吸收能力对所有波长及投射方向的辐射都相同。作为一个理想的辐射吸收体，黑体可作为标准体来衡量实际物体对辐射的吸收能力，其所发射的辐射能最大，所以它也是衡量实际物体辐射能力大小的标准体。

自然界中并不存在真正的黑体。但炭黑、铂黑及金黑等物质对某些波段辐射的吸收能力接近于黑体，黑体的名称来自下述观察到的事实：一个对可见光具有强烈吸收能力的物体对人的视觉是呈黑色的。但是，人眼几乎无法探测热辐射主要波段（大于 0.8μm）的辐射。例如，白漆是室温下发出的远红外辐射的非常好的吸收体，即白漆对远红外辐射的吸收能力十分接近于黑体。

5.1.3 基尔霍夫定律

如若某不透明物体的反射系数为 ρ，如果对于所有波长 ρ 均为接近于 1 的常数，则该

物体称为白体，如洁净的雪面、新鲜的氧化镁表面等；如果对于所有波长ρ均为小于1的常数，则该物体称为灰体；如果对于所有波长ρ均为极小的常数，则该物体称为黑体，如煤炱、松炱等；ρ值恒等于零的物体称为绝对黑体。自然界中，并不存在绝对黑体，所以它是一个理想的概念。它是不管波长、入射方向或偏振情况如何，对所有入射辐射全部吸收的。在这个意义上，它确实黑得很。不过，它不仅是个辐射的完全吸收体，同时也是一个辐射的完全发射体，否则的话，将无法维持它与环境之间的温度平衡。这表明，在给定的温度下，它对所有波长都具有最大的光谱辐射出射度。因此，它在工作时，实际上又是亮得很。例如，太阳就是一个相当于6000K的黑体。因此，黑体这个名称不够贴切，还是全辐射体更为恰当。

基尔霍夫将上述关系以定律的形式表述如下：各物体的辐射本领与吸收本领的比值，是波长和温度的普适函数，而与物体本身的性质无关。

基尔霍夫定律的更完整的表述是：在每一温度和每一波长下，热辐射体表面某一点的光谱定向发射率$\varepsilon(\lambda,\theta,\varphi)$，等于入射在同一方向上的光谱吸收比$\alpha(\lambda)$，即

$$\varepsilon(\lambda,\ \theta,\ \varphi)=\frac{L_\lambda}{L_{\lambda,\varepsilon=1}}=\alpha(\lambda) \tag{5-4}$$

又因为光谱吸收比为吸收的（$\Phi_{\lambda,\alpha}$）与入射的（Φ_λ）辐（光）通量的光谱密集度之比，符号为$\alpha(\lambda)$，即

$$\alpha(\lambda)=\Phi_{\lambda,\alpha}/\Phi_\lambda \tag{5-5}$$

由于发射率也可以辐射出射度之比的形式给出，式（5-5）也可写成：

$$\frac{M_\lambda}{M_{\lambda,\varepsilon=1}}=\alpha(\lambda) \tag{5-6}$$

或

$$\frac{M_\lambda}{\alpha(\lambda)}=M_{\lambda,\varepsilon=1}=f(\lambda,\ T) \tag{5-7}$$

这表明，不管什么物体，吸收比越大，它的辐射出射度也就越大，但两者的比值却是不变的，都等于同一温度的全辐射体的辐射出射度。

5.1.4　普朗克定律

由式（5-7）已知，全辐射体的光谱辐射出射度等于普适函数$f(\lambda,T)$。因此，确定未知函数$f(\lambda,T)$的形式就显得十分重要了。然而，所有想从经典理论中推导出其正确形式的尝试都失败了，均与实验曲线不相符合。1900年，普朗克找到了一个纯经验的公式。这个公式与实验很相符。为了从理论上推导出这个公式，他做了与经典理论相矛盾的假设，即引入了量子的概念，略去复杂的推导过程，给出最终的关系式为：

$$M_{\lambda,T}=c_1 f(\lambda,\ T)=\frac{c_1}{\lambda^5\left(e^{\frac{c_2}{\lambda T}}-1\right)} \tag{5-8}$$

式中，c_1为第一辐射常数，$c_1=2\pi hc^2=(3.7417749\pm0.000022)\times10^{-16}\mathrm{W/m^2}$；$c_2$为第二辐射常数，$c_2=\frac{hc}{k}=(1.438769\pm0.000012)\times10^{-2}\mathrm{m\cdot K}$；$h$为普朗克常数，$h=(6.6260755\pm0.000040)\times10^{-34}\mathrm{J\cdot s}$；$k$为玻耳兹曼常数，$k=(1.380658\pm0.000012)\times10^{-23}\mathrm{J/K}$。

这就是描述全辐射体的光谱辐射出射度与波长和温度之间函数关系的普朗克定律，通常又称普朗克辐射公式。若用辐射亮度的光谱密集度来表示，式（5-8）可写成：

$$L_\lambda = \frac{c_1}{\pi} f(\lambda,\ T) = \frac{c_1}{\lambda^5 (e^{\frac{c_2}{\lambda T}} - 1)\pi} \tag{5-9}$$

5.1.5 维恩位移定律

全辐射体的最大光谱辐射出射度所对应的波长也是人们常常关注的问题。为了找出与全辐射体的光谱辐射出射度分布曲线极大值相应的波长 λ_m，可将式（5-8）对波长微分，并令其等于零，于是得到：

$$\frac{c_2}{\lambda_m T} = 5(1 - e^{\frac{c_2}{\lambda_m T}}) \tag{5-10}$$

这是一个超越方程，其解为：

$$\frac{c_2}{\lambda_m T} = 4.9651$$

代入常数值，求得：

$$\lambda_m = \frac{2896}{T} \mu m \tag{5-11}$$

λ_m 与 T 成反比，即当温度上升时，极大值的波长向较短波长方向移动（图 5-2）。这就是维恩位移定律，是维恩在普朗克公式导出之前从另外途径得到的。

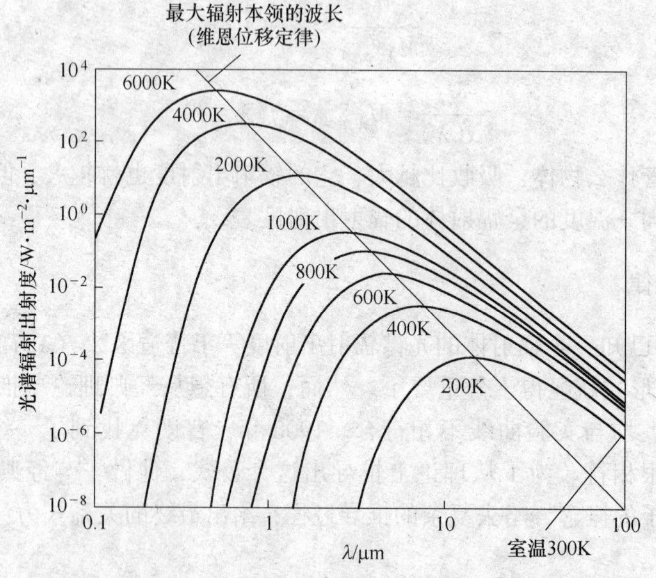

图 5-2 全辐射体（从 200K 到 6000K）的光谱辐射出射度

5.2 太阳光谱能量分布

太阳光谱是指太阳发射的电磁辐射在大气层上随波长不同的分布。太阳光谱是一种不同波长的连续光谱，分为可见光与不可见光两部分。

现代科学证明，所有的光线都具有波动性和粒子性两重性。不管什么光，本质上都是某种频率范围内的电磁波，与普通的无线电磁波没有差别，只是频率较高，波长较短。另一方面，光线又是一粒粒运动着的具有能量、质量和动量的微观粒子所组成的粒子流。这些粒子称为量子或光量子。不同频率（或不同波长）的粒子具有不同的能量，频率越高(或波长越短)，能量越大。

不同的辐射源所发射电磁波的波长是不同的。太阳辐射可看成是一个表面平均温度为6000K的黑体辐射。根据波长，太阳的光谱大致可以分为3个光区：紫外光谱区、可见光谱区、红外光谱区。天气晴朗的情况下，在大气质量为1时，地球表面所接收到的太阳辐射光谱主要分布在0.3~3μm的波长范围内。表5-1列出了不同光谱区的太阳辐射能量数值。

表5-1　不同光区的太阳辐射能量数值

光　　区	紫外光区	可见光区	红外区
波长范围/μm	0~0.40	0.40~0.76	0.76~∞
相应的辐射能流密度/W·m^{-2}	95	640	618
所占总能量的比例/%	8.3	40.3	51.4

由维恩位移定律可知：在不同的温度下，黑体辐射的波长有一个极大值，随着温度的升高，波长的峰值向短波方向移动。太阳的表面温度为6000K，辐射波长峰值集中在0.5μm附近，而一般物体温度不超过500K，波长峰值在6μm以上。

太阳以光辐射的形式将能量传送到地球表面，但由于地球大气层的存在，到达地面的太阳光谱与大气上界的太阳光谱有所不同，其辐射光谱分布如图5-3所示，图中阴影部分表示太阳辐射被大气所吸收的部分。

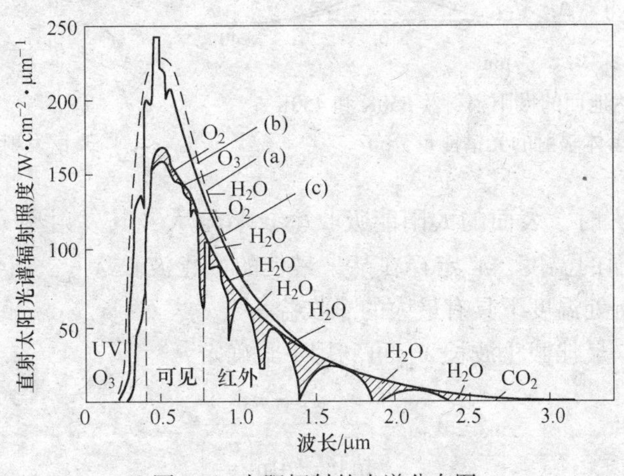

图5-3　太阳辐射的光谱分布图

（a）大气外；（b）6000K的黑体辐射；（c）海平面上

5.3　理想光谱选择性吸收表面

对太阳能热利用来说，必须使集热器的吸热面具有尽可能高的α和尽可能低的ε。由普朗克定律可知，高温黑体的光谱能量分布曲线总是位于低温黑体的光谱能是分布曲线之上。所以，采用在短波区有很高的 α(或 ε)，而在长波区有很低的 α（或 ε）的表面似乎并不有利。因为，这种表面在长波区内因本身辐射热损减小而“存积”的能量永远小于同波长区内因吸收率降低而少得到的能量。但要注意的是，虽然太阳表面可认为是接近6000K的黑体，其光谱能量分布可用普朗克定律计算，但到达地面的太阳辐射能，由于太阳与地球之间的距离 R，其能量密度已降低为原值的 r^2/R^2。此处 r 为太阳的半径。因此，到达地面的太阳辐射能，其光谱能量分布曲线与温度为几百开的黑体的光谱能量分布曲线已错开而位于不同的波长区。前者位于短波区，后者位于较长的波长区。

图 5-4 表明了这种情况。图中 $E_{zon}(\lambda)$ 为到达地面的太阳辐射能，$M_z(\lambda)$ 为 350K 和 450K 的黑体的光谱能量分布曲线，虚线表示理想选择性表面的光谱辐射特性示意。为对理想的选择性表面进行专门讨论，我们将其光谱发射率（吸收率）特性示于图 5-5，由图可知，这种表面存在着一个称为“截止波长”的 λ_c。当 $\lambda \leqslant \lambda_c$ 时，$\alpha_\lambda(\varepsilon_\lambda)=1$，而在 $\lambda > \lambda_c$ 的波长范围，则有 $\alpha_\lambda(\varepsilon_\lambda)=0$。

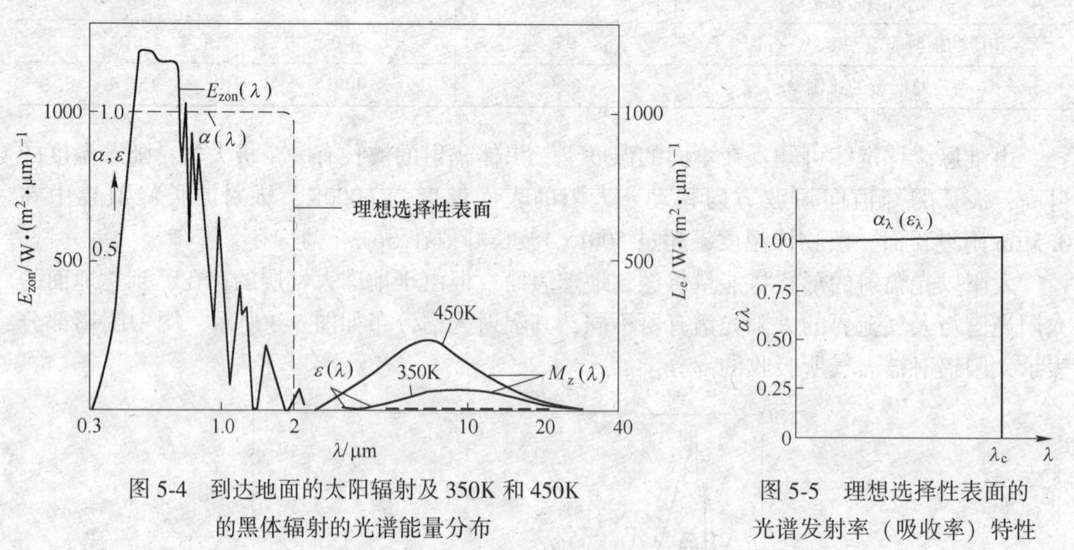

图 5-4　到达地面的太阳辐射及 350K 和 450K 的黑体辐射的光谱能量分布

图 5-5　理想选择性表面的光谱发射率（吸收率）特性

截止波长 λ_c 增大时，表面的太阳能吸收率 α 将增大，其发射率 ε 也将增大。显然，对于不同的吸热表面的温度，必定存在某一最佳的截止波长 λ_{opt}，当 $\lambda_c=\lambda_{opt}$ 时，α 及 ε 值将使吸热表面在所处温度下具有最大的净收益。

理论分析表明，最佳截止波长 λ_{opt} 可利用下式确定：

$$\lambda_{opt} = \frac{u_2 - u_1}{\ln M + 4\ln\left(\dfrac{u_2}{u_1}\right)} \tag{5-12}$$

$$u_2 = C_2/T_1;\ u_1 = C_2/T_2;\ M = \frac{1}{E_s}\sigma(T_2^4 - T_a^4)$$

式中，C_2 为普朗克定律第二常数；T_1 为太阳辐射的等效黑体温度，T_1 为 6000K；T_2 为吸热表面的温度；σ 为斯蒂芬-玻耳兹曼常数；E_s 为投射在吸热表面上的太阳辐射密度；T_a 为周围环境温度。

对不同的 E_s 和 T_2 按式（5-12）算得的 λ_{opt} 值见表 5-2。由表 5-2 可知，E_s 对 λ_{opt} 的影响并不大。由于截止波长 λ_c 增大时理想选择性吸收表面的 α_s 及 ε 都增大，而当吸热表面的温度 T_2 较高时辐射热损比 α_s 对集热器效率的影响更大。所以，随着 T 的增高，λ_{opt} 将减小。

表 5-2　对不同的 E_s 和 T_2 理想选择性吸收表面的最佳截止波长 λ_{opt}　（mm）

E_s		T_2/K			
kcal · m² · h	W/m²	600	500	400	350
700	814	1.91	2.34	3.04	3.61
810	942	1.93	2.37	3.08	3.66
1000	1163	1.95	2.40	3.14	3.75

太阳能辐射的能量主要集中在短波段，而集热器向外辐射的能量主要集中在红外段，两者的光谱线不重合，如图 5-4 所示。从理论上讲，可以制备出一种涂层材料，其吸收表面在太阳光谱范围内（波长为 0.3~2.5μm）具有较高的吸收比，同时在红外光谱范围内（波长为 2.5~5.0μm）保持尽可能低的热发射比。换句话说，就是要使吸收表面在最大限度地吸收太阳辐射的同时，尽可能减小其辐射热损失。这样就可以充分利用太阳能，提高太阳能的利用效率。

光谱选择性材料主要有两大类，一类是用作集热器吸热面的选择性吸收材料，制成涂层或薄膜加涂在光亮的金属面上，因它对太阳能的吸收率高，多呈黑色或暗色，将这种涂层和金属面的组合称为暗镜；另一类是用作集热器的透明隔热层的选择性透射材料，是在普通的窗玻璃或塑料薄膜上加涂一层涂料，它可使大部分太阳辐射透过而对长波热辐射有较高的反射率，该涂料可称为热镜。热镜和黑色基面相结合，也是一种选择性吸收表面。

5.4　太阳选择性吸收涂层研究进展

1954 年，第一次世界太阳能大会上以色列专家泰勒和美国专家吉尔顿柯尔论证了制作高吸收率和低发射率选择性涂层表面的可能性，并分别提出黑镍和黑铬两种表面涂层。十年来，选择性吸收涂层一直是太阳能热利用技术领域中一项十分活跃的研究课题，国内外众多学者在选择性吸收涂层的材料研制方面做了不少工作。

选择性吸收涂层性能的指标主要有吸收率 α、发射率 ε、工作温度和使用寿命。对于光热转化涂层，α 越大越好，ε 越小越好。但是在实际制备选择性吸收表面时，当 α 达到某一数值时，进一步增大 α，ε 往往也随之增大，而且 ε 增大的幅值大于 α 增大的幅值，因此应用 α、ε 以及 α/ε 三者对涂层进行综合评价。对于工作温度较高的聚焦式集热器，要求 ε 尽可能的小，α 稍低一些也可以，只要 α/ε 较大就行。对于低温平板式集热器来说，应使 α 尽可能的大，ε 稍大一些也无妨，α/ε 达到 2~4 也就可以了，对于利用辐射板技术实现太阳能建筑一体化，α/ε 达到 1~3 即可。

关于光谱选择性涂层研究主要有：（1）渐变 AlN/Al 选择性吸收涂层；（2）阳极氧化电解着色涂层；（3）电镀黑铬涂层；（4）电镀黑镍涂层；（5）电镀黑钴涂层；（6）PbS 涂层；（7）$FeMoCuO_x$ 涂层；（8）黑漆涂层。

国际上从20世纪70年代已用溅射工艺研制了许多太阳能选择性吸收表面。美国的Telic公司研制了Cr-O、SS-O与SS-C-O复合薄膜材料，Al_2O_3-M-Al_2O_3吸收涂层（其中M可以是Cr、Mo、Ni、Pt或Ta）。日本Ibaraki电化学实验室用高频反应溅射制备Zr-C复合材料，这种选择性吸收涂层已有小批量生产。荷兰Groningen大学用反应溅射研制具有太阳光谱选择性的Ti-N与Ti-N-C复合材料。澳大利亚Sydney大学研究了溅射M-C、M-Si及SS-C-O等选择性复合薄膜材料。20世纪80年代，澳大利亚的Kothari通过真空工艺制备出了几种半导体材料选择性吸收涂层，并对其做了老化研究。

美国明尼苏达州一个公司研制成一种高性能的太阳光选择性吸收薄膜。其吸收率α=98%，发射率ε=7%。薄膜背面涂有丙烯黏合剂，可任意粘贴到铝、铜或塑料制品上。一种真空镀黑铝涂层除了具有很好的光谱选择性吸收特征外，并且具有工艺简便和能适应多种底材等特点，因此很有希望实现大面积连续蒸镀的工艺。将涂层加涂在连续塑料薄膜上，能制成一种大面积应用的廉价光谱选择性吸收涂层，是一种很有发展前景的光谱选择性吸收涂层。一项日本专利提出将含$w(Mn)$=0.3%~4.3%的Al或Al合金阳极化，形成阳极氧化物膜（厚度为0.5~45μm），在薄膜上覆有一种有机树脂（丙烯酸树脂），便可以获得太阳能吸热板。

Kalleder等人发明了一种含碳母体，是采用溶胶凝胶法从可水解、可缩聚的化合物制得的。将17.84g $MeSi(OMe)_3$、5.20g $Si(OEt)_4$、7.0mL SiO_2溶液和0.18mL HNO_3混合搅拌15min，在120℃下干燥，并按一定速度把压缩的干凝胶加热到750℃，便可得到产物，用作太阳能集热器的吸收剂。

Hultmart发明的太阳能集热器吸收层是采用溅射工艺在涂敷区内把雾化金属溅射到一种活动接收材料上，供溅射的气体不少于一种（最好是氩气），还有一种反应气体（最好是氧气）。金属作阴极，接收材料做阳极，阴阳极间有电势差，从而获得等离子体，通过溅射使接收材料金属化。反应气体及其在涂敷区的分布使得沉积在接收材料表面上的金属层氧化，获得的是由粒状金属和金属氧化物组成的涂层，金属嵌入最靠近接收材料的金属氧化物中，通过在涂敷区端部加氧量的增加，使表层金属量渐次减少到零。

Reis等人设计了一种选择性吸收涂层，是在铝表面上涂敷黑镍、电镀黑镍和自动催化黑镍，并为测定这种涂层的吸收率和发射率设计了一种太阳能集热板。Pethkar等人报告了一种全玻璃真空管集热器使用的氧化钴选择性涂层：先用喷射热解法在玻璃上沉积掺氟氧化锡薄膜，制成导电玻璃。然后电镀一层镍，以进一步提高玻璃衬底的反射率。采用喷射热解法把氧化钴薄膜沉积在镀镍的导电玻璃上，薄膜的α高达93%~94%，ε低于9%。

一种新的黑铬选择性涂层用镍做衬底，采用脉冲电流电解法制备黑色氧化铬结晶体。镀液是250~300g/L铬酸、10~15g/L丙酸和0.5g/L专用添加剂。这种黑铬涂层的α=94.4%，ε=8.4%，热稳定性好。以铝做衬底，采用双向铝阳极处理法，先在硫酸和磷酸中用直流电阳极化生成多孔阳极薄膜，然后在含镍、铜、钴盐的各种电解液中通过交流电电解着黑色。其中，在磷酸溶液中发生阳极化反应，并在硼酸缓冲的硫酸镍镀液中着色，表面涂敷一层氧化铝保护层，这样制成的选择性涂层热稳定性、化学稳定性和力学稳定性都很好。

在我国专利法实施第一年，清华大学提出了太阳能选择性吸收涂层的专利申请。在氩气中用单个圆柱铝阴极溅射铝膜作底层，先后于Ar-N_2混合气和纯CO气中反应溅射成分渐变的 Al-N 复合材料，制备了太阳能选择性吸收涂层，其 $\alpha=93\%$，$\varepsilon=6\%$。该涂层与铜、不锈钢两个阴极溅射的优质铜/金属碳化物涂层相当，但溅射系统的结构比后者简单，溅射效率也比后者高，涂层放气量少，真空烘烤温度可降至 400~450℃，生产周期短，能耗低，还可以使用软化点低的玻璃。

上海中科院硅酸盐研究所采用真空镀膜工艺，控制气氛和压力制备出光谱选择性吸收黑铝涂层，其 $\alpha>87\%$，$\varepsilon<13\%$，衬底可用金属、玻璃、有机材料，可进行大面积连续生产。

北京市太阳能研究所 1991 年申请了两项专利，一项是氮化钛太阳能选择性吸收膜，采用的是三极磁控溅射离子镀膜方法，在氩气和氮气中把单靶金属钛溅射沉积到金属衬底上。金属衬底做光亮处理，加热到一定温度后加负偏压，在增强离化电极作用下进行溅射。另一项是氮氧化铝太阳能选择性吸收膜，采用磁控溅射铝靶，在氩气和反应气体中溅射沉积在金属吸热板上。金属吸热板进行光亮处理后作红外反射层，在氮、氧流量和负偏压不断变化的情况下进行溅射沉积，得到 AlN_xO_y 金属陶瓷型渐变吸收膜层。

张云山提出了由吸热材料和黏结剂组成的涂料型涂层；李守祥研制了采用氧、氮共同参与的铝阴极反应的涂层；李先航提出了金属陶瓷型涂层；沈阳台阳太阳能公司研制并应用了表层为铝-氮膜，吸收层为铝-碳膜的涂层，青岛建工学院发明了一种由吸光剂、黏结剂、溶剂和助剂组成的涂层。

目前，$Pt\text{-}Al_2O_3/Pt$，Al-N-Al 和 SS-C/Cu 等太阳光谱选择性吸收涂层也相继被研制和应用。$Pt\text{-}Al_2O_3/Pt$ 具有很好的光热转换性能和热稳定性，Al-N/Al 与 SS-C/Cu 吸收涂层在真空气氛下将太阳光的能量转换成热能，用来获得热水的技术已得到了广泛应用，两者都具有较好的光热转换性能。

5.5 太阳选择性吸收涂层基本类型及作用机理

常见选择性吸收涂层，依据其作用机理，大体可分为下述五种类型。

（1）本征吸收膜。本征吸收材料包括两类，半导体和过渡金属。半导体存在禁带宽度 E_g，对应截止波长 λ_c。只有波长 $\lambda<\lambda_c$ 的可见光、紫外光，才能使半导体中电子发生跃迁，引起电子和晶格中质点碰撞，将光能转化为热能；而波长 $\lambda>\lambda_c$ 的红外光因为能量低不被吸收而透过膜层，利用金属基体的高反射特性，构成了半导体膜的光谱选择性吸收作用。

由于太阳辐射能主要分布在 0.3~2.5μm，所以禁带宽度在 0.5eV(2.5μm)~1.24eV(1.0μm)的半导体，如 Si(1.1eV)、Ge(0.7eV) 和 PbS(0.4eV) 等，对于太阳能的选择性吸收才有意义。过渡金属如 Fe、Co、Ni、Zn、Cr 和 Mn 等，其吸收机理类似于半导体，如黑铬（Cr_xO_y）、黑镍（NiS-ZnS）和黑钴等吸收膜。

（2）光干涉膜。从光学角度来看光干涉膜是由可见-近红外光在膜系中的干涉和吸收效应共同形成的。单一干涉膜只能使太阳光谱中某一波长的反射率等于零，要吸收整个太阳光谱段的太阳能，就要设计复式多层膜。因此，光干涉膜往往由若干层有确定光学常数和规定厚度的光学薄膜堆垛而成。该膜系在可见-近红外波段常形成两个反射率极小点，这样导致了太阳能选择性吸收薄膜在可见-近红外波段的高吸收。多层干涉膜在高温下是稳定的。光干涉膜有 Al_2O_3-MoO_x-Al_2O_3/Mo 涂层、双层黑镍和双层黑铬等。

（3）多层渐变膜。多层渐变膜是指从表层到底层的折射率 n、消光系数 k 逐渐增加的若干光学薄膜构成的膜系。渐变吸收层从紧靠底层金属处近于纯金属逐渐变化到紧靠反射层的不含金属的介质层，膜系的化学成分的浓度或者含量呈现梯度变化。它是利用对入射光线的逐层吸收来达到较高的太阳光谱吸收率的。由于这种膜系随着温度的升高（如工作在 300~500℃环境），其热发射率急剧上升，因此适合于在中低温使用。多层渐变膜有渐变 Al-N/Al、多层渐变不锈钢-碳/铜、铝阳极氧化着色膜等。

（4）金属陶瓷膜。小金属颗粒分散在电解质中的复合膜被称作金属陶瓷膜。这种膜由于其金属的带间跃迁和小颗粒的共振使涂层对太阳光谱有很强的吸收作用，但在红外光区它们是透明的。半导体颗粒分散在电解质中，也形成类似的选择性吸收复合膜。金属陶瓷选择性吸收表面具有良好的热稳定性，其高温稳定性取决于金属离子以及介质基体。金属陶瓷膜（如金属粒子和氧化物的共析镀层）有 Cr-Cr_2O_3、Ni-Al_2O_3、Mo-Al_2O_3、Fe-Al_2O_3、Co-Al_2O_3 和 Pt-Al_2O_3 等。应用最广泛的是黑铬（Cr-Cr_2O_3），可用于工作温度 300℃以下的太阳能集热器的吸收表面。

（5）光学陷阱膜。控制薄膜表面的形貌与结构，使其呈“V”形沟、圆筒形空洞、蜂窝结构或者形成树枝状显微表面，对太阳辐射起陷阱作用，从而大大提高对太阳能的吸收率，这样的吸收膜被称为光学陷阱膜。采用线网、沟槽，在机械粗糙化表面上电沉积涂层，在部分真空下蒸发半导体，用溅射和 CVD 法等都可以使表面粗糙化而加强对太阳能的吸收。

5.6　薄膜光学理论

经过了近二百年来的发展，光学薄膜已经建立了一套完整的光学理论——薄膜光学。为了便于分析，对光学薄膜作如下基本假设：

（1）薄膜在光学上是各向同性介质，对于电介质其特性可用折射率 n 表征，并且 n 是一个实数；对于金属和半导体，其特性可用复折射率（或光学导纳）$N=n-kj$ 来表征，N 是一个复数，其实部 n 仍称为折射率，其虚部 k 称为消光系数，j 为虚数单位。两个邻界的介质用一个数学界面分开，在这个数学分界面的两边折射率发生不连续的跃变。

（2）折射率在空间坐标上是连续的。为了实际的目的，折射率可随膜层的深度变化，并称为非均匀薄膜或变折射率薄膜。

（3）膜层用两个如（2）所规定的平行平面所分开的空间来定义，它的横向大小假定为无限大，而膜层的厚度是光的波长的数量级。

5.6.1　薄膜光学基础简介

根据薄膜光学理论，对于等效成一个界面的单层膜，可以写出它的反射系数 r 为：

$$r=\frac{\eta_0-Y}{\eta_0+Y} \tag{5-13}$$

式中，η_0 为入射介质的修正光学导纳；Y 为涂层与底层材料的组合导纳。

那么单层膜的反射率 R 为：

$$R = r \cdot r^* = \left(\frac{\eta_0 - Y}{\eta_0 + Y}\right) \cdot \left(\frac{\eta_0 - Y}{\eta_0 + Y}\right)^* \tag{5-14}$$

令：$Y = \frac{C}{B}$

其中：$\begin{bmatrix} B \\ C \end{bmatrix} = \begin{bmatrix} \cos\delta_1 & i\sin\delta_1/\eta_1 \\ i\eta_1\sin\delta_1 & \cos\delta_1 \end{bmatrix} \begin{bmatrix} 1 \\ \eta_2 \end{bmatrix}$

令：$M = \begin{bmatrix} \cos\delta_1 & j\sin\delta_1/\eta_1 \\ j\eta_1\sin\delta_1 & \cos\delta_1 \end{bmatrix}$

M 称为膜层的干涉矩阵（又称特征矩阵），它包含了计算膜层光学特性的全部有用参数：N_1、d_1、θ_1，矩阵中 $\delta_1 = 2\pi N_1 d_1 \cos\theta_1/\lambda$，$\lambda$ 为波长。

当光线正射时，可以简化为：

$$M = \begin{bmatrix} \cos\phi & j\sin\phi/N_1 \\ jN_1\sin\phi & \cos\phi \end{bmatrix} \tag{5-15}$$

其中，$\phi = 2\pi N_1 d_1/\lambda$。

对于多层膜，运用上面单层膜干涉矩阵的结论，从顶层膜开始通过各中间层膜递推到底层膜，最终可以得到多层膜系的光学干涉矩阵：

$$M = \prod_{r=1}^{k} Mr = \prod_{r=1}^{k} \begin{bmatrix} \cos\delta_r & j\sin\delta_r/\eta_r \\ j\eta_r\sin\delta_r & \cos\delta_r \end{bmatrix}_r \tag{5-16}$$

将涂层的特征矩阵记为：

$$M = \begin{pmatrix} m_{11} & m_{12} \\ m_{21} & m_{22} \end{pmatrix}$$

垂直入射情况下，在折射率为 N_2 的基板上，膜层和基板的组合矩阵为：

$$\begin{pmatrix} B \\ C \end{pmatrix} = \begin{pmatrix} m_{11} & m_{12} \\ m_{21} & m_{22} \end{pmatrix} \begin{pmatrix} 1 \\ N_2 \end{pmatrix}$$

于是

$$Y = \frac{C}{B} = \frac{m_{21} + m_{22}N_2}{m_{11} + m_{12}N_2} \tag{5-17}$$

设光线的入射介质是空气，$N_0 = 1$，则涂层的反射系数为：

$$r = \frac{\eta_0 - Y}{\eta_0 + Y} = \frac{(m_{11} - m_{22}N_2) + (m_{12}N_2 - m_{21})}{(m_{11} + m_{22}N_2) + (m_{12}N_2 + m_{21})} \tag{5-18}$$

$$R = r \cdot r^* = \left|\frac{(m_{11} - m_{22}N_2) + (m_{12}N_2 - m_{21})}{(m_{11} + m_{22}N_2) + (m_{12}N_2 + m_{21})}\right| \tag{5-19}$$

5.6.2 吸收涂层的光学性质

吸收涂层主要的光学性质为吸收率和发射率。定向全吸收率是指物体在给定投射方向所吸收的全辐射能与在此方向投射在物体上的全辐射能之比，表达式如下：

$$\alpha_s = \frac{\int_0^\infty \alpha_\lambda(T) e_{\lambda,s}(\lambda)\,d\lambda}{\int_0^\infty e_{\lambda,s}(\lambda)\,d\lambda} \tag{5-20}$$

式中，e_λ为投射的单色辐射密度；α_λ为单色吸收率；角标 s 表示投射的辐射是太阳辐射。

对于不透明涂层，有 $\alpha_\lambda + R_\lambda = 1$，根据 R_λ-λ 关系曲线，利用吸收率的计算式，将太阳光谱分成若干等份，然后分段进行积分，可以计算太阳吸收率 α_s：

$$\alpha_s = \frac{\int_{\lambda_1}^{\lambda_2} (1 - R_\lambda) e_{\lambda,s}\,d\lambda}{\int_{\lambda_1}^{\lambda_2} e_{\lambda,s}\,d\lambda} \tag{5-21}$$

式中，$e_{\lambda,s}$为太阳光谱入射能量；λ_1、λ_2为太阳光谱波长范围。

在进行积分求解吸收率时，需要选择一定大气质量（Air Mass，AM）的太阳光谱分布，常见的有：AM_0 表示太阳光通过的大气量为零，即为大气层以外的太阳光。其值就是太阳常数，为 140mW /cm^2；AM_1 表示太阳在正上方、恰好是赤道上海拔为零米处正南中午时的垂直日射光。晴朗时的光强约为 100mW/cm^2，该值有时被称为一个太阳。$AM_{1.5}$和AM_2：分别指天顶角为 48°和 60°时的太阳光，光强时 100mW/cm^{2}和 75mW/cm^2。

物体的发射率为实际表面的发射能力与同温度下黑体表面的发射能力之比值，它是温度、方向和波长的函数，就选择性吸收表面而言，我们着重要关心的是发射率与波长的关系。

半球向全发射率为：

$$\varepsilon(T) = \frac{\int_0^\infty \varepsilon_\lambda(T) e_{\lambda,b}(T)\,d\lambda}{\int_0^\infty e_{\lambda,b}(T)\,d\lambda} \tag{5-22}$$

根据基尔霍夫定律 $\alpha_\lambda(T) = \varepsilon_\lambda(T)$，得：

$$\varepsilon(T) = \frac{\int_0^\infty \alpha_\lambda(T) e_{\lambda,b}(T)\,d\lambda}{\int_0^\infty e_{\lambda,b}(T)\,d\lambda} \tag{5-23}$$

同样的，将普朗克黑体辐射能量分成若干等份，然后分段积分，可以计算发射率 ε：

$$\varepsilon(T) = \frac{\int_{\lambda_3}^{\lambda_4} (1 - R_\lambda) e_{\lambda,b}\,d\lambda}{\int_{\lambda_3}^{\lambda_4} e_{\lambda,b}\,d\lambda} \tag{5-24}$$

式中，$e_{\lambda,b}$为普朗克黑体辐射光谱能量；λ_3、λ_4为红外光谱波长范围。

5.6.3　有效介质理论

在进行光学计算时，需要知道一定波长下的薄膜材料和金属底材的复折射率 N_1 和 N_s，即折射率（n）和消光指数（k）。确定薄膜光学常数的方法较多，有分光光度法、激光干涉法、椭圆偏振法及 Kramers-Kronig 关系式等。太阳光谱范围较宽，薄膜 n、k 的测定通常采用分光光度计法。该方法是用紫外-可见-近红外分光光度计测量带有薄膜的玻璃基片的反射率、透射率与波长的关系，同时还要用测厚仪测量薄膜的厚度；然后根据 Hadley 方程，用电子计算机反演确定薄膜中的 n、k。对于常见金属如银、金、铜、钼、铝和镍等，其光学常数可以从手册中查到。但是对于多种多样的涂层材料，只有少数有文献报道，不同制备条件得到的薄膜光学常数差别也很大。为了便于进行光学计算，希望能够直接利用块体材料的光学常数，这些数据虽然也不十分丰富，但相对于薄膜材料的光学常数更易于获得。在光学推导过程中，假设薄膜是各向同性的和均匀的，且薄膜表面为光滑的平面，实际的涂层是由成膜粒子堆积起来的，有的涂层比较致密，有的却是疏松的、有孔隙的。对于后者，块体材料的光学常数与实际材料的光学常数是有区别的，这往往导致光学计算的结果偏离实测值。因此，需要对其进行修正。

有效介质理论是修正光学理论计算最常用的方法之一，该理论是将适用于一个粒子的无粒子直径限制的理论用于涂层的集合体上，其中包括 Maxwell-Garnet（MG）理论和 Bruggeman（Br）理论。最初是用于解决金属粒子分布在电介质涂层中的情况。现用于空隙分布于半导体涂层，两种理论的表达式如下：

Maxwell-Garnet（MG）理论

$$(\zeta - \zeta_1)/(\zeta + 2\zeta_1) = f(\zeta_0 - \zeta_1)/(\zeta_0 + 2\zeta_1) \tag{5-25}$$

Bruggeman（Br）理论

$$f(\zeta - \zeta_0)/(\zeta_0 + 2\zeta) + (1 - f)(\zeta - \zeta_1)/(\zeta_1 + 2\zeta) = 0 \tag{5-26}$$

式中，ζ_0、ζ_1 为空气和半导体材料的介电常数，与波长有关；f 为空隙分率。

由于 $N^2 = \zeta$，式（5-25）和式（5-26）可表达为：

$$(N^2 - N_1^2)/(N_2 + 2N_1^2) = f(N_0^2 - N_1^2)/(N_0^2 + 2N_1^2) \tag{5-27}$$

$$f(N^2 - N_0^2)/(N_0^2 + 2N^2) + (1 - f)(N^2 - N_1^2)/(N_1^2 + 2N^2) = 0 \tag{5-28}$$

式中，N_0、N_1、N 分别为空气、半导体材料及涂层有效的复折射率，均与波长有关。

式（5-27）和式（5-28）均为复数方程，求解该方程可得到多孔膜层的 n 和 k 值。

这两个理论的区别在于参数 f 的范围不同，对于 Maxwell-Garnet 理论，当 f 很大时不适用，而 Bruggeman 理论对于任意值的 f 都适用。

5.6.4 分层介质理论

分层介质理论涉及不同的均匀介质以不同的分界面互相连接的情况，并认为光波通过界面时介质的性质发生突变。

分层介质的理论模型的假定是：对同一层膜其光学性质是均匀的、各向同性的，即在同一膜层的整个厚度 d 内，N 是一个常数，因此，这种分层介质的光学特性完全由每层膜的两个参量 N_i 和 d_i 决定。在某些情况下，假定在靠近膜层的表面处存在着薄的过渡区，过渡区的折射率是急剧变化的。还有的情况是沿着膜层表面的法线方向折射率呈现梯度变化，但是在垂直于法线的水平方向折射率保持不变。这两种膜层的不均匀性都将影响薄膜的光学性质。这样可以用一组均匀膜来代替实际的非均匀膜层来进行计算。

5.7 太阳选择性吸收涂层的制备方法

太阳选择性吸收涂层的制备方法有涂漆法、水溶液化学转化法、溶胶凝胶法、电化学沉积法（电镀和阳极氧化法）、气相沉积法（物理气相沉积 PVD 和化学气相沉积法 CVD）和真空镀膜法（真空蒸发和溅射沉积）等，金属-陶瓷复合镀、塑料镀以及电刷镀等方法是近几年开发的新工艺。

5.7.1 电化学法

用电镀来制备选择性吸收涂层的方法称为电化学沉积法。制备的涂层有电沉积膜（或称电镀，阴极还原法制备的镀层）和电化学转化膜（通过阳极氧化过程实现）。

（1）电镀法。黑镍是电镀工艺最早制备的典型涂层之一，由于具有电流密度低，分散能力较好，电流效率高等优点，在太阳能利用中受到重视，但其热稳定性和耐腐蚀性较差。黑镍涂层多数为镍合金涂层，其组成随电解液的成分和沉积条件变化。黑镍的电镀液常用的有两类，即硫酸锌电镀液和含钼酸盐电镀液。1994 年 Koltunm 等人提出一种氯化物电解液，并与硫酸盐电解液沉积的黑镍镀层的光学性能进行对比，发现前者比后者更优。由氯化物电解液生产的黑镍主要由纯镍组成，其 $\alpha>92\%$，$\varepsilon<15\%$，镀层是由空隙率不同且孔不重叠的两层膜构成。不同基材上沉积的黑镍，加热到 200℃，维持 800h，然后在潮湿室内湿老化 500h，其光学性能不变。1998 年 Ewa Wäcklgård 的研究表明，在氯化镍溶液中电镀黑镍，吸收率可达 96%，发射率为 10%，耐温达 200℃，但是耐湿性能差。

黑铬镀层是电沉积涂层的另一个典型例子，不仅高选择性，而且耐温、耐湿性能良好，是一种综合性能极佳的选择性吸收涂层。1990 年 Visitserngtakul 等人研制的选择性吸收黑铬涂层，其 $\alpha\approx97\%$，$\varepsilon\approx9.2\%$，这种以低碳钢为基材上的黑铬涂层经 450℃，100h 的加速实验（相当于 300℃，20 年），其光学性能和力学性能无明显变化。黑铬工艺需要在高的电流密度（15~200A/dm^2）和低的温度（25℃）下操作。因溶液的导电性差，生产时会产生大量的焦耳热，需要冷却才能维持生产。1991 年费敬银等人采用低电流密度制备的黑铬镀层，其 $\alpha\approx87\%$，$\varepsilon\approx5\%$，耐温达 280℃。

黑钴涂层也可用于太阳能光热转换，如作为热管式真空集热管的吸热板涂层，其基体为预先镀铜或者化学镀镍的玻璃。一般黑钴涂层的主要成分是 CoS，具有蜂窝网状结构，其 $\alpha=94\%\sim96\%$，$\varepsilon=12\%\sim14\%$，在 220℃耐热试验后光学性能稳定。1990 年谢光明、赵玉文采用电化学方法制备的选择性吸收黑钴涂层，其 $\alpha=96.5\%\sim97\%$，$\varepsilon=5\%\sim6\%$（90℃），膜层的主要成分是 Co、O 和 S。集热管做单根闷晒试验，大部分可达 220℃以上（太阳辐射强度为 800W/m^2），此时的 $\alpha>92\%$，$\varepsilon<10\%$，说明黑钴涂层性能稳定，可在较高温度下工作。1999 年，Enrique Barreral 等人在电镀黑钴的基础上，用溶胶-凝胶法浸涂不同比例 Ti 和 Sn 氧化物，结果发现厚度为 210nm 的 Ti 和 Sn 氧化物能起到最好的保护作用，复合体系在经过 400℃，100h 热处理后，$\alpha=91\%$，$\varepsilon=34\%$。

（2）电化学转化法。电化学转化膜中最成熟的工艺是铝阳极氧化膜。铝及铝合金的阳极氧化，可在硫酸或者磷酸介质中进行，但在太阳能光热转换中主要使用磷酸氧化膜。铝阳极氧化膜是一种无色透明的多孔膜，空隙率可高达 22%。用于电解着色的金属盐类有镍盐、钴盐、锡盐、铜盐等。1991 年 Roosa 等人用喷涂热解法在铝阳极氧化镍着色膜上得到掺氟的 SnO_2 膜，大大提高了铝阳极氧化膜的化学稳定性、耐磨和耐温性能。其 $\alpha\approx89\%$，$\varepsilon\approx17\%$。该涂层在 450℃下热老化 10 天，吸收率和发射率变化不大。1998 年 Roosa 等人在铝阳极氧化镍着色膜上生成 SnO_2 膜的同时，用减反射层弥补因保护层折射率较高导致吸收膜在太阳光谱内反射率升高而产生的损失。在含有商业硅溶胶的溶液中，经过一次浸渍处理，即可形成一层 SiO_2膜，而红外反射率几乎不受硅溶胶处理的影响。初步检验表明，经过浸渍处理的样品耐温高达 300℃，耐腐蚀性能良好。

5.7.2 物理气相沉积

真空蒸发、溅射镀膜和离子镀等常称为物理气相沉积（physical vapor deposition，PVD 法）是基本的薄膜制作技术之一。它们均要求沉积薄膜的空间要有一定的真空度。

（1）真空蒸发镀膜法。真空蒸发镀膜法（简称真空蒸镀）是在真空室中，加热蒸发容器中薄膜的原材料，使其分子或原子从表面气化逸出，形成蒸气流，入射到固体（称为衬底或基片）表面，凝结形成固态薄膜的方法。20 世纪 90 年代，慕尼黑大学 Scholkopt 采用电子束共蒸发的方法在金属条带上连续沉积 $TiNO_x$选择性吸收涂层，其 $\alpha=95\%$，$\varepsilon=5\%$(100℃)。该涂层最高工作温度达 375℃，250℃下的热效率为 50%，已建成年产 2 万平方米的涂层生产线。由于连续镀膜，成本较低，被称为新一代的涂层技术。

（2）溅射沉积。"溅射"是指荷能粒子轰击固体表面（靶），使固体原子（或分子）从表面射出的现象。射出的粒子大多呈原子状态，常被称为溅射原子。由于直接实现溅射的是离子，所以这种镀膜技术又称为离子溅射镀膜。磁控溅射与真空蒸发相比，其真空设备比较简单，工艺控制更为方便，容易在大面积上获得均匀一致的选择性吸收涂层。磁控溅射技术因控制膜组成、厚度比较容易，所以经常与光学设计结合以制备高性能选择性吸收涂层。

清华大学自 1982 年起致力于采用磁控溅射技术进行研究和开发多种选择性吸收涂层，其中多层（渐变）Al-N/Al 选择性吸收涂层，是研究最深入、应用最广泛的涂层，其 α 可达 93%，ε 约为 5%（80℃）。具有渐变 Al-N/Al 选择性吸收膜的全玻璃真空集热管，在太阳辐射为 900W/m^2时，集热管内空晒温度达 270℃。但磁控溅射膜耐磨性、耐腐蚀性差。1992 年郭信章等人用单靶磁控溅射镀膜机，以纯铝为基材，制备 AlN_xO_y吸收膜后，再沉积一薄层氧化铝作为减反射层。该工艺制备的吸收膜，$\alpha=95\%$，$\varepsilon=9\%$，具有良好的耐磨、耐腐蚀性能，耐温达 320℃。1997~1998 年 Eisenhammer T 等人以镀铜的硅片作为基材，用溅射法制备的 $AlCuFe/Al_2O_3$陶瓷，是晶态和准晶态物质组成的混合物。$\alpha=89\%\sim90\%$，$\varepsilon<10\%$(400℃)，在空气中加热涂层到 400℃，维持 450h，光学性能变化较小。1999~2000 年谢光明、于凤琴采用磁控多靶反应共溅射制备 M-AlN（M 为金属）金属陶瓷复合膜，优化设计后涂层吸收率 $\alpha>90\%$，发射率 $\varepsilon<10\%$（100℃），当温度高于 350℃时，性能稳定。与多层渐变涂层相比，金属陶瓷选择性吸收涂层具有结构简单、高温条件下性能稳定、反射率较低等优点。

事实上，目前工作温度在 500℃以上的太阳能选择性吸收涂层，通常都是采用真空镀膜的射频溅射工艺制备的。20 世纪 80 年代研制的金属陶瓷膜通常采用 Al_2O_3介质作为基体材料，主要有 $Ni\text{-}Al_2O_3$、$Co\text{-}Al_2O_3$、$Pt\text{-}Al_2O_3$、$Mo\text{-}Al_2O_3$以及 $Fe\text{-}Al_2O_3$等。但是射频溅射技术，相对于直流溅射技术而言，其设备复杂，生产效率低，因而涂层成本昂贵。20 世纪 90 年代以来，澳大利亚悉尼大学 Zhang Q C 和 Mills 等人，在渐变 AlN-Al 的基础上，研制以 AlN 介质为基体的金属陶瓷选择性吸收涂层，采用直流反应溅射沉积 AlN 介质，并用直流共溅射方法将不锈钢、钨等金属粒子注入介质基体，提高了溅射速率，大幅度降低了膜层成本。其 $\alpha>91\%$，$\varepsilon<12\%$（500℃），适合中高温集热器的使用要求，是目前最有市场开发前景的太阳能选择性吸收材料之一。

5.7.3　水溶液化学转化法

利用化学方法使金属表面生成具有选择性吸收薄膜的黑色金属氧化物或硫化物。通常是采用喷涂或喷浸处理产生铜黑、锌黑等。涂层的吸收率在 90%以上，发射率在 10%左右。该制备方法生产设备简单、操作方便、成本低廉、污染小，是研究涂层一种重要而有效的方法。

5.7.4　其他方法

（1）快速原子蚀刻法。2003 年 Hitoshi Saia 等人研究亚微型周期的二维 W 表面光栅的光谱性质和热稳定性以制备适用于高温应用的太阳能选择性吸收表面。结果表明微孔光栅具有良好的光谱选择性，适宜于高温应用。它们在 897℃的真空气氛中表现良好的光谱选择性以及足够的热稳定性。α 可超过 85%，$\varepsilon=7.5\%$(527℃)，$\varepsilon=14.2\%$(927℃)。

（2）化学气相沉积法。化学气相沉积是一种化学气相生长法，简称 CVD（chemical vapor deposition）技术。借助气相作用或在基片表面的化学反应（热分解或化学合成）生成要求的薄膜。Berghaus 等人采用低压冷壁 CVD 系统，同时热分解 $W(CO)_6$ 和 $Al(C_3H_7O)_3$(ATI)，制备得到无定型的 $W\text{-}WO_x\text{-}Al_2O_3$ 薄膜。在铜基材上形成的膜，其 α 为 85%，ε 为 4%。通过吸收膜中钨含量的梯度变化、加减反射层和粗化基材及膜的表面等方法可提高膜层的吸收率，该陶瓷膜至少耐温 500℃。

（3）溶胶-凝胶法。采用适当的金属有机化合物等溶液水解的方法，可获得所需的氧化物薄膜。采用溶胶-凝胶法制备的薄膜具有多组分均匀混合、成分易控制、成膜均匀、能大面积实施、成本低、周期短和易于工业化生产等优点。Leon Kalulza 等人通过溶胶-凝胶法由醋酸锰、氯化铁及氯化铜前驱物浸涂和 500℃热处理得到黑色 $CuFeMnO_4$ 尖晶石结构粉末和薄膜。$CuFeMnO_4$(500℃）和（Mn，Cu，Fe)/TEOS 膜（500℃）的 α 和 ε 值表明 $CuFeMnO_4$ 膜是太阳能集热系统中很有潜力的吸收涂层。

复习思考题

5-1 简述太阳光谱能量分布状况。

5-2 根据图 5-4 及图 5-5 分析理想光谱选择性吸收表面的特性。

5-3 简述太阳选择性吸收涂层基本类型及作用机理。

5-4 试概述太阳选择性吸收涂层的定义及制备方法。

6 平板型太阳能集热器光热应用

6.1 设计用气象资料

在太阳能应用系统设计过程中，首先我们要知道当地的气象参数条件，才能针对性的设计太阳能方案。一般在工程设计中我们需要了解当地年或日平均总辐射量、年平均环境温度、年平均每日的日照小时数等参数。可由表 6-1 查询。

表 6-1 我国 72 个城市的典型年设计用气象参数

城市名称	纬度	H_{ha}	H_{ht}	H_{La}	H_{Lt}	T_a	S_y	S_t	f	N
北京	39°56′	14.180	5178.754	16.014	5844.400	12.9	7.5	2755.5	40%~50%	10
哈尔滨	45°45′	12.923	4722.185	15.394	5619.748	4.2	7.3	2672.9	40%~50%	10
长春	43°54′	13.663	4990.875	16.127	5885.278	5.8	7.4	2709.2	40%~50%	10
伊宁	43°57′	15.125	5530.671	17.733	6479.176	9.0	8.1	2955.1	50%~60%	8
沈阳	41°46′	13.091	4781.456	14.980	5466.630	8.6	7.0	2555.0	40%~50%	10
天津	39°06′	14.106	5152.363	15.804	5768.782	15.0	7.2	2612.7	40%~50%	10
二连浩特	43°39′	17.280	6312.236	21.012	7667.933	4.1	9.1	3316.1	50%~60%	8
大同	40°06′	15.202	5554.111	17.346	6332.744	7.2	7.6	2772.5	50%~60%	8
西安	34°18′	11.878	4342.079	12.303	4495.737	13.5	4.7	1711.1	40%~50%	10
济南	36°41′	13.167	4809.780	14.455	5277.709	14.9	7.1	2597.3	40%~50%	10
郑州	34°43′	13.482	4925.519	14.301	5222.523	14.3	6.2	2255.7	40%~50%	10
合肥	31°52′	11.272	4122.817	11.873	4341.379	15.4	5.4	1971.3	≤40%	15
武汉	30°37′	11.466	4192.960	11.869	4339.349	16.5	5.5	1990.2	≤40%	15
宜昌	30°42′	10.628	3887.618	10.852	3968.5	16.6	4.4	1616.5	≤40%	15
长沙	28°14′	10.882	3984.009	11.061	4048.902	17.1	4.5	1636.0	≤40%	15
南昌	28°36′	11.792	4316.409	12.158	4449.184	17.5	5.2	1885.2	40%~50%	10
南京	32°00′	12.156	4444.666	12.898	4714.471	15.4	5.6	2049.3	40%~50%	10
上海	31°10′	12.300	4497.261	12.904	4716.445	16.0	5.5	1997.5	40%~50%	10
杭州	30°14′	11.117	4068.653	11.621	4252.141	16.5	5.0	1819.9	≤40%	15
福州	26°05′	11.772	4307.124	12.128	4436.527	19.6	4.6	1665.5	40%~50%	10
广州	23°08′	11.216	4102.517	11.513	4210.554	22.2	4.6	1687.4	≤40%	15
韶关	24°48′	11.677	4274.501	11.981	4384.906	20.3	4.6	1665.8	40%~50%	10
南宁	22°49′	12.690	4642.457	12.788	4677.737	22.1	4.5	1640.1	40%~50%	10
桂林	25°20′	10.756	3936.810	10.999	4025.320	19.0	4.2	1535.0	≤40%	15

续表 6-1

城市名称	纬度	H_{ha}	H_{ht}	H_{La}	H_{Lt}	T_a	S_y	S_t	f	N
昆明	25°01′	14.633	5337.074	15.551	5669.130	15.1	6.2	2272.3	40%~50%	10
贵阳	26°35′	9.548	3493.043	9.654	3530.934	15.4	3.3	1189.9	≤40%	15
成都	30°40′	9.402	3438.352	9.305	3402.674	16.1	3.0	1109.1	≤40%	15
重庆	29°33′	8.669	3174.724	8.552	3131.848	18.3	3.0	1101.6	≤40%	15
拉萨	29°40′	19.843	7246.092	22.022	8038.284	8.2	8.6	3130.4	≥60%	5
西宁	36°37′	15.636	5712.065	17.336	6329.704	6.5	7.6	2776.0	50%~60%	8
格尔木	36°25′	19.238	7029.169	21.785	7955.565	5.5	8.7	3190.1	≥60%	5
兰州	36°03′	14.322	5232.783	15.135	5526.917	9.8	6.9	2508.3	40%~50%	10
银川	38°29′	16.507	6030.888	18.465	6742.000	8.9	8.3	3011.4	50%~60%	8
乌鲁木齐	43°47′	13.884	5078.441	15.726	5748.627	6.9	7.3	2662.1	40%~50%	10
喀什	39°28′	15.522	5673.439	16.911	6178.789	11.9	7.7	2825.7	50%~60%	8
哈密	42°49′	17.229	6296.969	20.238	7390.591	10.1	9.0	3300.1	50%~60%	8
漠河	52°58′	12.935	4727.574	17.147	6254.374	−4.3	6.7	2434.7	40%~50%	10
黑河	50°15′	12.732	4651.737	16.255	5929.060	0.4	7.6	2761.8	40%~50%	10
佳木斯	46°49′	12.019	4391.131	14.689	5360.745	3.6	6.9	2526.4	40%~50%	10
阿勒泰	47°44′	14.943	5462.996	18.157	6631.225	4.5	8.5	3092.6	50%~60%	8
奇台	44°01′	14.927	5456.112	17.489	6387.316	5.2	8.5	3087.1	50%~60%	8
吐鲁番	42°56′	15.244	5573.030	17.114	6251.978	14.4	8.3	3014.9	50%~60%	8
库车	41°48′	15.770	5763.318	17.639	5443.517	11.3	7.7	2804.0	50%~60%	8
若羌	39°02′	16.674	6093.686	18.260	6670.228	11.7	8.8	3202.6	50%~60%	8
和田	37°08′	15.707	5739.433	17.032	6221.590	12.5	7.3	2674.1	50%~60%	8
额济纳旗	41°57′	17.884	6535.737	21.501	7850.923	8.9	9.6	3516.2	50%~60%	5
敦煌	40°09′	17.480	6388.071	19.922	7276.161	9.5	9.2	3373.1	50%~60%	8
民勤	38°38′	15.928	5818.724	17.991	6568.829	8.3	8.7	3172.6	50%~60%	8
伊金霍洛旗	39°34′	15.438	5639.461	17.973	6561.603	6.3	8.7	3161.5	50%~60%	8
太原	37°47′	14.394	5259.107	15.815	5774.811	10.0	7.1	2587.7	40%~50%	10
侯马	35°39′	13.791	5039.715	14.816	5411.905	12.9	6.7	2455.6	40%~50%	10
烟台	37°32′	13.424	4905.477	14.792	5400.072	12.6	7.6	2756.4	40%~50%	10
噶尔	32°30′	19.013	6943.19	21.717	7926.455	0.4	10.0	3656.2	≥60%	5
那曲	31°29′	15.423	5633.032	17.013	6211.557	−1.2	8.0	2911.8	50%~60%	8
玉树	33°01′	15.797	5771.158	17.439	6365.517	3.2	7.1	2590.5	50%~60%	8
昌都	31°09′	16.415	5995.896	18.082	6602.136	7.6	6.9	2502.0	50%~60%	8
绵阳	31°28′	10.049	3675.079	10.051	3675.106	16.2	3.2	1182.2	≤40%	19
峨眉山	29°31′	11.757	4290.836	12.621	4604.691	3.1	3.9	1437.6	40%~50%	10
乐山	29°30′	9.448	3455.720	9.372	3426.930	17.2	3.0	1080.5	≤40%	15
咸宁	26°51′	12.793	4671.782	13.492	4924.531	10.4	5.0	1837.9	40%~50%	10

续表 6-1

城市名称	纬度	H_{ha}	H_{ht}	H_{La}	H_{Lt}	T_a	S_y	S_t	f	N
腾冲	25°01′	14.96	5457.679	16.148	5889.004	15.1	5.8	2107.2	50%~60%	8
景洪	22°00′	15.170	5532.070	15.768	5747.762	22.3	6.0	2197.2	50%~60%	8
蒙自	23°23′	14.621	5334.1	15.247	5559.737	18.6	6.1	2227.6	40%~50%	10
南充	30°48′	9.946	3639.914	9.939	3636.549	17.3	3.2	1177.2	≤40%	15
万县	30°46′	9.653	3533.956	9.655	3534.285	18	3.6	1302.3	≤40%	15
泸州	28°53′	8.607	3225.726	8.770	3211.848	17.7	3.2	1183.1	≤40%	15
遵义	27°41′	8.797	3221.330	8.685	3179.993	15.3	3.0	1093.1	≤40%	15
赣州	25°51′	12.168	4453.617	12.481	4567.442	19.4	5	1826.9	40%~50%	10
慈溪	30°16′	12.202	4463.771	12.804	4682.430	16.2	5.5	2003.5	40%~50%	10
汕头	23°24′	12.921	4725.103	13.293	4860.517	21.5	5.6	2044.1	40%~50%	10
海口	20°02′	12.912	4721.413	13.018	4759.480	24.1	5.9	2139	40%~50%	10
三亚	18°14′	16.627	6074.573	16.956	6193.388	25.8	7.0	2546.8	50%~60%	8

注：H_{ha}为水平面年平均日辐照量，MJ/(m²·d)；H_{ht}为水平面年总辐照量，MJ/(m²·d)；H_{La}为当地纬度倾角平面年平均日辐照量，MJ/(m²·d)；H_{Lt}为当地纬度倾角平面年总辐照量，MJ/(m²·d)；T_a为年平均环境温度,℃；S_y为年平均每日的日照小时数，h；S_t为年总日照小时数，h；f为年太阳能保证率推荐范围；N为回收年限允许值，年。

6.2 供热水设计常用资料

（1）60℃热水水温下热水用水定额见表 6-2。

表 6-2 60℃热水水温下热水用水定额

序号	建筑物名称		单位	最高日用水定额/L	使用时间/h
1	住宅	有自备热水供应和淋浴设备	每人	40~80	24
		有集中热水供应和淋浴设备	每日	60~100	
2	别墅		每人每日	70~110	24
3	酒店式公寓		每人每日	80~100	24
4	宿舍	Ⅰ类、Ⅱ类	每人每日	70~100	24 或定时供应
		Ⅲ类、Ⅳ类	每人每日	40~80	
5	招待所、培训中心、普通旅馆	设公用盥洗室	每人每日	25~40	24 或定时供应
		设公用盥洗室、淋浴室	每人每日	40~60	
		设公用盥洗室、淋浴室、洗衣室	每人每日	50~80	
		设单独卫生间、公用洗衣室	每人每日	60~100	
6	宾馆客房	旅客	每床位每日	120~160	24
		员工	每人每日	40~50	
7	医院住院部	设公用盥洗室	每床位每日	60~100	24
		设公用盥洗室、淋浴室	每床位每日	70~130	8

续表 6-2

序号	建筑物名称		单位	最高日用水定额/L	使用时间/h
7	医院住院部	设单独卫生间	每床位每日	110~200	24
		医务人员	每人每班	70~130	24
		门诊部、诊疗所	每病人每次	7~13	24
		疗养院、休养所住房部	每床位每日	100~160	24
8	敬老院		每床位每日	50~70	24
9	幼儿园、托儿所	有住宿	每儿童每日	20~40	24
		无住宿	每儿童每日	10~15	10
10	公共浴室	淋浴	每顾客每次	40~60	12
		淋浴、浴盆	每顾客每次	60~80	
		桑拿浴（淋浴、按摩池）	每顾客每次	70~100	
11	理发室、美容院		每顾客每次	10~15	12
12	洗衣房		每千克干衣	10~15	12
13	餐饮厅	营业餐厅	每顾客每次	15~20	10~12
		快餐店、职工及学生食堂	每顾客每次	7~10	11
		酒吧、咖啡厅、茶座、卡拉 OK 房	每顾客每次	3~8	18
14	办公楼		每人每班	5~10	8
15	健身中心		每人每次	15~25	12
16	体育场（馆）运动员淋浴室		每人每次	25~35	4
17	会议厅		每座位每次	2~3	4

注：1. 热水温度按 60℃计。

2. 表内所列用水定额均已包括在给水定额中。

3. 本表以 60℃热水水温为计算温度。卫生器具的使用水温见表 6-7。

（2）不同热水温度下热水用水定额见表 6-3。

表 6-3　不同热水温度下热水用水定额

序号	建筑物名称		单位	各温度时最高日用水定额/L			
				50℃	55℃	60℃	65℃
1	住宅	有自备热水供应和淋浴设备	每人每日	49~98	44~88	40~80	37~73
		有集中热水供应和淋浴设备	每人每日	73~122	66~110	60~100	55~92
2	别墅		每人每日	86~134	77~121	70~110	64~101
3	单身职工宿舍、学生宿舍、招待所、培训中心、普通旅馆	设公用盥洗室	每人每日	31~94	28~44	25~40	23~37
		设公用盥洗室、淋浴室	每人每日	49~73	44~88	40~60	37~55
		设公用盥洗室、淋浴室、洗衣室	每人每日	61~98	55~88	50~80	46~73
		设单独卫生间、公用洗衣室	每人每日	73~122	66~110	60~100	55~92

续表 6-3

序号	建筑物名称		单位	各温度时最高日用水定额/L			
				50℃	55℃	60℃	65℃
4	宾馆客房	旅客	每床位每日	147~196	132~176	120~160	110~146
		员工	每人每日	49~61	44~55	40~50	37~56
5	医院住院部	设公用盥洗室	每床位每日	55~122	50~110	45~100	41~92
		设公用盥洗室、淋浴室	每床位每日	73~122	66~110	60~100	55~92
		设单独卫生间	每床位每日	134~244	121~220	110~200	101~184
		门诊部、诊疗所	每床位每次	9~16	8~14	7~13	6~12
		疗养院、休养所住房部	每病人每日	122~196	110~176	100~160	92~146
6	养老院		每床位每日	61~86	55~77	50~70	46~64
7	幼儿园、托儿所	有住宿	每儿童每日	25~49	22~44	20~40	19~37
		无住宿	每儿童每日	12~19	11~17	10~15	9~14
8	公共浴室	淋浴	每顾客每次	49~73	44~66	40~60	37~55
		淋浴、浴盆	每顾客每次	73~98	66~88	60~80	55~73
		桑拿浴（淋浴、按摩池）	每顾客每次	85~122	77~110	70~100	64~91
9	理发室、美容院		每顾客每次	12~19	11~17	10~15	9~14
10	洗衣房		每千克干衣	19~37	17~33	15~30	14~28
11	餐饮厅	营业餐厅	每顾客每次	19~25	17~22	15~20	14~19
		快餐店、职工及学生食堂	每顾客每次	9~12	8~11	7~10	7~9
		酒吧、咖啡厅、茶座、卡拉OK房	每顾客每次	4~9	4~9	3~8	3~8
12	办公楼		每人每班	6~12	6~11	5~10	5~9
13	健身中心		每人每次	19~31	17~28	15~25	14~23
14	体育场（馆）运动员淋浴室		每人每次	31~43	28~39	25~35	23~34
15	会议厅		每座位每次	2~4	2~4	2~3	2~3

注：1. 表内所列用水量已包括在冷水用水定额之内。
2. 冷水温度按5℃计。
3. 本表热水温度为计算温度，卫生器具使用热水温度见表6-7。

(3) 热源出口水温及配水点的水温要求见表6-4。

表6-4　直接供应热水的热水锅炉、热水机组或水加热器出口的最高水温和配水点的最低水温

水质处理情况	热水锅炉、热水机组或水加热器出口的最高水温/℃	配水点的最低水温/℃
原水水质无需软化处理，原水水质需水质处理且有水质处理	75	50
原水水质需水质处理但未进行水质处理	60	50

注：1. 当热水供应系统只供淋浴和盥洗用水，不供洗涤盆（池）洗涤用水时，配水点最低水温可不低于40℃。
2. 局部热水供应系统和以热力管网热水作热媒的热水供应系统，配水点最低水温为50℃。
3. 从安全、卫生、节能、防垢等考虑，适宜的热水供水温度为55~60℃。
4. 医院的水加热温度不宜低于60℃。

(4) 盥洗用、沐浴用和洗涤用的热水水温要求见表6-5。

表6-5　盥洗用、沐浴用和洗涤用的热水水温

用　水　对　象	热水水温/℃
盥洗用（包括洗脸盆、盥洗槽、洗手盆用水）	30~35
沐浴用（包括浴盆、淋浴器用水）	37~40
洗涤用（包括洗涤盆、洗涤池用水）	约50

注：1. 当配水点处最低水温降低时，热水锅炉和水加热器最高水温也可相应降低。
2. 集中热水供应系统中，在水加热设备和热水管道保温条件下，加热设备出口处与配水点的热水温度差一般不大于10℃。

(5) 冷水计算温度。计算热水系统的耗热量时，必须决定冷水的计算温度，冷水的计算温度以当地最冷月平均水温资料确定，在无水温资料时参照表6-6冷水计算温度。

表6-6　冷水计算温度　(℃)

区域	省、市、自治区、行政区		地面水	地下水	区域	省、市、自治区、行政区		地面水	地下水
东北	黑龙江		4	6~10	西北	陕西	偏北	4	6~10
	吉林		4	6~10			大部	4	10~15
	辽宁	大部	4	6~10			秦岭以南	7	15~20
		南部	4	10~15		甘肃	南部	4	10~15
华北	北京		4	10~15			秦岭以南	7	15~20
	天津		4	10~15		青海	偏东	4	10~15
	河北	北部	4	6~10		宁夏	偏东	4	6~10
		大部	4	10~15			南部	4	10~15
	山西	北部	4	6~10		新疆	北疆	5	10~11
		大部	4	10~15			南疆	—	12
	内蒙古		4	6~10			乌鲁木齐	8	12

续表 6-6

区域	省、市、自治区、行政区		地面水	地下水
东南	山东		4	10~15
	上海		5	15~20
	浙江		5	15~20
	江苏	偏北	4	10~15
		大部	5	15~20
	江西大部		5	15~20
	安徽大部		5	15~20
	福建	北部	5	15~20
		南部	10~15	20
	台湾		10~15	20
中南	河南	北部	4	10~15
		南部	5	15~20
	湖北	东部	5	15~20
		西部	7	15~20
	湖南	东部	5	15~20
		西部	7	15~20
	广东、港澳		10~15	20
	海南		15~20	17~22
西南	重庆		7	15~20
	贵州		7	15~20
	四川大部		7	15~20
	云南	大部	7	15~20
		南部	10~15	20
	广西	大部	10~15	20
		偏北	7	15~20
	西藏		—	5

（6）卫生器具一次和 1h 热水用水量和水温见表 6-7。

表 6-7　卫生器具一次和 1h 热水用水量和水温

序号	卫生器具名称			用水量/L·次$^{-1}$	用水量/L·h^{-1}	水温/℃
1	住宅、旅馆	带有淋浴器的浴盆		150	300	40
		无淋浴器的浴盆		125	250	40
		淋浴器		70~100	140~200	37~40
		洗脸盆、洗槽水龙头		3	30	30
		洗涤盆（池）		—	180	60
2	集体宿舍	淋浴器	有淋浴小间	70~100	210~300	37~40
			无淋浴小间	—	450	37~40
		洗槽水龙头		3~5	50~80	30
3	公共食堂	洗涤盆（池）		—	250	60
		洗脸盆	工作人员用	3	60	30
			顾客用	—	120	30
		淋浴器		40	400	37~40
4	幼儿园、托儿所	浴盆	幼儿园	100	400	35
			托儿所	30	120	35
		淋浴器	幼儿园	30	180	35
			托儿所	15	90	35

续表 6-7

序号	卫生器具名称			用水量/L·次$^{-1}$	用水量/L·h^{-1}	水温/℃
4	幼儿园、托儿所	洗槽水龙头		1.5	25	30
		洗涤盆（池）		—	180	60
5	医院、疗养院、休养所	洗手盆		—	15~25	35
		洗涤盆（池）		—	300	60
		浴盆		125~150	250~300	40
6	公共浴室	浴盆		125	250	40
		淋浴器	有淋浴小间	100~150	200~300	37~40
			无淋浴小间	—	450~540	37~40
		洗脸盆		5	50~80	35
7	理发室	洗脸盆		—	35	35
8	实验室	洗涤盆		—	60	60
		洗手盆		—	15~25	30
9	剧院	淋浴器		60	200~400	37~40
		演员用洗脸盆		5	80	35
10	体育场	淋浴器		30	300	35
11	工业企业生活间	淋浴器	一般车间	40	180~480	37~40
			脏车间	60	360~540	40
		洗脸盆或洗槽水龙头	一般车间	3	90~120	30
			脏车间	5	100~150	35
12	妇女卫生盆			10~15	120~180	30

注：一般车间指现行《工业企业设计卫生标准》中规定的3、4级卫生特征的车间，脏车间指该标准中规定的1、2级卫生特征的车间。

（7）卫生器具给水额定流量、当量、支管管径和流出水头见表6-8。

表 6-8　卫生器具给水额定流量、当量、支管管径和流出水头（最低工作压力）

序号	给水配件名称		额定流量/L·s^{-1}	当量	公称管径/mm	最低工作压力/MPa
1	洗涤盆、拖布盆、盥洗槽	单阀水嘴	0.15~0.20	0.75~1.00	15	0.050
		单阀水嘴	0.30~0.40	1.5~2.00	20	
		混合水嘴	0.15~0.20（0.14）	0.75~1.00（0.70）	15	
2	洗脸盆	单阀水嘴	0.15	0.75	15	0.050
		混合水嘴	0.15（0.10）	0.75（0.5）	15	
3	洗手盆	单阀水嘴	0.10	0.5	15	0.050
		混合水嘴	0.15（0.10）	0.75（0.5）	15	
4	浴盆	单阀水嘴	0.20	1.0	15	0.050
		混合水嘴（含带淋浴转换器）	0.24（0.20）	1.2（1.0）	15	0.050~0.070

续表 6-8

序号	给水配件名称		额定流量/L·s^{-1}	当量	公称管径/mm	最低工作压力/MPa
5	淋浴器	混合阀	0.15（0.10）	0.75（0.5）	15	0.050~0.100
6	大便器	冲洗水箱浮球阀	0.10	0.50	15	0.020
		延时自闭式冲洗阀	1.20	6.00	25	0.100~0.150
7	小便器	手动或自动自闭式冲洗阀	0.10	0.50	15	0.050
		自动冲洗水箱进水阀	0.10	0.50	15	0.020
8	小便槽穿孔冲洗管（每米长）		0.05	0.25	15~20	0.015
9	净身盆冲洗水嘴		0.10（0.07）	0.50（0.35）	15	0.050
10	医院倒便器		0.20	1.00	15	0.050
11	实验室化验水嘴（鹅颈）	单联	0.07	0.35	15	0.020
		双联	0.15	0.75	15	0.020
		三联	0.20	1.00	15	0.020
12	饮水器喷嘴		0.05	0.25	15	0.050
13	洒水栓		0.40 0.70	2.00 3.50	20 25	0.050~0.100 0.050~0.100
14	室内地面冲洗水嘴		0.20	1.00	15	0.050
15	家用洗衣机水嘴		0.20	1.00	15	0.050
16	器皿洗涤机		0.20	1.0	*	*
17	土豆剥皮机		0.20	1.0	15	*
18	土豆清洗机		0.20	1.0	15	*
19	蒸锅及煮锅		0.20	1.0	*	*

注：1. 表中括弧内的数值系在有热水供应时，单独计算冷水或热水时使用。

2. 当浴盆上附设淋浴器或混合水嘴有淋浴器转换开关时，其额定流量和当量只计水嘴，不计淋浴器，但水压应按淋浴器计。

3. 家用燃气热水器，所需水压按产品要求和热水供应系统最不利配水点所需工作压力确定。

4. 绿地的自动喷灌应按产品要求设计。

5. 如为充气龙头，其额定流量为表中同类配件额定流量的 0.7 倍。

6. 卫生器具给水配件所需流出水头如有特殊要求时，其数值按产品要求确定。

7. * 表示所需的最低工作压力及所配管径均按产品要求确定。

6.3 太阳能热水系统

6.3.1 术语

（1）居住建筑（residential building）。供人们居住使用的建筑，包括住宅、集体宿舍、公寓、招待所、托幼建筑及部分旅馆建筑等。

（2）建筑平台（terrace）。供使用者或居住者进行室外活动的上人屋面或由建筑底层地面伸出室外的部分。

（3）平屋面（plane roof）。坡度小于10°的建筑屋面。

（4）坡屋面（sloping roof）。坡度小于等于10°且小于75°的建筑屋面。

（5）变形缝（deformation joint）。为防止建筑物在外界因素作用下，结构内部产生附加变形和压力，导致建筑物开裂、碰撞甚至破坏而预留的构造缝，包括伸缩缝、沉降缝和抗震缝。

（6）日照标准（insolation standards）。根据建筑物所处的气候区、城市大小和建筑物的使用性质决定的，在规定的日照标准日（冬至日或大寒日）有效日照时间范围内，以底层窗台面为计算起点的建筑外窗获得的日照时间。

（7）太阳能保证率（solar fraction）。太阳能热水系统中由太阳能部分提供的热量除以系统总热负荷。

（8）太阳能辐照强度（solar irradiance）。太阳辐射照射到一个表面的功率密度，即单位面积上接收的太阳辐射，单位为 W/m^2。

（9）太阳能热水系统（solar water heating system）。将太阳能转换成热能用来加热水的装置，通常包括太阳能集热系统和热水供应系统。

（10）太阳能集热系统（solar collector system）。吸收太阳辐射，将产生的热能传递到传热工质并最终得到热水的装置，通常包括太阳能集热器、储热水箱、泵、连接管道、支架、控制系统等。

（11）热水供应系统（hot water supply system）。将储热水箱中的热水通过泵、配水管道、控制系统等输送到各个热水配水点的装置，通常还包括必要的辅助加热设备。

（12）太阳能集热器（solar collector）。吸收太阳辐射并将产生的热能传递到传热工质的装置。

（13）平板型集热器（flat plate collector）。吸热体表面基本为平板形状的非聚光型太阳能集热器。

（14）真空管集热器（evacuated tube collector）。由若干在透明管（一般为玻璃管）和吸热体之间有真空空间的部件组成的太阳能集热器。

（15）U形管式真空管集热器（U-pipe evacuated tube collector）。由若干由金属翼片与U形管焊接在一起组成，U形管与玻璃熔封或采用保温盖的方式相结合作为吸热体组成的真空管集热器。

（16）热管式真空管集热器（heat pipe evacuated tube collector）。由若干以铜-水重力热管作为吸热体组成的真空管集热器。

（17）集热器总面积（collector gross area）。集热器的最大投影面积，不包括那些固定和连接传热工质管道的组成部分。

（18）集热器倾角（tilt angle of collector）。太阳能集热器与水平面的夹角。

（19）太阳能集热器年平均效率（solar collector annual average efficiency）。一年内由传热工质从集热器中带走的能量与该一年内入射在该集热器总面积上的太阳能之比。

（20）储热水箱（hot water storage tank）。太阳能集热系统中储存热水的装置，简称储水箱。

（21）辅助加热装置（auxiliary heating device）。太阳能热水系统中，为了补充太阳能系统的热输出所用的非太阳能加热部件。

（22）热泵热水装置（heat pump hot water device）。采用逆卡诺循环原理，热泵工质蒸发时吸收环境空气或其他介质中的低品位热能，蒸发后的工质蒸汽经过压缩机压缩后形成高温高压的蒸汽，然后，在冷凝过程中将热量释放在储水箱中，冷凝后的工质液体经过节流降温等过程，再重新从环境中吸收热量的装置。

（23）自然循环系统（natural circulation system）。仅利用传热工质内部的密度变化来实现集热器与储热水箱之间或集热器与换热器之间进行循环的太阳能热水系统。

（24）强制循环系统（forced circulation system）。利用泵强迫传热工质通过集热器（或换热器）进行循环的太阳能热水系统。

（25）直流式系统（series-connected system）。传热工质一次流过集热器加热后，进入储水箱或用热水点的非循环太阳能热水系统。

（26）顶水法（hot water tapped off by aid of city water refill）。利用水的压力将冷水从储水箱或集热器底部注入系统并将储水箱中的热水从储水箱的上部顶出的取热水方法。

（27）落水法（hot water tapped off by aid of gravity）。利用重力使储水箱中的热水自储水箱底部自动流出的取热水方法。

（28）集中供热水系统（collective hot water supply system）。采用集中的太阳能集热器和集中的储水箱供给一幢或几幢建筑物所需热水的系统。

（29）集中-分散供热水系统（collective-individual hot water supply system）。采用集中的太阳能集热器和分散的储水箱供给一幢建筑物所需热水的系统。

（30）分散供热水系统（individual hot water supply system）。采用分散的太阳能集热器和分散的储水箱供给各个用户所需热水的小型系统。

6.3.2 热水系统组成

6.3.2.1 常用图例

太阳能热水系统常用图例见表 6-9。

表 6-9 太阳能热水系统常用图例

图例	名称	图例	名称	图例	名称
—— R ——	生活热水供水管	– – –LQ– – –	冷却水回水管	—— X ——	泄水管
– – – R – – –	生活热水循环管	—— N ——	采暖供水管	[水泵符号]	水泵
——RM——	集热系统热媒供水管	– – – N – – –	采暖回水管	i→	管道坡度及坡向
– – –RM– – –	集热系统热媒回水管	——FR——	辅助热源供水管	[符号]	自动放气阀
—— LD ——	空调冷冻水供水管	– – –FR – – –	辅助热源回水管	[符号]	压力表
– – –LD– – –	空调冷冻水回水管	—— G ——	自来水补水管	[符号]	温度计
—— LQ ——	冷却水供水管	—— P ——	膨胀管	[符号]	可曲挠软接头

续表 6-9

图　例	名　称	图　例	名　称	图　例	名　称
	Y 型过滤器		止回阀	DO	数据输出
	水　阀		安全阀	AI	模拟输入
	电磁阀		容积式热交换器	AO	模拟输出
	电动阀		板式换热器		温度传感器
	防倒流止回装置	DI	数据输入		

6.3.2.2　热水系统组成

太阳能热水系统是利用太阳能集热器吸收太阳辐射能并将辐射能转变为热能，再将热能传递给工作介质从而获得热水的太阳能加热系统。如图 6-1 所示，太阳热水系统一般由集热、储热、辅热、传热和控制五部分，即太阳能集热器、储热水箱、辅助热源、泵、循环管道、控制系统和相关附件组成。

太阳能热水系统按储热水箱容积是否大于 600L 又分为小型太阳能热水系统（又称为家用太阳热水系统）和大型公用太阳能热水系统。储热水箱容积在 600L 以下的小型太阳能热水系统也称之为“家用太阳能热水系统”。但无论是家用太阳能热水系统还是采光面积达几千平方米的大型公用太阳能热水系统，其实质是一样的，都是由上述五部分组成。目前，市场上常见的家用太阳热水器，实质上是一个最小的太阳能热水系统。

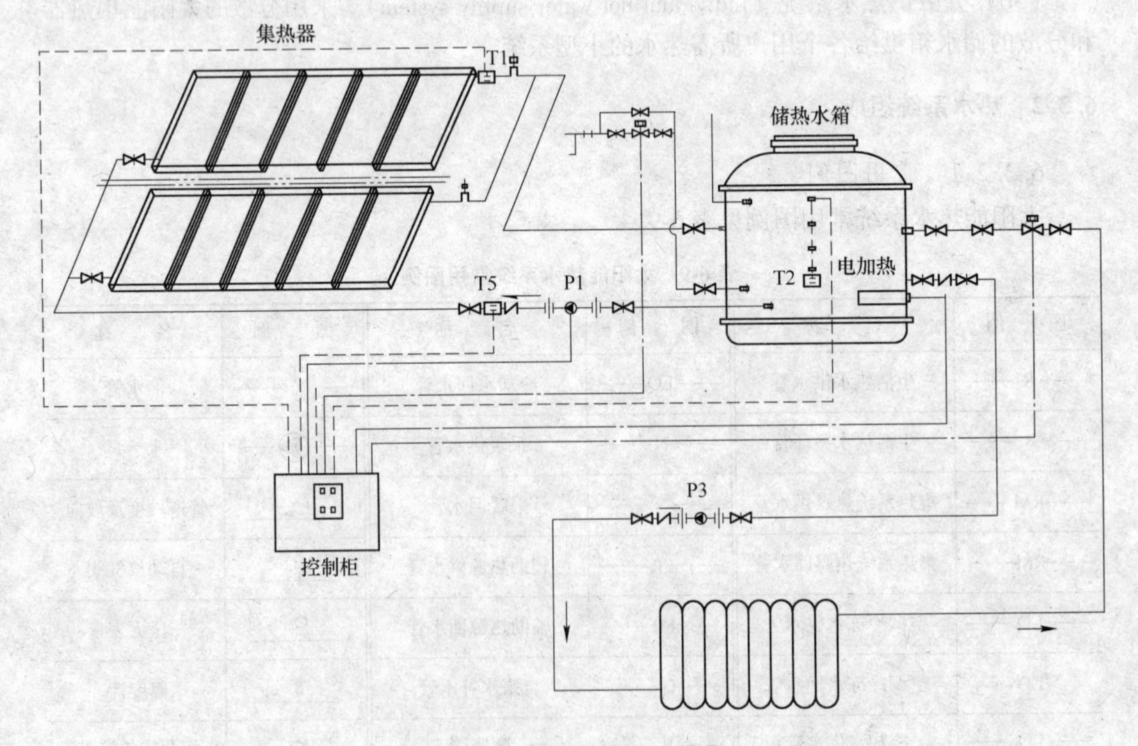

图 6-1　太阳能热水系统组成

6.3.3 热水系统分类及分析

6.3.3.1 常用分类方法

太阳能热水系统根据不同的分类方法可以有多种类型。这里主要介绍以系统运行方式进行分类。

太阳能热水系统按运行方式可分为三种：自然循环系统、直流式系统和强迫循环系统。

（1）自然循环系统。自然循环系统是利用传热工质内部的温度梯度产生的密度差所形成的自然对流进行循环的太阳热水系统。在自然循环系统中，为了保证必要的热虹吸压头，储水箱应高于集热器上部。这种系统结构简单，不需要附加动力。

（2）直流式系统。直流式系统是传热工质一次流过集热器经加热后，便进入储水箱或用热水处的非循环太阳热水系统。储水箱的作用仅为储存集热器所排放的热水，直流式系统一般可采用非电控温控阀控制方式及温控器控制方式。

（3）强迫循环系统。强迫循环系统是利用机械设备等外部动力迫使传热工质通过集热器（或换热器）进行循环的太阳热水系统。强迫循环系统通常采用温差控制、光电控制及定时器控制等方式。

所有的太阳热水系统均可与辅助能源联合使用，成为带辅助能源的太阳热水系统。

其他常用的分类方法有以下几种。

（1）按集热器内传热工质类型可分为：直接系统与间接系统，如图 6-2 所示。直接系统是指集热循环中传热工质为用户终端用水，即在集热器中直接加热用户终端用水；间接系统是指在集热器中加热的传热工质并非用户终端用水，而是循环导热工质并与用户用水分离，通过换热器二次换热来达到加热用户用水的目的。

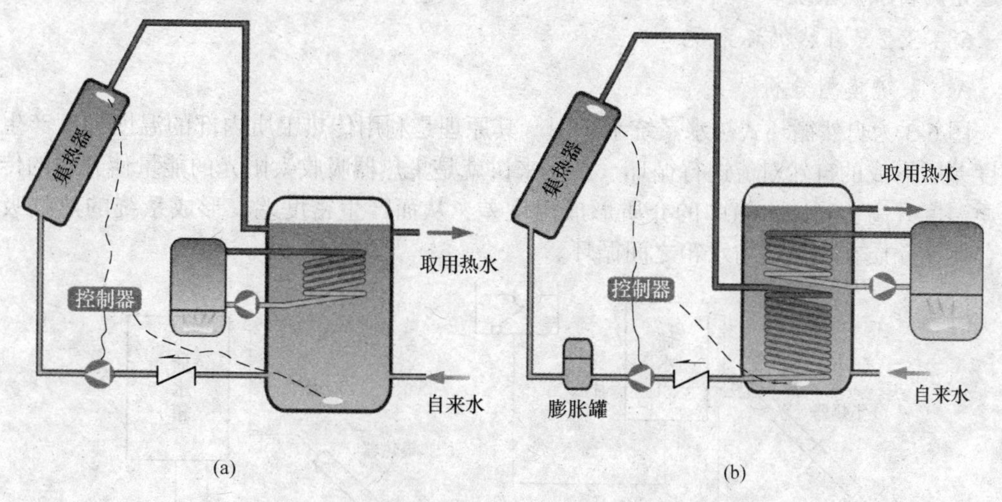

图 6-2　直接式与间接式太阳能热水系统示意

（a）直接式；（b）间接式

（2）按辅助能源安装位置分为内置加热系统和外置加热系统。内置加热系统是指辅助能源加热设备安装在太阳能热水系统的储水箱内。外置加热系统是指辅助能源加热设备不是安装在储水箱内，而是安装在太阳能热水系统的供热水管路上，由于建筑中的供热水管路包括主管、干管和支管，因而外置加热系统又可分为主管加热系统、干管加热系统和支管加热系统等几种。

(3) 按辅助能源启动方式，太阳能热水系统可分为全日自动启动系统、定时自动启动系统和按需手动启动系统。

全日自动启动系统——系统处于全自动运行模式，根据设定的温度要求自动启动辅助能源加热设备，确保全天24h恒温供应热水。

定时自动启动系统——系统处于全自动运行模式，在设定的时间段内，系统根据设定的温度要求自动启动辅助能源加热设备，从而确保在用热水时间段内可以供应热水。

按需手动启动系统——系统处于手动运行模式，根据用热水需要，用户随时手动启动辅助能源加热设备，以获得热水。

(4) 按集热与储热相对位置，太阳能热水系统可分为紧凑式、分离式（分体式）、闷晒式三类。这种分类方式一般是针对家用系统来分的。

紧凑式系统——一般集热器和储水箱共用一个支架，相互靠在一起成一整体，两者之间可以有也可以没有连接管路，典型结构如家用真空管式热水器都属于紧凑式系统。

分离式系统——一般集热器和储水箱分开布置，相互离得较远，中间需要循环管路连接，集热器和储水箱分别安装，如常用的家用壁挂阳台系统都属于分离系统。

闷晒式系统——集热部件和储热部件合并为一个，不再单独设置。在太阳能热水器应用的早期基本都是这种系统，但早期的产品由于保温差，已基本淘汰。随着技术的革新，目前个别厂家又开发出了采用新型结构的集储一体的闷晒系统。如采用大直径的真空管既用来集热也用以储水，省掉了储水箱。但目前还没有批量推广应用。

实际上，一个太阳能热水系统并不是单一类型的系统，其通常同时适用于多种分类方式。比如目前市场上广泛应用的夹套水箱阳台热水系统，它既是自然循环系统又是间接系统还是内置加热系统。

6.3.3.2 自然循环系统

A 系统模型分析

图6-3为自然循环式热水系统示意图。其原理是利用传热工质内部的温度梯度产生的密度差所形成的自然对流进行循环。具体来讲就是集热器吸收太阳光的能量使其中的传热介质温度升高，和储水箱中的介质形成温度差，从而产生密度差，形成系统的热虹吸压头，驱动介质在集热器与水箱之间循环。

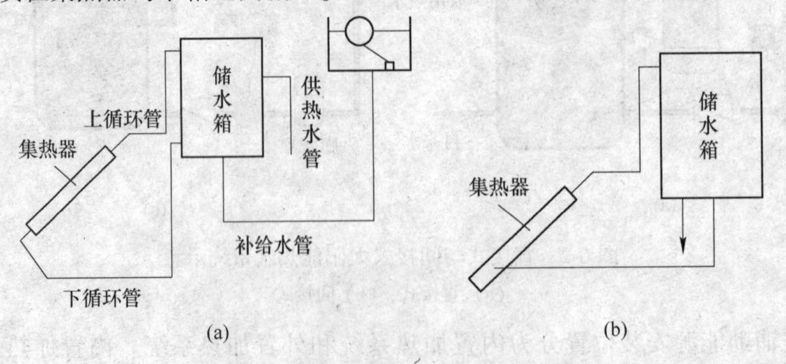

图6-3 自然循环热水系统结构示意图

(a) 有补水箱；(b) 无补水箱

在自然循环系统中，其瞬时流量取决于各瞬间的热虹吸压头，而热虹吸压头又与系统的温度分布有关，且随时间而变化，集热器的进口水温取决于储水箱中的温度分布，而储水箱中的水温又随时间变化，因此在研究分析自然循环式太阳热水系统的工作性能时，要作出一些必要的假设。

假定集热器与储水箱中的水温分布均为线性的，它们的平均温度分别为 T_m 和 T_n，且集热器的热容很小，可以忽略不计。因此，集热器的能量平衡方程为

$$mc_p(T_o - T_i) = A_c F'[S - U_L(T_m - T_a)] \tag{6-1}$$

假定上、下循环管的热容与热损均很小，可以忽略，且储水箱中的平均水温与箱体的平均温度相等，则储水箱的能量平衡方程为

$$mc_p(T_{f,o} - T_{f,i}) = Q_{L,s} + (mc_p)_s \frac{dT_n}{d\tau} \tag{6-2}$$

实验测定，在一天的大部分时间内，集热器的平均温度与储水箱的平均水温非常接近，故可进一步假设 $T_m = T_n$，因此有

$$A_c F'[S - U_L(T_m - T_a)] = Q_{L,s} + (mc_p)_s \frac{dT_m}{d\tau} \tag{6-3}$$

式中，T_m 代表系统的平均温度；$Q_{L,s}$ 为储水箱的热损失，可表示为：

$$Q_{L,s} = (UA)_s(T_m - T_a) \tag{6-4}$$

将式（6-3）代入式（6-2），即得

$$(mc_p)_s \frac{dT_m}{d\tau} = F'A_c S - [F'U_L A_c + (UA)_s](T_m - T_a) \tag{6-5}$$

已知驱动力 S 和环境温度 T_a 随时间变化的函数关系时，式（6-5）可作为时间的函数从而解得 T_m，解出 T_m 以后，可进一步计算系统的流量，计算的依据是：在准稳态下，每一瞬时系统的热虹吸压头 h_T 与流动阻力损失水头 h_f 相平衡。即

$$h_T = h_f \tag{6-6}$$

h_T 可由系统的温度分布来确定，如图 6-4 所示。

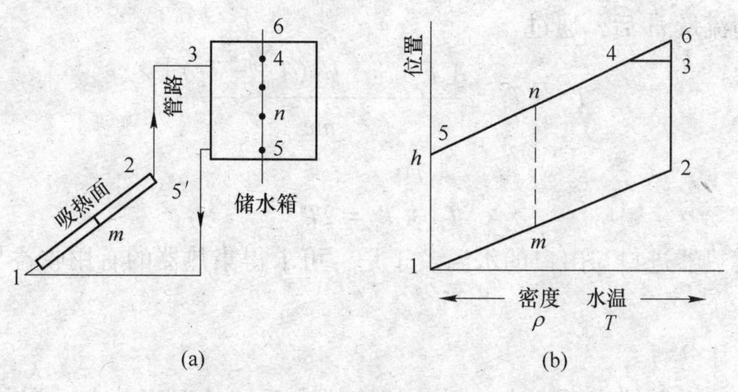

图 6-4 自然循环系统中水温（密度）与高度的关系图
（a）自然循环系统管路 （b）水温（密度）与高度的关系

h_T 即等于图 6-4（b）中 12345 所围的面积。

$$h_T = \oint h d\rho = \frac{1}{2}(\rho_1 - \rho_2)f(h) \tag{6-7}$$

式中，ρ 为系统中水的密度，$f(h)$ 为位置的函数。

$$f(h) = 2(h_3 - h_1) - (h_2 - h_1) - \frac{(h_3 - h_5)^2}{h_6 - h_5} \tag{6-8}$$

式中，h_1，h_2，h_3，h_5 和 h_6 分别为系统中各点相对于基准面的高度。

假定水的密度随温度变化的关系为二次曲线，即 $\rho = AT^2 + BT + C$（A、B、C 均为常数），则式（6-7）可写为

$$h_T = \frac{T_{f,i} - T_{f,o}}{2}(2AT_m + B)f(h) \tag{6-9}$$

流动阻力损失水头 h_f 为沿程阻力损失与局部阻力损失之和：

$$h_f = \rho\lambda \frac{L}{D}\frac{v^2}{2g} + \rho k \frac{v^2}{2g} \tag{6-10}$$

在层流状态时，管内沿程阻力系数 λ 为：

$$\lambda = \frac{64}{Re} = \frac{64\nu}{vD} \tag{6-11}$$

对于圆管流速 v 为：

$$v = \dot{m}/\rho \frac{\pi}{4}D^2 \tag{6-12}$$

$$h_f = \frac{128\nu L\dot{m}}{\pi g D^4} + \frac{8k\dot{m}^2}{\rho g \pi^2 D^4} \tag{6-13}$$

将式（6-13）和式（6-9）代入式（6-6），并根据集热器能量平衡方程式（6-1），整理后可得

$$\dot{m}^3 + \frac{16\nu L\rho\pi}{K}\dot{m}^2 + \frac{\rho g \pi^2 D^4}{16Kc_p} \cdot A_c F'[S - U_L(T_m - T_a)] \cdot (2AT_m + B)f(h) = 0 \tag{6-14}$$

式中，ν 为水的运动黏滞系数；L 和 D 分别为管道的长度和直径。

当系数确定后均为定值，解上述 $\dot{m}$ 的三次方程即可求得 $\dot{m}$。

求得系数的流量 $\dot{m}$ 后，通过

$$T_o - T_i = \frac{A_c F'[S - U_L(T_m - T_a)]}{\dot{m}c_p}$$

和

$$T_o + T_i = 2T_m$$

可进一步求得集热器进口与出口的水温。于是，可求得集热器的有用收益与瞬时效率随时间的变化关系。

B　系统设计分析

在自然循环式太阳热水系统中，系统的流量和系统的温度分布（包括集热器和水箱中的温度分层）是互相耦合的，而且是一种直接受驱动力作用的随机过程。换言之，在自然循环系统中，集热器的出口温度取决于集热器的进口温度（即水箱底部温度）和系统流量，而集热器的进口温度与水箱的进口温度（即集热器的出口温度）和系统流量有关，系统流量则又与集热器和水箱中的温度分布（密度分布）有关。因此，要弄清系统的设计要素（如水箱与集热器的相对位置，系统内管道与集热器的配置，水箱的几何形

状，水箱容积与集热器面积的配比等因素）对系统全日热效率的影响，必须结合系统的动态过程和驱动力的变化特性加以综合分析考虑。利用模拟方法预示和讨论设计要素对系统性能的影响，是指导正确的系统设计的有力工具。

（1）水箱与集热器间的高差之确定。在自然循环系统中，增大水箱与集热器间的高差，实际上是增大系统的热虹吸压头，从而使系统的循环流量增加。通过对北京地区的三个不同高差的热水系统的计算机模拟结果表明，在系统开始运行后的一段时间内（约1~2h），高差大的系统总效率比高差小的高些，见表6-10。

表6-10 不同高差下的系统总效率

高差/m	时间			
	9：30	10：00	10：30	15：30
2.92	0.78	0.62	0.59	0.54
1.42	0.62	0.59	0.59	0.57
0.57	0.49	0.57	0.58	0.59

注：系统总效率的定义为 $\eta_{ST}=\dfrac{\int_{T_\tau=0}^{T_\tau} mC_P\,\mathrm{d}T}{\int_0^\tau I_c A_c\,\mathrm{d}\tau}$。

弄清了高差变化对系统日效率无显著影响后，在系统设计时，可在合理布置的前提下尽可能降低高差。在确定高差时，还要考虑到尽可能减少系统在夜间因高差不够导致倒流而引起的热损失。

莫里森（Morrison）研究了系统夜间倒流流动的成因及高差对流量和散热的影响。他指出，在晴朗的夜空，天空温度明显低于环境温度，集热器与天空辐射换热的结果，可使其内部的流体被冷却到低于环境温度，而下循环管内的流体温度高于集热器内流体温度，这种微弱的温差是形成倒流的动力。当集热器中的流体进入下循环管时，环境对它起加热作用，促成了倒流逆循环持续地进行下去。莫里森用数学模型模拟并分析了高差对倒流的影响。图6-5是系统示意图。对上述系统的分析结果见图6-6和图6-7。从图6-6和图6-7

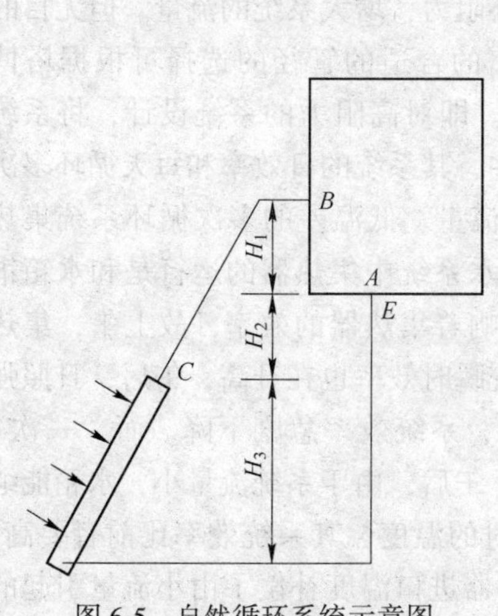

图6-5 自然循环系统示意图

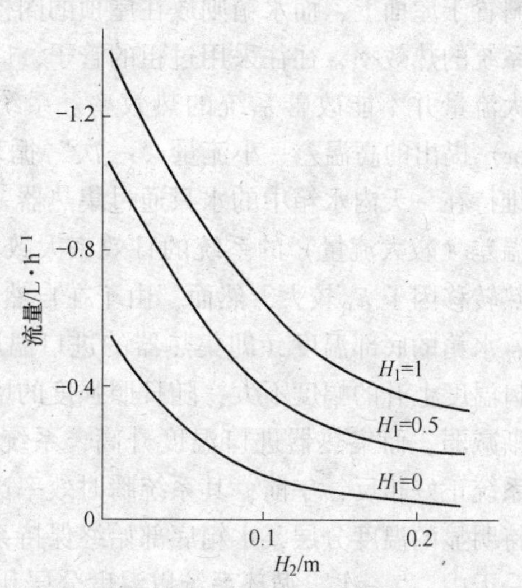

图6-6 系统逆循环流量与高差及上循环管入口位置的关系

中可清楚地看到：水箱底部到集热器出口处的高差（H_2）和上循环管至水箱的入口处的位置与水箱底面间的距离（H_1）都影响逆循环流量和散热损失量。增大 H_1 和降低 H_2 均使逆循环流量增大。因此，若采用小的高差，则必须降低上循环管至水箱入口的位置（H_1）。H_1 和 H_2 对逆循环流量的影响可以从形成循环的热虹吸压头的温-高图（图 6-8）上去理解。在图 6-8 的运行工况下（水箱温度 $T_s = 55$℃，环境温度 $T_a = 20$℃，天空温度 $T_{sky} = T_a - 20$（℃），$H_1 = 0.5$m，$H_2 = 0.1$m），系统的逆循环流量为 0.3L/h，由它引起的散热损失为 12W。

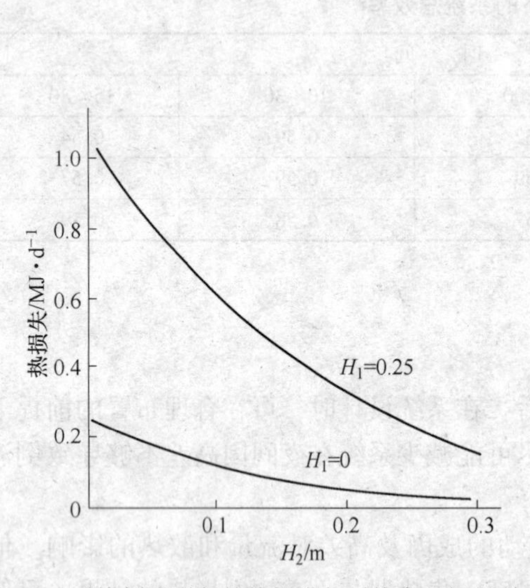

图 6-7 系统倒流引起的热损失与系统高差间的关系

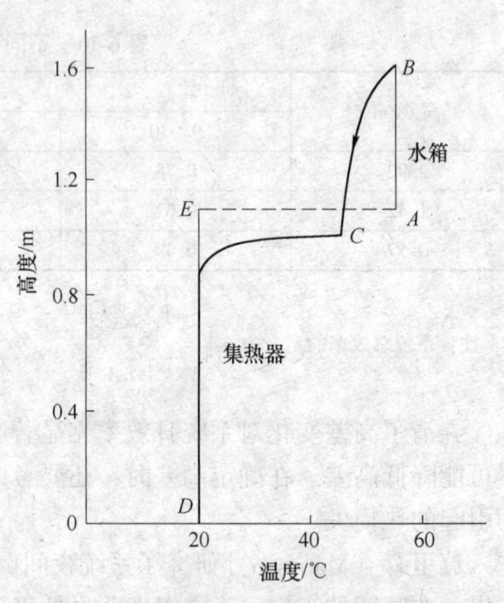

图 6-8 逆虹吸循环时系统的温度分布

（2）系统管道的布置。自然循环的系统布置设计应尽可能使水箱与集热器间布局紧凑，甚至可连成一个整体。这对减少管路热损失和热容量，降低系统造价都有实际意义。然而，某些与建筑结合的热水系统，如集热器置于阳台拦板外，而水箱放在卫生间，或集热器斜置于屋面上，而水箱则放在屋顶的阁楼内，则循环管道必然会很长。某些设计为了保证系统的热效率，往往采用过粗的管子，以减少循环阻力，增大系统的流量。但无目的地增大流量并不能改善系统的热效率。系统循环管路的合适的管径的选择可根据塔博（Tabor）提出的高温差、小流量“一次”循环的原理。即对高阻力的系统设计，将系统流量维持在一天内水箱中的水只通过集热器一次或多些，其系统的日效率和每天循环多次的低温差（较大流量）的系统的日效率大致相等。大流量、低温差的多次循环系统集热器的热转移因子 F_R 较大，然而，由于在自然循环式热水系统中集热器的运行是和水箱耦合的，水箱的底部温度（即集热器的进口温度）也影响着集热器的效率，故上午，集热器进口温度上升的幅度不大，随日照强度的增大，系统瞬时效率也在升高，午后，日照强度逐渐减弱，而集热器进口温度升高，系统流量减小，系统效率急剧下降。而“一次”循环系统正好相反，午前，其系统瞬时效率比前者低，午后，由于系统流量小，水箱能继续维持明显的温度分层，水箱底部始终保持系统启动时的温度，其系统效率比前者要高，故在一天中，“一次”循环系统以温度分层和低的集热器进口温度补偿了由小流量引起的集热器效率的降低。所以，两者的日效率几乎相等。

在系统运行过程中，水由于受热而不断释放少量溶于水中的气体，气泡往往停滞在系统的“拐点”，或“死角”处，使循环阻力急剧增加，甚至可使循环中止，故避免系统内形成“气塞”是系统管路设计中必须解决的问题。可在系统的最高点设置通气口，上循环管必须平直，不应出现拐点；集热器阵列的安装应在沿上联箱的流动方向保证有1/1000的坡度，以便气泡顺利排出。

(3) 水箱的形状。据计算结果，容积相同而高径比不同的水箱，当系统作无负荷运行时，对系统日效率几乎没有影响。若储水箱中设置电热器作辅助能源，则细高竖直放置的储水箱比横置的储水箱具有更好的热性能。这是因为细长竖直的储水箱，可将电热器置于水箱的上部，对底部导热量小，不致影响储水箱底部的温度。而水平放置的储水箱，电热器距离储水箱底部较近，由于导热，电热器使储水箱底部温度增高，以致系统效率降低。

6.3.3.3 强制循环系统

A 系统模型分析

图6-9为强制循环热水系统工作原理示意图。强制循环热水系统一般采用温差循环控制。其工作原理是集热器吸收太阳光的能量转化为热量并传递给内部的导热工质，使其温度升高，同时集热器出口端设置有温度传感器，当传感器检测到出口端介质的温度达到控制器设定温度时，控制器启动循环泵，将高温介质送入水箱，同时水箱内的低温介质进入集热器进口端，周而复始，直到把水箱内水加热到需要的温度。

强制循环式太阳能热水系统根据有无换热器分为设置与不设置换热器两种方式。在北方结冰地区，为了防止集热器在冬季被冻坏，一般都设计成双循环系统。在集热器与储水箱之间设置换热器，集热循环一侧用防冻液作为导热介质，从而解决了集热器的防冻问题，如图6-10所示，即构成设置换热器的强制循环太阳能热水系统。这两种系统也称为直接系统和间接系统。

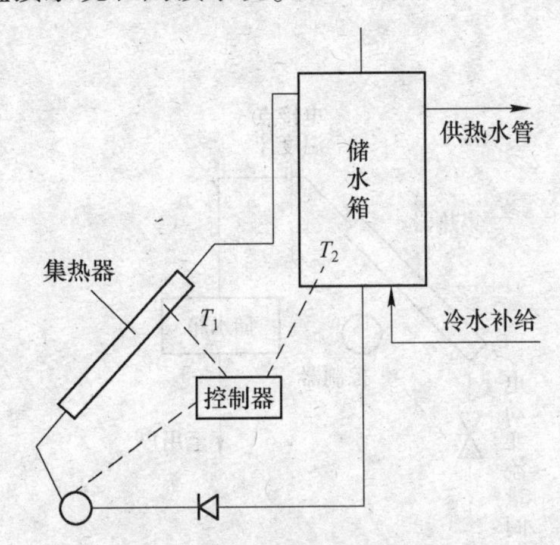

图6-9 主动循环式热水系统

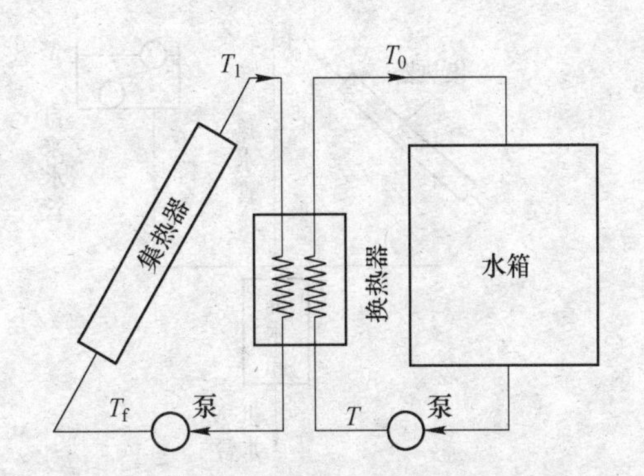

图6-10 设置换热器的强制循环式太阳热水系统

强制循环式太阳能热水系统依靠水泵作循环动力，系统以固定的大流量进行循环，因此在运行过程中储水箱中的水得到充分的混合，可以认为储水箱中无温度分层，水温是均匀的。

已有的计算结果表明，由于强制循环式太阳热水系统中破坏了储水箱内温度分层，系统的年平均效率比自然循环式太阳热水系统低3%~5%。

B 集热器阵列的流量分配

强制循环式太阳热水系统，通常应用于大型供热水系统，以若干个平板型集热器用串联、并联方式连接成集热器阵列。在平板型集热器热性能的理论分析中，假设集热器各排管中的流量是相等的。实际上，集热器阵列的各排管中的流量分布是不均匀的，如果布置不当，排管间的流量将相差悬殊。流量小的那部分集热器，其热转移因子 F_R 减小量往往比流量增大的那部分集热器的热转移因子的增加量要大，使热水系统的效率降低。故大型热水系统中的流量分配对系统热效率的影响不可忽视。

邓克尔和戴维等人测定了由 12 块集热器并联成的阵列的温度分布，其结果如图 6-11 所示。由图可以看出，在大流量时，从中心集热器到边缘集热器之间的最大温度差为 22℃。参照集热器的效率方程，这个温差对集热器效率的影响是相当可观的。如果将连接方式改为并串联组合，则可得到更为均匀的流量分布和温度分布。因此在设计大型太阳热水器系统时，由于系统中集热器数量大，必须从流量分布上考虑系统中集热器的连接方式。

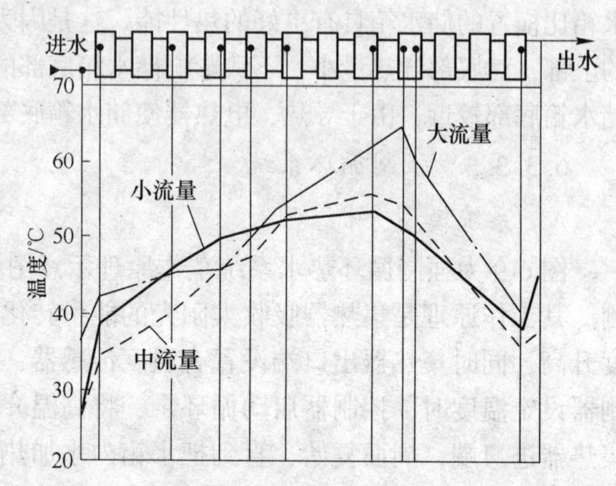

图 6-11 集热器阵列在不同流量下的吸热板温度分布

6.3.3.4 直流式系统

图 6-12 为直流式热水系统的两种结构示意图。在直流式太阳热水系统中，储热水箱只起盛积集热器排放的热水的作用。如果水箱保温良好，热损失可以忽略，则系统的日平均效率完全取决于集热器各时刻的瞬时效率。

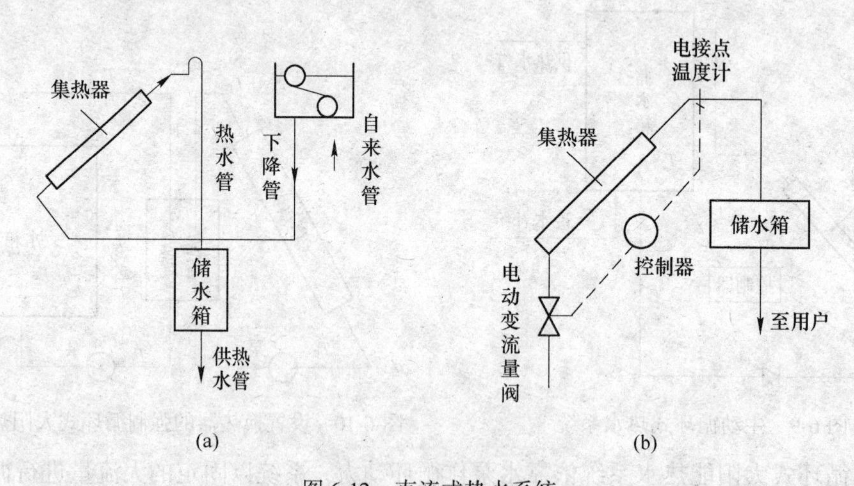

图 6-12 直流式热水系统
(a) 热虹吸型；(b) 定温放水型

直流式热水系统特点：

(1) 与自然循环式系统相比，水箱不必置于集热器的上面（高于集热器），甚至可放在室内，既减轻了屋面的载荷，也有利于减少水箱的热损失。

（2）完全避免了热水与集热器入口冷水的掺混。

（3）比循环式热水系统提前得到热水。

（4）夜间系统不会发生倒流。

（5）简化了系统的管路。

（6）系统的冷水管为自来水管，无须保温。

（7）阴天，只要有一段见晴的时刻，直流式系统能得到少量适用的热水，而循环式系统到黄昏产生的仍是一箱不适用的温水。

（8）便于实现冬季夜间系统放空的防冻设计。

然而，直流式热水系统仍有其不足之处：使用者必须当天将水箱中的热水用掉，否则在次日运行时水箱无足够盛水的容积，致使热水溢出。

6.3.3.5 闷晒式系统

闷晒式（又称为整体式）太阳热水系统是集热器与储水箱合二为一，实际上就是一个壁面涂黑、充当吸热体的容器。壁面吸收太阳辐射能后，以自然对流方式加热盛在容器中的水的系统。

6.3.4 常用热水系统特点及应用范围

上一节我们了解了根据不同的分类方法太阳能热水系统常用的几种类型。本节根据各种不同类型太阳能热水系统的特点，结合不同应用场合对太阳能热水系统的要求，归纳总结了几种常用太阳能热水系统，对其各自特点及适用条件分别做了阐述。

表 6-11 为常用的集中供热水系统，表 6-12 为分户供热水系统。另外在实际应用中太阳能热水系统根据用水不同要求，其中集热部分和供热部分若各设置一个水箱，就称为“双水箱”系统，若只设置一个水箱就称为“单水箱”系统。为了便于表述，一般将太阳能集热部分的水箱称为储热水箱，而将供热部分的水箱称为供热水箱。

表 6-11 常用集中供热水太阳能热水系统汇总

名称	图 式	特 点	适用条件
自然循环单水箱系统	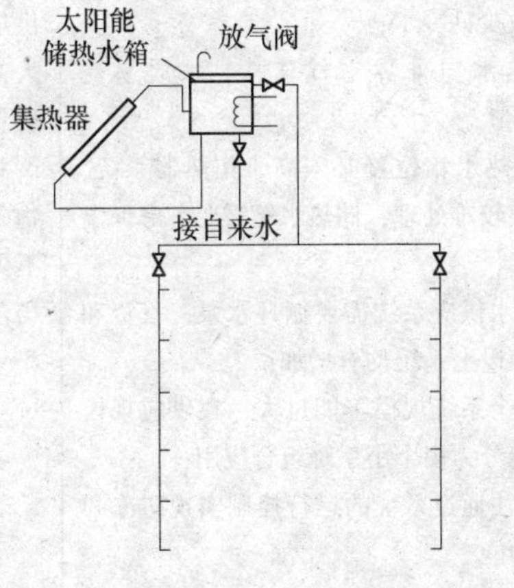 太阳能储热水箱 放气阀 集热器 接自来水	（1）系统不需要专门的维护管理，采用非承压型集热器，系统造价较低； （2）系统采用开式系统，不需要安全阀，运行安全可靠，不占用机房面积； （3）热水与外界空气连接，水质易受污染； （4）储热水箱位置必须高于集热器系统，建筑外立面较难处理； （5）热水供应系统没有循环管路，不利节水； （6）单个系统规模不能过大，在供应规模较大时只能分为多个小系统组合应用； （7）无法通过系统的运行控制实现防冻和过热防护功能	适用于自来水压力不稳定，热水供应规模较小，对热水质量和建筑物外观要求不高的场合

续表 6-11

名称	图　式	特　点	适用条件
自然循环双水箱系统	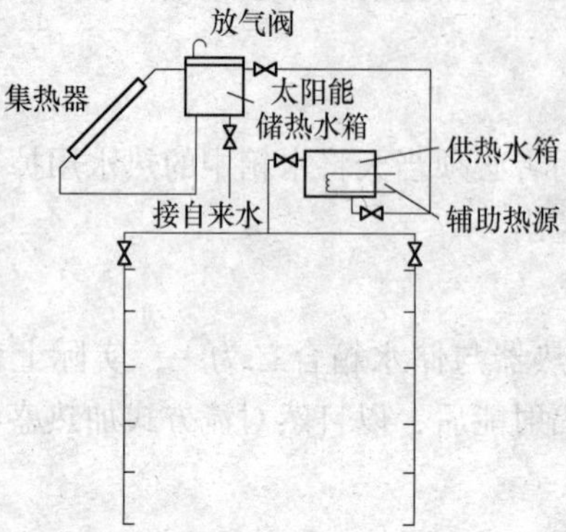 放气阀 集热器 太阳能储热水箱 供热水箱 接自来水 辅助热源	（1）配备了供热水箱，系统蓄热功能增强，采用非承压型集热器，系统造价较低，不需专设机房，但水箱热损增加； （2）系统采用开式系统，不需要安全阀，运行安全可靠； （3）水箱都放在屋顶或供热水箱放在阁楼或技术夹层，可节省机房面积，但需要考虑保温防冻； （4）热水与外界空气连接，水质易受污染； （5）储热水箱位置必须高于集热器系统，建筑外立面较难处理，储热水箱需要考虑保温防冻； （6）热水供应系统没有循环管路，不利节水和提高热水供应质量； （7）单个系统规模不能过大，在供应规模较大时只能分为多个小系统组合应用； （8）无法通过系统的运行控制实现防冻和过热防护功能	适用于自来水压力不稳定，热水供应规模不大，对热水质量和建筑物外观要求不严格的场合
	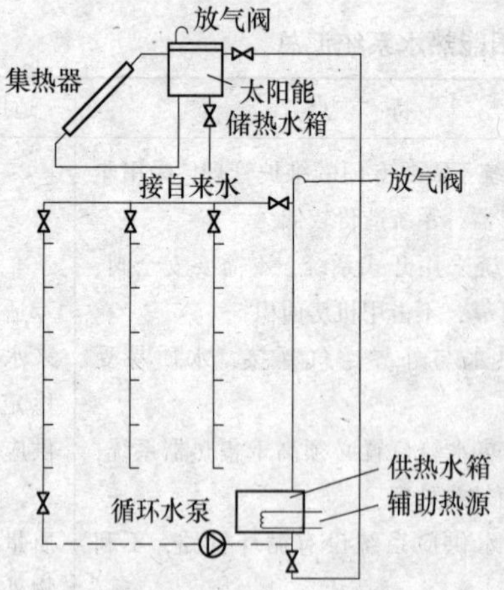 放气阀 集热器 太阳能储热水箱 接自来水 放气阀 供热水箱 循环水泵 辅助热源	（1）配备了供热水箱，系统蓄热功能增强，放在机房或设备层，减小建筑上部荷载，但水箱热损增加； （2）系统采用开式系统，不需要安全阀，运行安全可靠，采用非承压型集热器，系统造价较低； （3）热水供应系统采用了干管循环的方式，热水供应质量提高，消除循环短路问题，使用时需放少许冷水； （4）热水与外界空气连接，水质易受污染； （5）储热水箱位置必须高于集热器系统，建筑外立面较难处理，储热水箱需要考虑保温防冻； （6）热水供应系统需要循环水泵，投资和运行费用较以上系统均有增加； （7）单个系统规模不能过大，在供应规模较大时只能分为多个小系统组合应用； （8）无法通过系统的运行控制实现防冻和过热防护功能	适用于自来水压力不稳定，热水供应规模不大，对热水质量要求较严格，建筑物外观要求不太严格的场合

续表 6-11

<table>
<tr><th>名称</th><th>图　式</th><th>特　点</th><th>适用条件</th></tr>
<tr><td rowspan="2">自然循环双水箱系统</td><td> 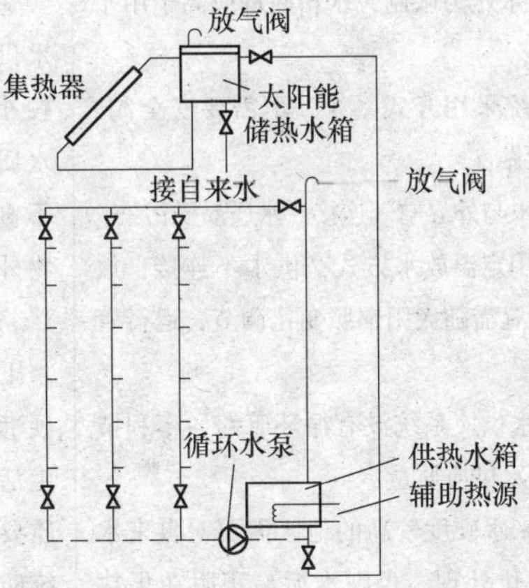放气阀
集热器
太阳能储热水箱
接自来水
放气阀
循环水泵
供热水箱
辅助热源</td><td>(1) 配备了供热水箱，系统蓄热功能增强，放在机房或设备层，减小建筑上部荷载，但水箱热损增加；
(2) 系统采用开式系统，不需要安全阀，运行安全可靠，采用非承压型集热器，系统造价较低；
(3) 热水供应系统采用干管和立管循环的方式，热水供应质量进一步提高，但竣工前需调试以防热水短路；
(4) 热水与外界空气连接，水质易受污染；
(5) 储热水箱位置必须高于集热器系统，建筑外立面较难处理，储热水箱需要考虑保温防冻；
(6) 热水供应系统需要循环水泵，投资和运行费用较以上系统均有增加；
(7) 单个系统规模不能过大，在供应规模较大时只能分为多个小系统组合应用；
(8) 无法通过系统的运行控制实现防冻和过热防护功能</td><td rowspan="2">适用于自来水压力不稳定，热水供应规模不大，对热水质量要求严格，建筑物外观要求不太严格的场合</td></tr>
<tr><td> 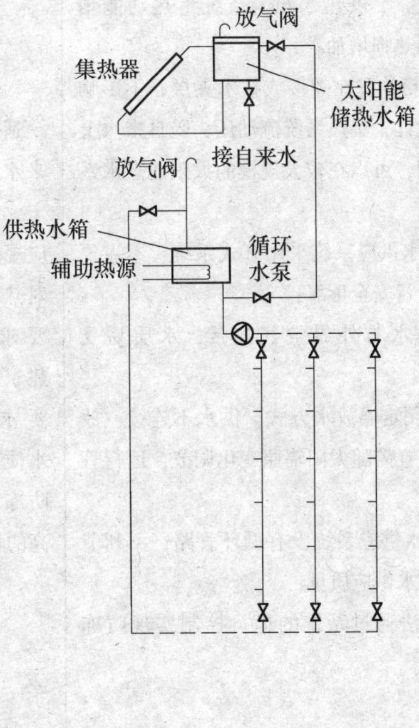放气阀
集热器
太阳能储热水箱
放气阀
接自来水
供热水箱
辅助热源
循环水泵</td><td>(1) 配备了供热水箱，系统蓄热功能增强，但水箱热损增加；
(2) 系统采用开式系统，不需要安全阀，运行安全可靠，采用非承压型集热器，系统造价较低；
(3) 采用了干管和立管循环的方式，热水供应质量进一步提高，但竣工前需调试以防短路；
(4) 热水与外界空气连接，水质易受污染；
(5) 储热水箱位置必须高于集热器系统，建筑外立面较难处理，储热水箱需要考虑保温防冻；
(6) 热水供应系统需要循环水泵，投资和运行费用较高；
(7) 水泵放在建筑上部，消声减震要求较高；
(8) 单个系统规模不能过大，在供应规模较大时只能分为多个小系统组合应用；
(9) 无法通过系统的运行控制实现防冻和过热防护功能</td></tr>
</table>

续表 6-11

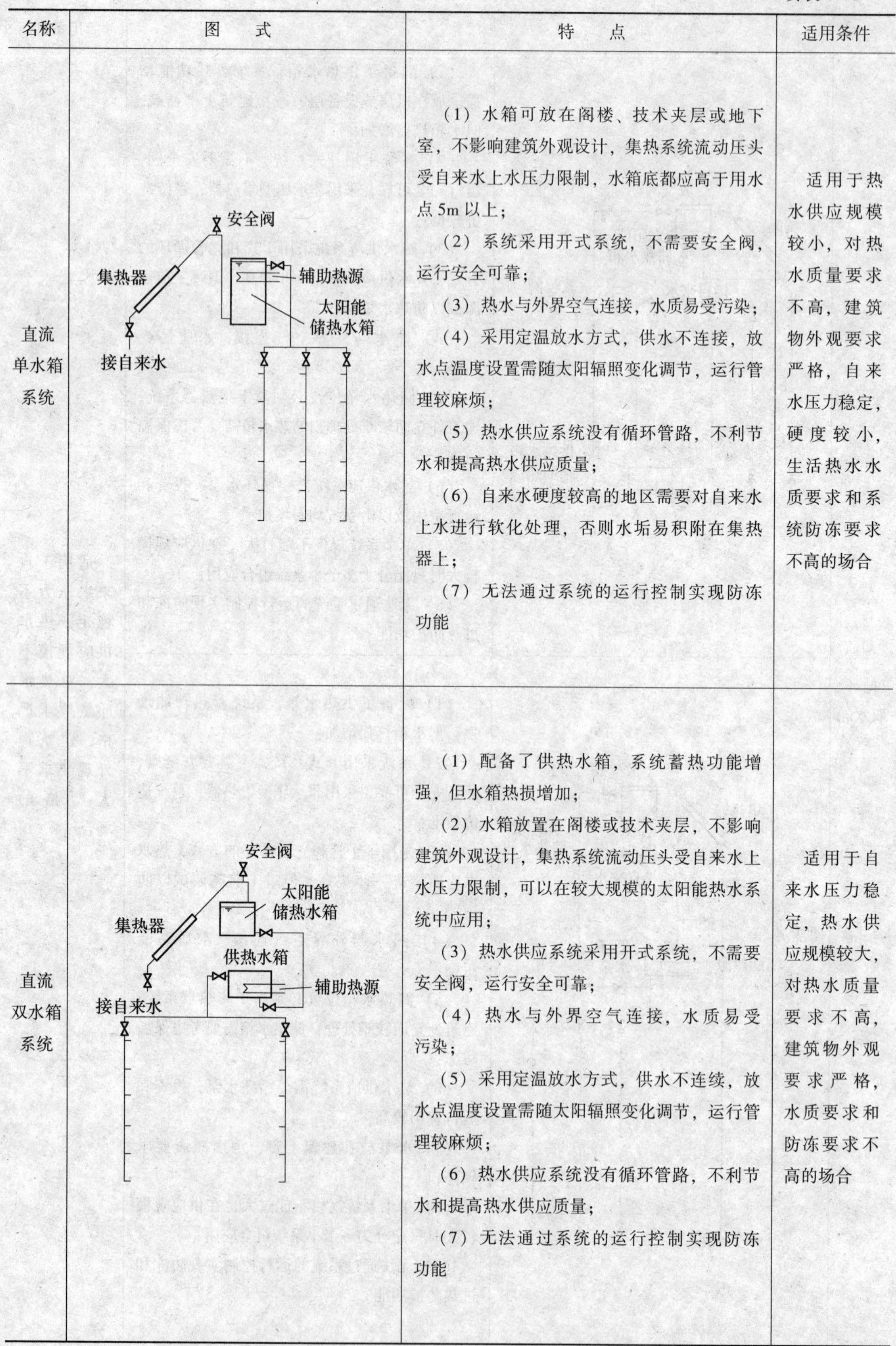

名称	图式	特点	适用条件
直流单水箱系统		(1) 水箱可放在阁楼、技术夹层或地下室，不影响建筑外观设计，集热系统流动压头受自来水上水压力限制，水箱底都应高于用水点5m以上； (2) 系统采用开式系统，不需要安全阀，运行安全可靠； (3) 热水与外界空气连接，水质易受污染； (4) 采用定温放水方式，供水不连接，放水点温度设置需随太阳辐照变化调节，运行管理较麻烦； (5) 热水供应系统没有循环管路，不利节水和提高热水供应质量； (6) 自来水硬度较高的地区需要对自来水上水进行软化处理，否则水垢易积附在集热器上； (7) 无法通过系统的运行控制实现防冻功能	适用于热水供应规模较小，对热水质量要求不高，建筑物外观要求严格，自来水压力稳定，硬度较小，生活热水水质要求和系统防冻要求不高的场合
直流双水箱系统		(1) 配备了供热水箱，系统蓄热功能增强，但水箱热损增加； (2) 水箱放置在阁楼或技术夹层，不影响建筑外观设计，集热系统流动压头受自来水上水压力限制，可以在较大规模的太阳能热水系统中应用； (3) 热水供应系统采用开式系统，不需要安全阀，运行安全可靠； (4) 热水与外界空气连接，水质易受污染； (5) 采用定温放水方式，供水不连续，放水点温度设置需随太阳辐照变化调节，运行管理较麻烦； (6) 热水供应系统没有循环管路，不利节水和提高热水供应质量； (7) 无法通过系统的运行控制实现防冻功能	适用于自来水压力稳定，热水供应规模较大，对热水质量要求不高，建筑物外观要求严格，水质要求和防冻要求不高的场合

续表 6-11

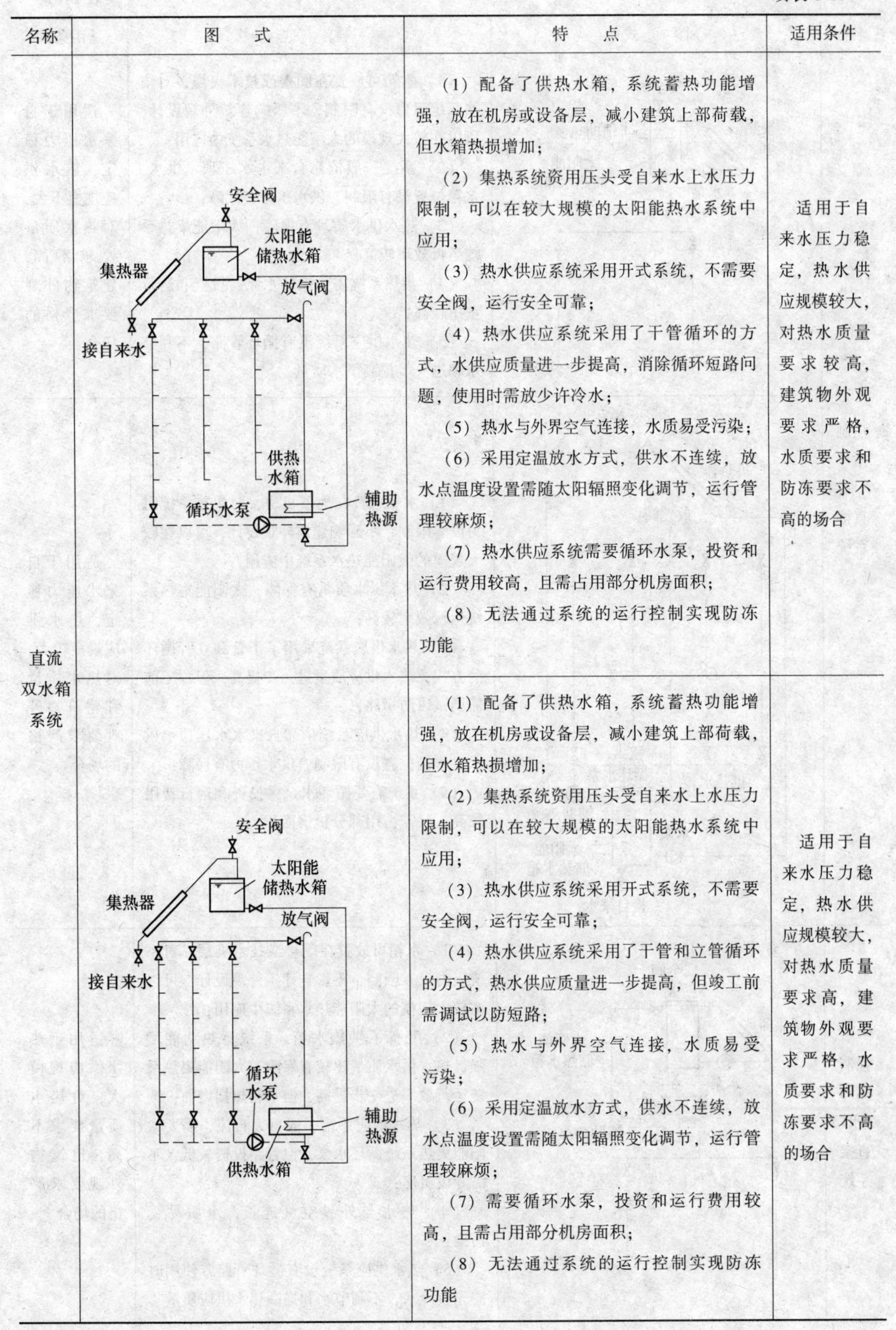

名称	图　式	特　点	适用条件
直流双水箱系统		(1) 配备了供热水箱，系统蓄热功能增强，放在机房或设备层，减小建筑上部荷载，但水箱热损增加； (2) 集热系统资用压头受自来水上水压力限制，可以在较大规模的太阳能热水系统中应用； (3) 热水供应系统采用开式系统，不需要安全阀，运行安全可靠； (4) 热水供应系统采用了干管循环的方式，水供应质量进一步提高，消除循环短路问题，使用时需放少许冷水； (5) 热水与外界空气连接，水质易受污染； (6) 采用定温放水方式，供水不连续，放水点温度设置需随太阳辐照变化调节，运行管理较麻烦； (7) 热水供应系统需要循环水泵，投资和运行费用较高，且需占用部分机房面积； (8) 无法通过系统的运行控制实现防冻功能	适用于自来水压力稳定，热水供应规模较大，对热水质量要求较高，建筑物外观要求严格，水质要求和防冻要求不高的场合
		(1) 配备了供热水箱，系统蓄热功能增强，放在机房或设备层，减小建筑上部荷载，但水箱热损增加； (2) 集热系统资用压头受自来水上水压力限制，可以在较大规模的太阳能热水系统中应用； (3) 热水供应系统采用开式系统，不需要安全阀，运行安全可靠； (4) 热水供应系统采用了干管和立管循环的方式，热水供应质量进一步提高，但竣工前需调试以防短路； (5) 热水与外界空气连接，水质易受污染； (6) 采用定温放水方式，供水不连续，放水点温度设置需随太阳辐照变化调节，运行管理较麻烦； (7) 需要循环水泵，投资和运行费用较高，且需占用部分机房面积； (8) 无法通过系统的运行控制实现防冻功能	适用于自来水压力稳定，热水供应规模较大，对热水质量要求高，建筑物外观要求严格，水质要求和防冻要求不高的场合

续表 6-11

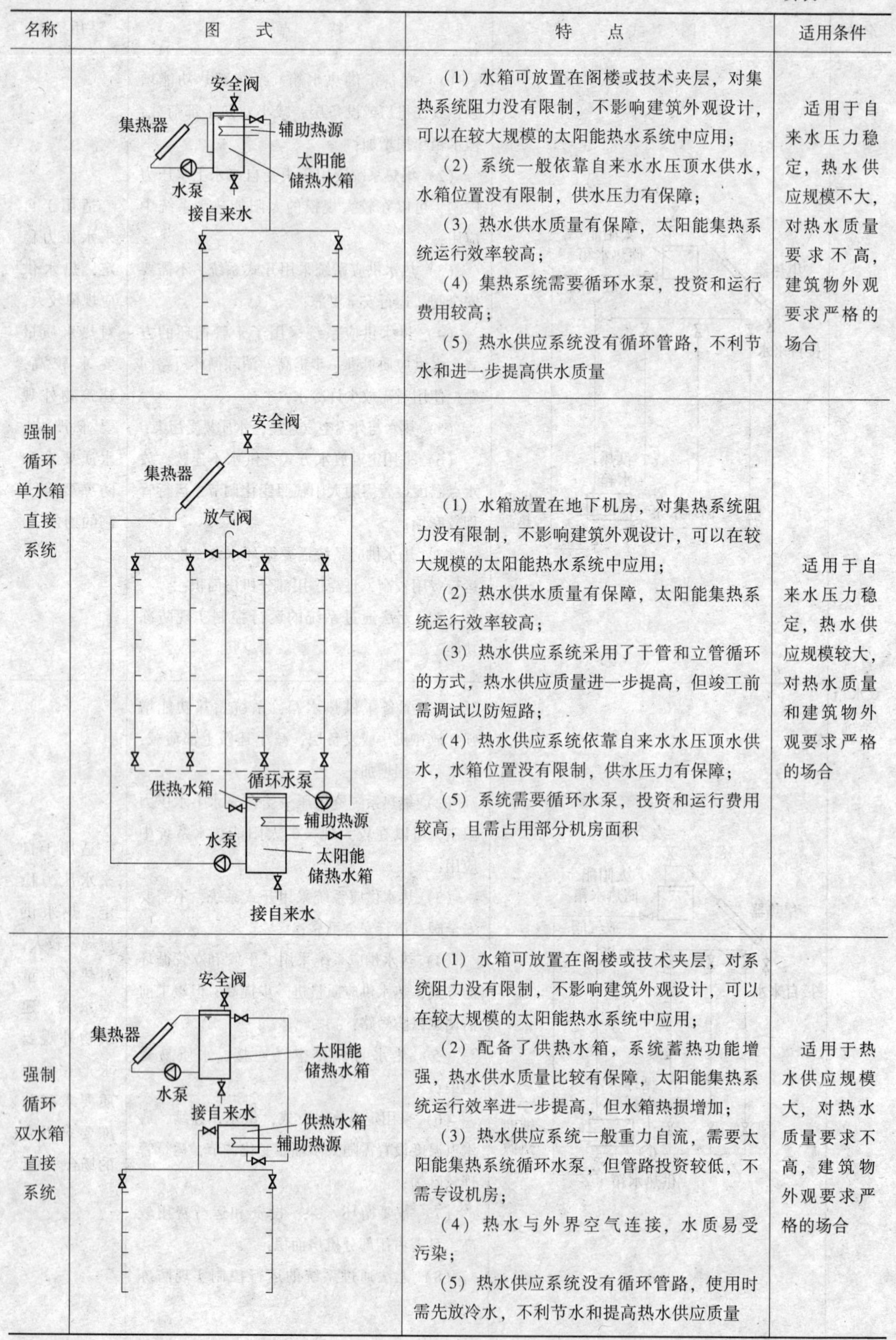

名称	图　式	特　点	适用条件
		(1) 水箱可放置在阁楼或技术夹层，对集热系统阻力没有限制，不影响建筑外观设计，可以在较大规模的太阳能热水系统中应用； (2) 系统一般依靠自来水水压顶水供水，水箱位置没有限制，供水压力有保障； (3) 热水供水质量有保障，太阳能集热系统运行效率较高； (4) 集热系统需要循环水泵，投资和运行费用较高； (5) 热水供应系统没有循环管路，不利节水和进一步提高供水质量	适用于自来水压力稳定，热水供应规模不大，对热水质量要求不高，建筑物外观要求严格的场合
强制循环单水箱直接系统		(1) 水箱放置在地下机房，对集热系统阻力没有限制，不影响建筑外观设计，可以在较大规模的太阳能热水系统中应用； (2) 热水供水质量有保障，太阳能集热系统运行效率较高； (3) 热水供应系统采用了干管和立管循环的方式，热水供应质量进一步提高，但竣工前需调试以防短路； (4) 热水供应系统依靠自来水水压顶水供水，水箱位置没有限制，供水压力有保障； (5) 系统需要循环水泵，投资和运行费用较高，且需占用部分机房面积	适用于自来水压力稳定，热水供应规模较大，对热水质量和建筑物外观要求严格的场合
强制循环双水箱直接系统		(1) 水箱可放置在阁楼或技术夹层，对系统阻力没有限制，不影响建筑外观设计，可以在较大规模的太阳能热水系统中应用； (2) 配备了供热水箱，系统蓄热功能增强，热水供水质量比较有保障，太阳能集热系统运行效率进一步提高，但水箱热损增加； (3) 热水供应系统一般重力自流，需要太阳能集热系统循环水泵，但管路投资较低，不需专设机房； (4) 热水与外界空气连接，水质易受污染； (5) 热水供应系统没有循环管路，使用时需先放冷水，不利节水和提高热水供应质量	适用于热水供应规模大，对热水质量要求不高，建筑物外观要求严格的场合

续表 6-11

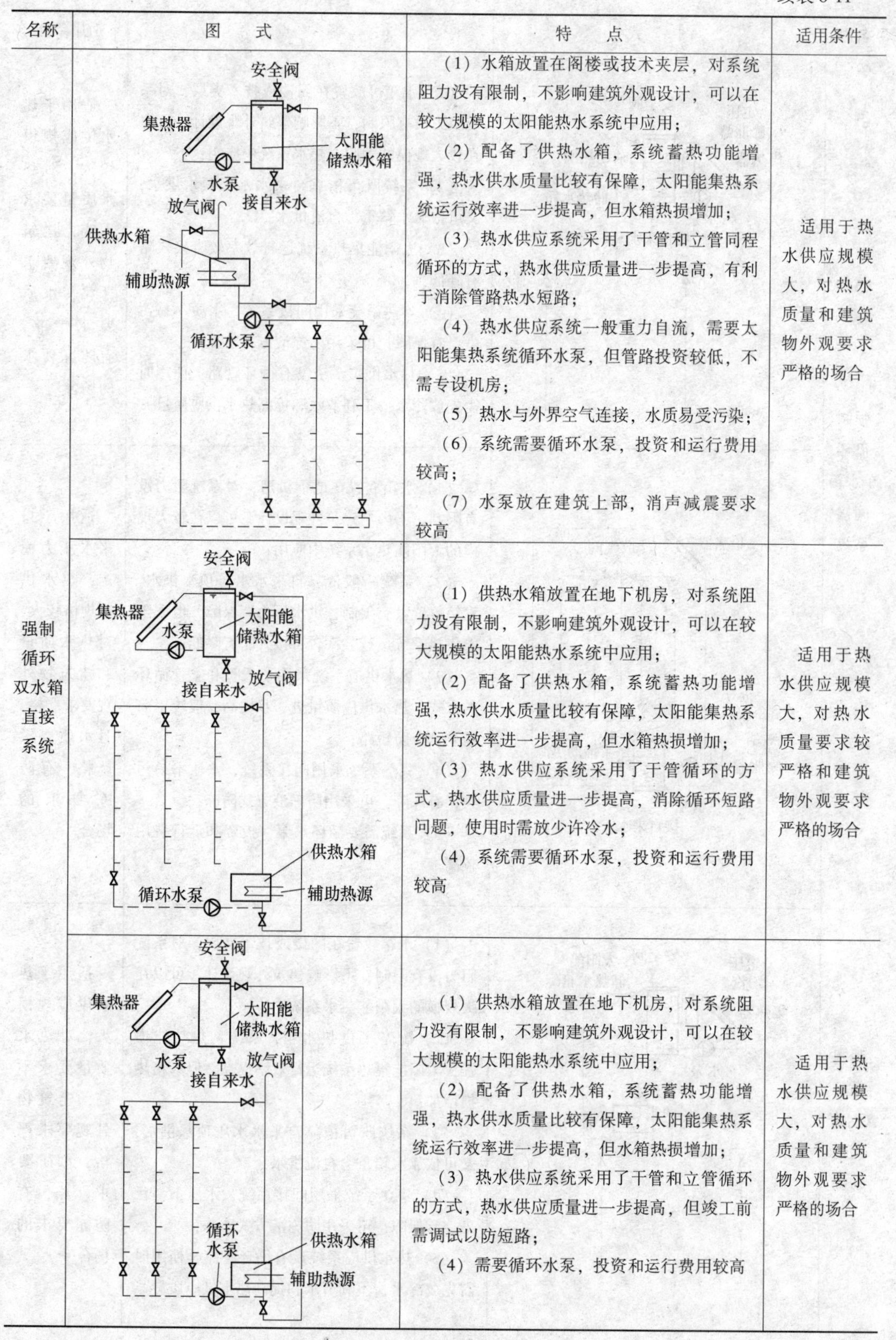

名称	图　式	特　点	适用条件
		(1) 水箱放置在阁楼或技术夹层，对系统阻力没有限制，不影响建筑外观设计，可以在较大规模的太阳能热水系统中应用； (2) 配备了供热水箱，系统蓄热功能增强，热水供水质量比较有保障，太阳能集热系统运行效率进一步提高，但水箱热损增加； (3) 热水供应系统采用了干管和立管同程循环的方式，热水供应质量进一步提高，有利于消除管路热水短路； (4) 热水供应系统一般重力自流，需要太阳能集热系统循环水泵，但管路投资较低，不需专设机房； (5) 热水与外界空气连接，水质易受污染； (6) 系统需要循环水泵，投资和运行费用较高； (7) 水泵放在建筑上部，消声减震要求较高	适用于热水供应规模大，对热水质量和建筑物外观要求严格的场合
强制循环双水箱直接系统		(1) 供热水箱放置在地下机房，对系统阻力没有限制，不影响建筑外观设计，可以在较大规模的太阳能热水系统中应用； (2) 配备了供热水箱，系统蓄热功能增强，热水供水质量比较有保障，太阳能集热系统运行效率进一步提高，但水箱热损增加； (3) 热水供应系统采用了干管循环的方式，热水供应质量进一步提高，消除循环短路问题，使用时需放少许冷水； (4) 系统需要循环水泵，投资和运行费用较高	适用于热水供应规模大，对热水质量要求较严格和建筑物外观要求严格的场合
		(1) 供热水箱放置在地下机房，对系统阻力没有限制，不影响建筑外观设计，可以在较大规模的太阳能热水系统中应用； (2) 配备了供热水箱，系统蓄热功能增强，热水供水质量比较有保障，太阳能集热系统运行效率进一步提高，但水箱热损增加； (3) 热水供应系统采用了干管和立管循环的方式，热水供应质量进一步提高，但竣工前需调试以防短路； (4) 需要循环水泵，投资和运行费用较高	适用于热水供应规模大，对热水质量和建筑物外观要求严格的场合

续表 6-11

名称	图式	特点	适用条件
强制循环单水箱间接系统	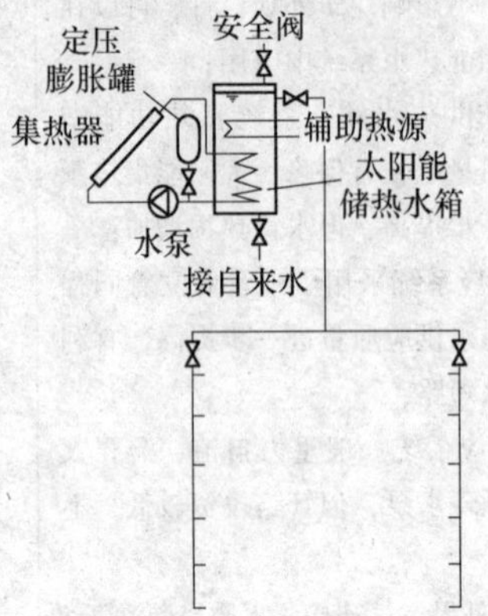 安全阀 定压膨胀罐 集热器 辅助热源 太阳能储热水箱 水泵 接自来水	(1) 水箱可放置在阁楼或技术夹层，对系统阻力没有限制，不影响建筑外观设计，可以在较大规模的太阳能热水系统中应用； (2) 系统既可依靠自来水水压顶水供水，又可依靠水箱重力自流供水； (3) 太阳能集热系统运行效率较直接式略有降低； (4) 集热系统采用间接系统，水质不易污染，有保障，可采用防冻液方式防冻； (5) 热水供应系统没有循环管路，使用时需先放冷水，不利节水和提高热水供应质量	适用于热水供应规模较大，对热水质量要求不高，建筑物外观要求严格，水质要求严格，有防冻要求的场合
	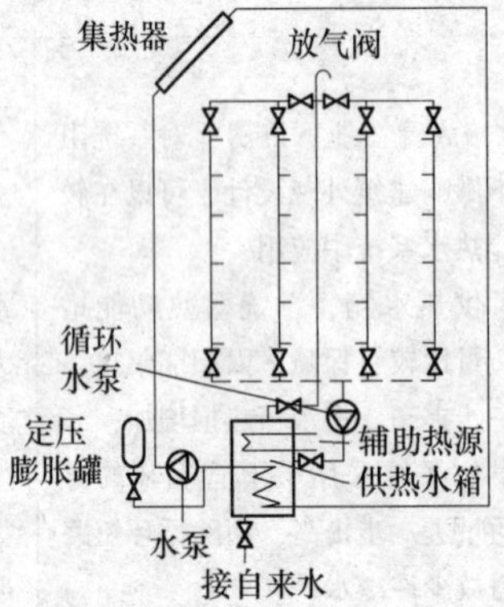 集热器 放气阀 循环水泵 定压膨胀罐 辅助热源 供热水箱 水泵 接自来水	(1) 水箱放置在地下机房，对系统阻力没有限制，不影响建筑外观设计，可以在较大规模的太阳能热水系统中应用； (2) 系统一般依靠自来水水压顶水供水，水箱位置没有限制，供水压力有保障，但太阳能集热系统运行效率较直接式略有降低； (3) 热水供应系统采用了干管和立管循环的方式，热水供应质量进一步提高，但竣工前需调试以防短路； (4) 集热系统采用间接系统，水质不易污染，有保障，可采用防冻液方式防冻； (5) 系统需要循环水泵，投资和运行费用较高	适用于自来水压力稳定，热水供应规格较大，对热水质量和建筑物外观要求严格，且水质要求严格，有防冻要求的场合
强制循环双水箱间接系统	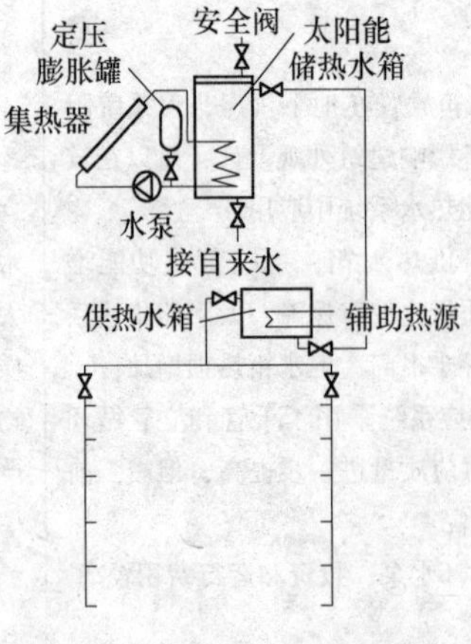 定压膨胀罐 安全阀 太阳能储热水箱 集热器 水泵 接自来水 供热水箱 辅助热源	(1) 水箱放置在阁楼或技术夹层，对系统阻力没有限制，不影响建筑外观设计，可以在大规模的太阳能热水系统中应用； (2) 配备了供热水箱，系统蓄热功能增强，太阳能集热系统运行效率提高，但水箱热损增加； (3) 系统既可依靠自来水水压顶水供水，又可依靠水箱重力自流供水； (4) 集热系统采用间接系统，水质不易污染，有保障，可采用防冻液方式防冻； (5) 热水供应系统没有循环管路，使用时需先放冷水，不利节水和提高热水供应质量	适用于热水供应规模大，对热水质量要求不高，建筑物外观要求严格，水质要求严格，有防冻要求的场合

续表 6-11

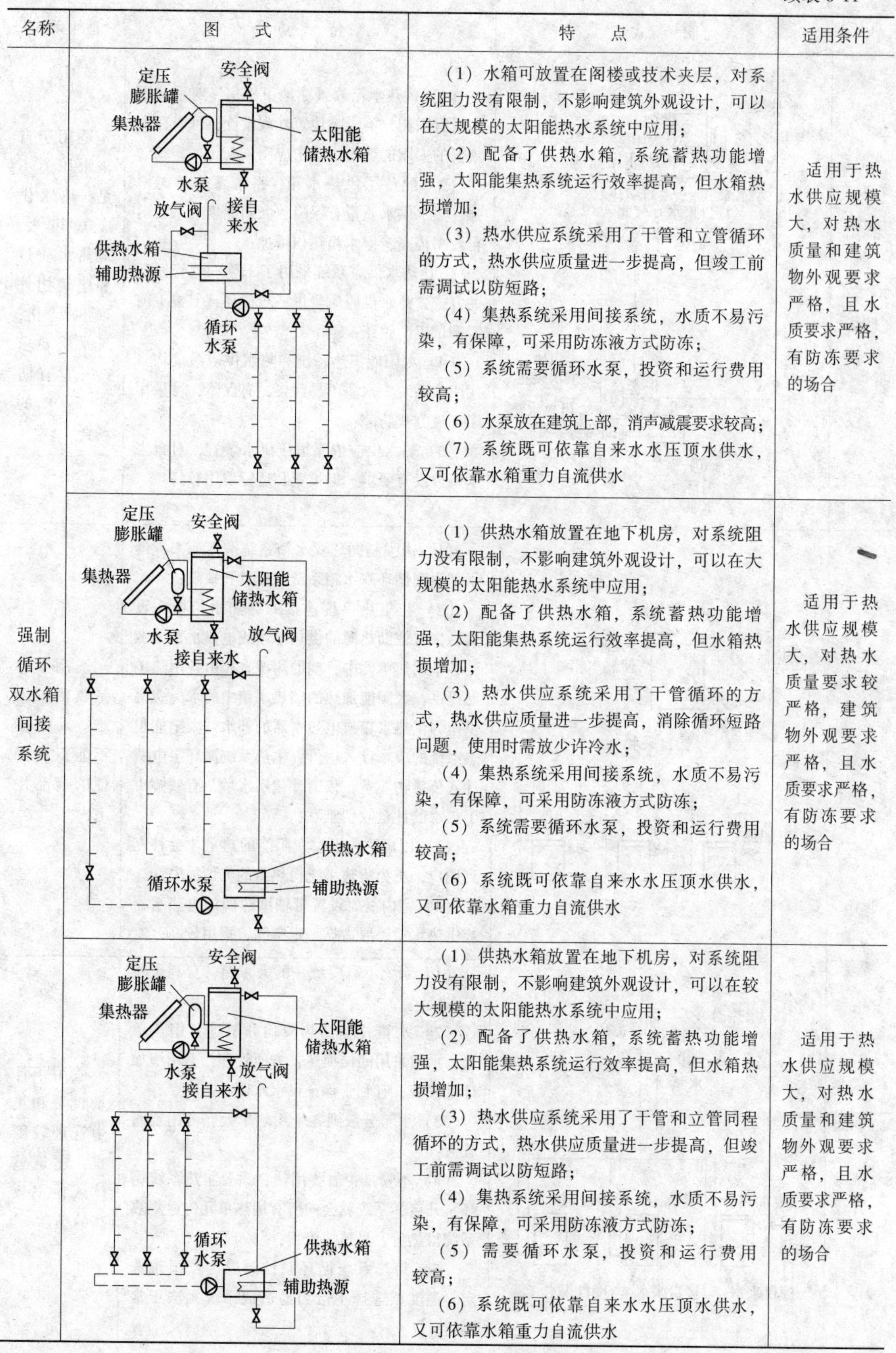

名称	图式	特点	适用条件
		(1) 水箱可放置在阁楼或技术夹层，对系统阻力没有限制，不影响建筑外观设计，可以在大规模的太阳能热水系统中应用； (2) 配备了供热水箱，系统蓄热功能增强，太阳能集热系统运行效率提高，但水箱热损增加； (3) 热水供应系统采用了干管和立管循环的方式，热水供应质量进一步提高，但竣工前需调试以防短路； (4) 集热系统采用间接系统，水质不易污染，有保障，可采用防冻液方式防冻； (5) 系统需要循环水泵，投资和运行费用较高； (6) 水泵放在建筑上部，消声减震要求较高； (7) 系统既可依靠自来水水压顶水供水，又可依靠水箱重力自流供水	适用于热水供应规模大，对热水质量和建筑物外观要求严格，且水质要求严格，有防冻要求的场合
强制循环双水箱间接系统		(1) 供热水箱放置在地下机房，对系统阻力没有限制，不影响建筑外观设计，可以在大规模的太阳能热水系统中应用； (2) 配备了供热水箱，系统蓄热功能增强，太阳能集热系统运行效率提高，但水箱热损增加； (3) 热水供应系统采用了干管循环的方式，热水供应质量进一步提高，消除循环短路问题，使用时需放少许冷水； (4) 集热系统采用间接系统，水质不易污染，有保障，可采用防冻液方式防冻； (5) 系统需要循环水泵，投资和运行费用较高； (6) 系统既可依靠自来水水压顶水供水，又可依靠水箱重力自流供水	适用于热水供应规模大，对热水质量要求较严格，建筑物外观要求严格，且水质要求严格，有防冻要求的场合
		(1) 供热水箱放置在地下机房，对系统阻力没有限制，不影响建筑外观设计，可以在较大规模的太阳能热水系统中应用； (2) 配备了供热水箱，系统蓄热功能增强，太阳能集热系统运行效率提高，但水箱热损增加； (3) 热水供应系统采用了干管和立管同程循环的方式，热水供应质量进一步提高，但竣工前需调试以防短路； (4) 集热系统采用间接系统，水质不易污染，有保障，可采用防冻液方式防冻； (5) 需要循环水泵，投资和运行费用较高； (6) 系统既可依靠自来水水压顶水供水，又可依靠水箱重力自流供水	适用于热水供应规模大，对热水质量和建筑物外观要求严格，且水质要求严格，有防冻要求的场合

续表 6-11

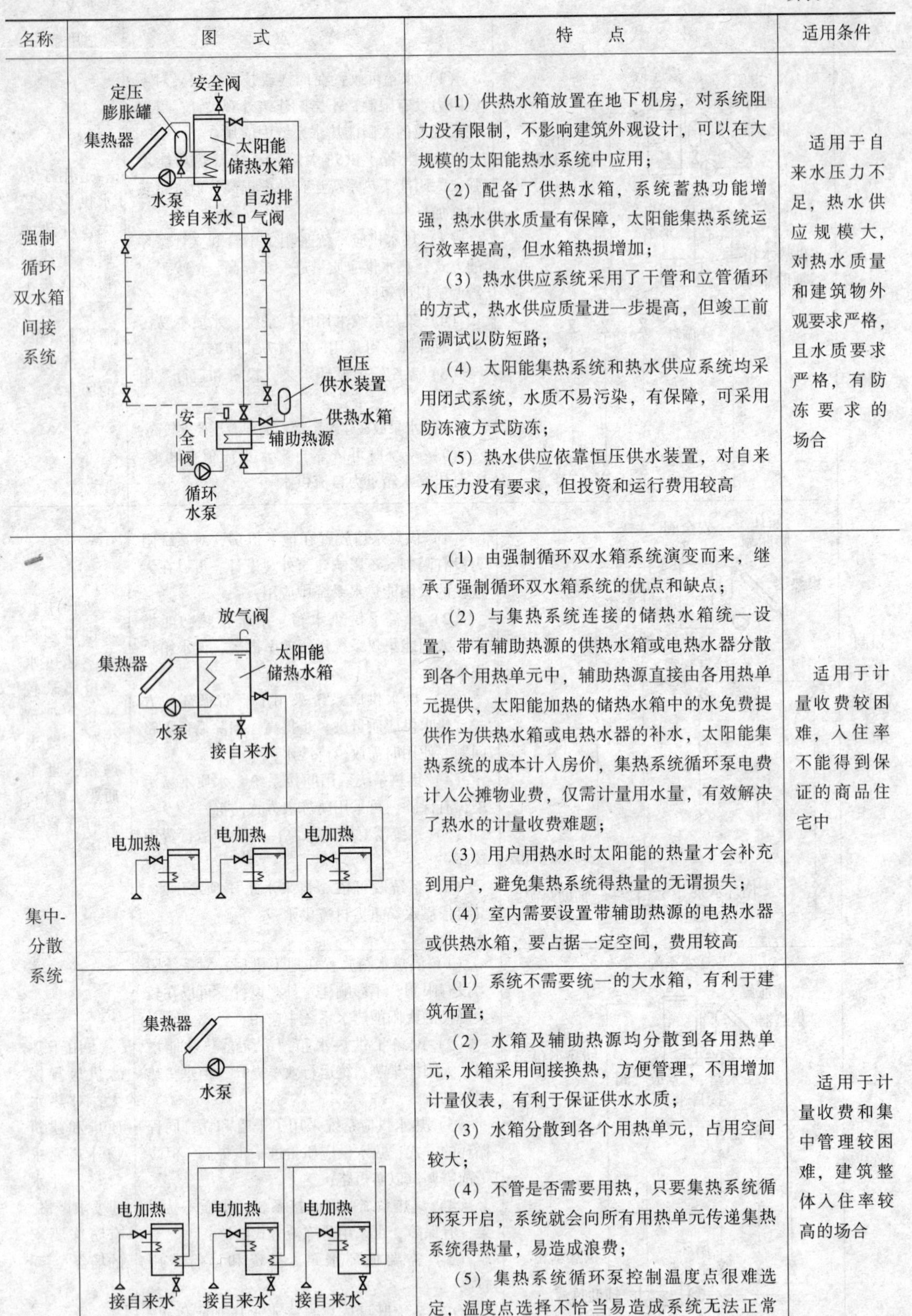

名称	图　　式	特　　点	适用条件
强制循环双水箱间接系统		（1）供热水箱放置在地下机房，对系统阻力没有限制，不影响建筑外观设计，可以在大规模的太阳能热水系统中应用； （2）配备了供热水箱，系统蓄热功能增强，热水供水质量有保障，太阳能集热系统运行效率提高，但水箱热损增加； （3）热水供应系统采用了干管和立管循环的方式，热水供应质量进一步提高，但竣工前需调试以防短路； （4）太阳能集热系统和热水供应系统均采用闭式系统，水质不易污染，有保障，可采用防冻液方式防冻； （5）热水供应依靠恒压供水装置，对自来水压力没有要求，但投资和运行费用较高	适用于自来水压力不足，热水供应规模大，对热水质量和建筑物外观要求严格，且水质要求严格，有防冻要求的场合
集中-分散系统		（1）由强制循环双水箱系统演变而来，继承了强制循环双水箱系统的优点和缺点； （2）与集热系统连接的储热水箱统一设置，带有辅助热源的供热水箱或电热水器分散到各个用热单元中，辅助热源直接由各用热单元提供，太阳能加热的储热水箱中的水免费提供作为供热水箱或电热水器的补水，太阳能集热系统的成本计入房价，集热系统循环泵电费计入公摊物业费，仅需计量用水量，有效解决了热水的计量收费难题； （3）用户用热水时太阳能的热量才会补充到用户，避免集热系统得热量的无谓损失； （4）室内需要设置带辅助热源的电热水器或供热水箱，要占据一定空间，费用较高	适用于计量收费较困难，入住率不能得到保证的商品住宅中
		（1）系统不需要统一的大水箱，有利于建筑布置； （2）水箱及辅助热源均分散到各用热单元，水箱采用间接换热，方便管理，不用增加计量仪表，有利于保证供水水质； （3）水箱分散到各个用热单元，占用空间较大； （4）不管是否需要用热，只要集热系统循环泵开启，系统就会向所有用热单元传递集热系统得热量，易造成浪费； （5）集热系统循环泵控制温度点很难选定，温度点选择不恰当易造成系统无法正常运行	适用于计量收费和集中管理较困难，建筑整体入住率较高的场合

表 6-12 常用分散供热水太阳能热水系统汇总

名称	图 式	特 点	适用条件
自然循环单水箱系统	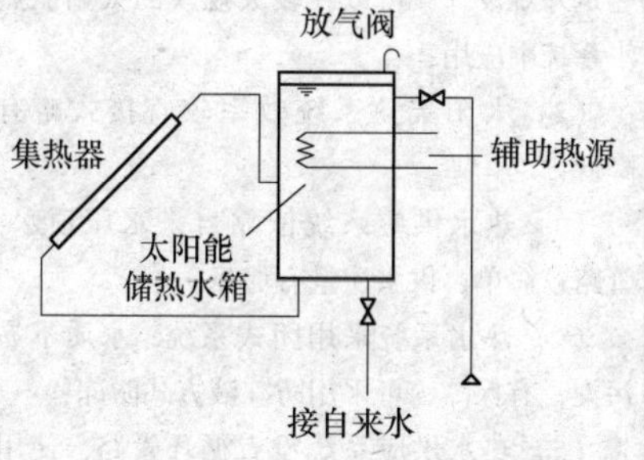 放气阀 集热器 辅助热源 太阳能储热水箱 接自来水	（1）除辅助热源外，没有电力需求，系统不需要专门的维护管理； （2）热水供应采用开式系统，不需要安全阀，运行安全可靠，但水箱底部须高于用水点至少 5m，否则应采用闭式系统由自来水压顶水供水； （3）采用开式系统时，热水与外界空气连接，水质易受污染； （4）储热水箱位置必须高于集热器系统，建筑外立面较难处理； （5）热水供应系统没有循环管路，不利于节水和提高热水供应质量	对热水质量和建筑物外观要求不太高的场合
直流式单水箱系统	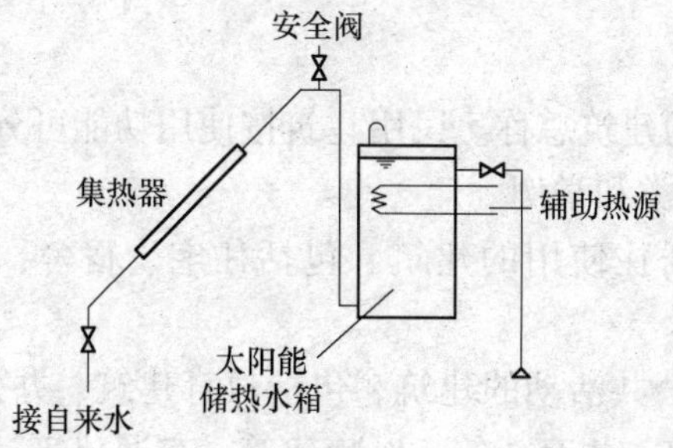 安全阀 集热器 辅助热源 太阳能储热水箱 接自来水	（1）水箱可放在阁楼、技术夹层或储藏间，不影响建筑外观设计，系统资用压头受自来水上水压力限制； （2）热水供应采用开式系统，不需要安全阀，运行安全可靠，但水箱底部须高于用水点至少 5m； （3）热水与外界空气连接，水质易受污染； （4）采用定温放水方式，放水点温度设置需随太阳辐照变化调节，运行管理较麻烦； （5）热水供应系统没有循环管路，不利于节水和提高热水供应质量	建筑物外观要求严格，水质要求和防冻要求不高的场合
强制循环直接式单水箱系统	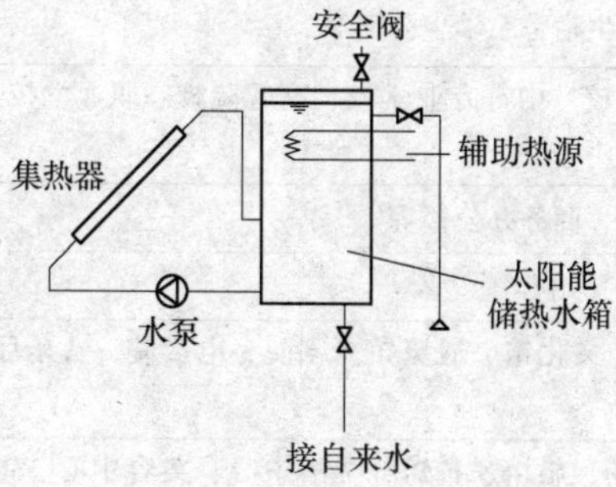 安全阀 集热器 辅助热源 太阳能储热水箱 水泵 接自来水	（1）水箱可放置在阁楼、阳台、技术夹层或储藏间，对系统阻力没有限制，不影响建筑外观设计，可以在较大面积的建筑中应用； （2）热水供应采用闭式系统，依靠自来水压顶水供水，供水质量有保障； （3）热水供应采用闭式系统，水质不易受污染； （4）热水供水质量有保障，太阳能集热系统运行效率较高； （5）集热系统需要循环水泵，投资和运行费用较高； （6）热水供应系统没有循环管路，不利于节水和提高热水供应质量	适用于热水供应规模较大，建筑物外观要求严格，水质要求和防冻要求不高的场合

续表 6-12

名称	图　式	特　点	适用条件
强制循环间接式单水箱系统	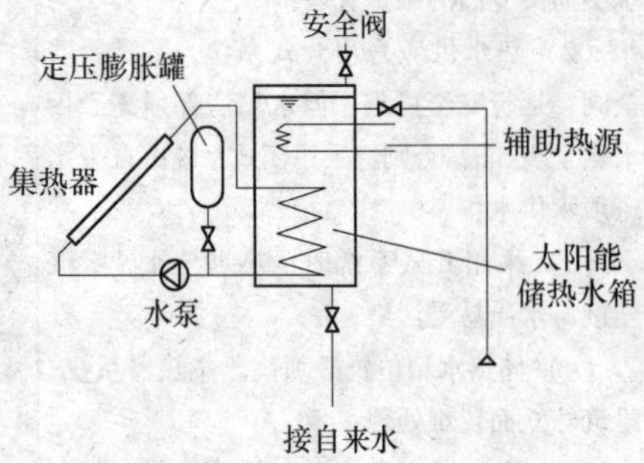 安全阀 定压膨胀罐 辅助热源 集热器 太阳能储热水箱 水泵 接自来水	(1) 水箱可放置在阁楼、阳台、技术夹层或储藏间，对系统阻力没有限制，不影响建筑外观设计，可以在较大规模的太阳能热水系统中应用； (2) 太阳集热系统效率较直接式略有降低； (3) 热水供应系统依靠自来水压顶水，管路较简单，供水质量有保障； (4) 热水系统采用闭式系统，水质不易污染，有保障，可采用防冻液方式防冻； (5) 热水供应系统没有循环管路，使用时需先放冷水，不利于节水和提高热水供应质量	适用于热水供应面积较大，对热水质量要求不高，建筑物外观要求严格，水质要求严格，有防冻要求的场合

6.3.5　民用建筑常用太阳能热水系统

6.3.5.1　民用建筑分类

民用建筑是供人们居住和进行公共活动的建筑总称。民用建筑按使用功能可分为居住建筑和公共建筑两大类。表 6-13 列出了其分类和举例。

居住建筑（residential building）供人们居住使用的建筑。包括住宅、宿舍、旅馆等建筑。

公共建筑（public building）供人们进行公共活动的建筑。包括教育建筑、办公建筑、科学研究建筑、文化娱乐建筑、商业服务建筑、体育建筑、医疗建筑、交通建筑、政法建筑、纪念建筑、园林景观建筑、宗教建筑、综合建筑等。

表 6-13　民用建筑分类及举例

分类	建筑类别	建筑物举例
居住建筑	住宅建筑	住宅、公寓、老年公寓、别墅等
	宿舍建筑	职工宿舍，职工公寓、学生宿舍、学生公寓等
公共建筑	教育建筑	托儿所、幼儿园、中小学校、中等专业学校、高等院校、职业学校、特殊教育学校
	办公建筑	行政办公楼、专业办公楼、商务办公楼等
	科学研究建筑	实验楼、科研楼、天文台（站）等
	文化娱乐建筑	图书馆、博物、档案馆、文化馆、展览馆、剧院、电影院，音乐厅、海洋馆，游乐场，歌舞厅等
	商业服务建筑	商场、超级市场、菜市场、旅馆、餐馆、洗浴中心、美容中心、银行、邮政、电信、殡仪馆等
	体育建筑	体育场、体育馆、游泳馆、健身房等
	医疗建筑	综合医院、专科医院、社区医疗所、康复中心、急救中心、疗养院等

续表 6-13

分类	建筑类别	建筑物举例
公共建筑	交通建筑	汽车客运站、港口客运站、铁路旅客站、空港航站楼、城市轨道客运站，停车库等等
	政法建筑	公安局、检察院、法院、派出所、监狱、看守所、海关、检查站等
	纪念建筑	纪念碑、纪念馆、纪念塔、故居等
	园林景观建筑	公园、动物园、植物园、旅游景点建筑、城市和居民区建筑小品等
	宗教建筑	教堂、清真寺、寺庙等

6.3.5.2 民用建筑中常用太阳能热水系统

前面 6.3.3 节介绍了常用的太阳能热水系统的分类方法，属于基本的太阳能热水系统分类，其各种太阳能类型同样适用于民用建筑中太阳能热水系统类型。在实际民用建筑太阳能热水系统应用中，更多的是根据集热与供热水范围将太阳能热水系统分为：集中集热、集中储热式太阳能热水系统，集中集热、分散储热式太阳能供热水系统、分散集热、分散储热太阳能热水系统。

（1）集中集热、集中储热式太阳能热水系统。即采用集中布置的太阳能集热器和集中的储水箱供给一栋或几栋建筑物所需热水的系统。如图 6-13 所示。此种系统特点是太阳能集热器和储水箱都是公用的，根据需要集中安装在一个公共区域，如集热器安装在屋面上，水箱安装在地下室、设备间内，统一管理，集中供热水，所有用水点用热水都由此储水箱统一供给。由于各用水点用水时间不尽相同，系统总体用水量在各个时间段内可趋于平衡。这样就可充分发挥太阳能集热器的集热效率。另外，此种系统可节省总的管道用量，并易做到管路热水循环，实现一开就有热水。因此此种系统一定程度上可节约投资成本。

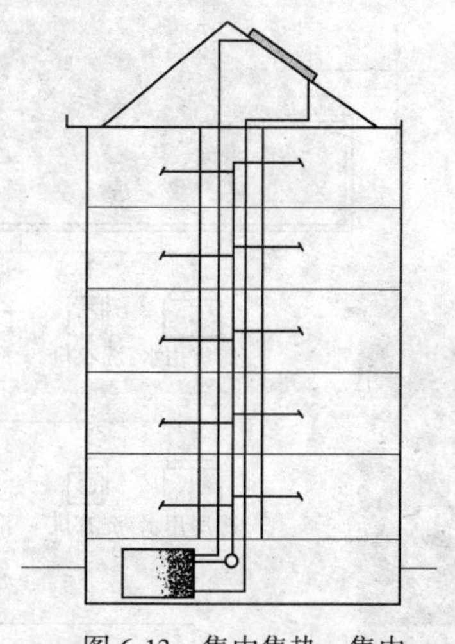

图 6-13 集中集热、集中储热式太阳能热水系统

集中供热水系统比较适宜用在公共建筑或多层公寓住宅项目上，如宾馆、酒店、旅馆、医院、学校、敬老院、部队、工厂企业等场所。对于用热水需要收费的地方，在用水终端还可以方便的加装热水计量装置。如医院、学校，可以采用购 IC 卡插卡用热水。

这种系统工作原理是：太阳能集热器吸收太阳光的能量并转化为热能，传递给内部的导热介质，使介质温度升高。这种系统一般采用强制循环，温差控制，当控制器检测到集热器出口温度与水箱内水的温度相差达到控制器设置温度点，控制器即启动循环泵将高温介质送到水箱内，如此周而复始，直到将水箱内所有水加热到设置温度。

在北方结冰地区，导热介质一般用太阳能专用防冻液或导热油循环。此时系统为间接系统，循环介质和终端用水分开，需要另加换热器换热。其原理如图 6-14 所示。

在南方不结冰地区，导热介质可以直接用水，此时系统就为直接系统。太阳能集热器直接加热终端用水。原理如图 6-15 所示。

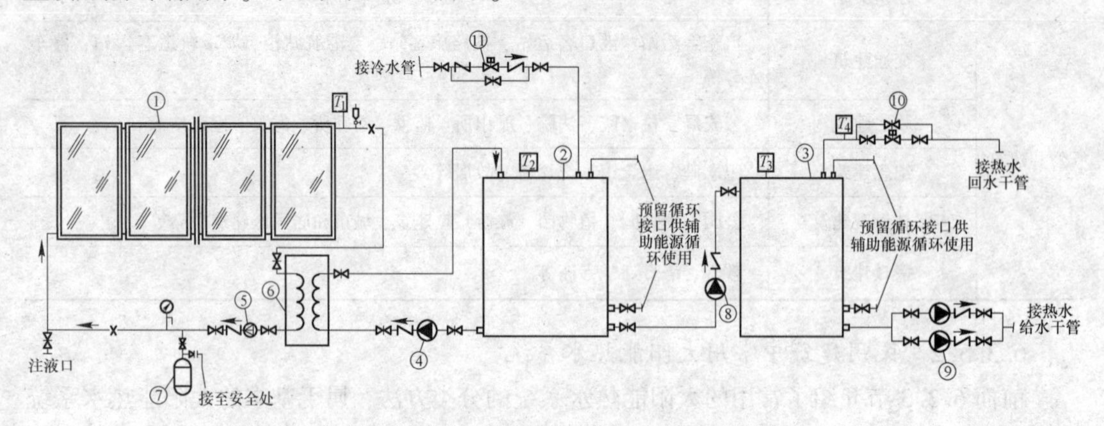

图 6-14　北方公共建筑热水系统原理示意图

1—集热器；2—储热水箱；3—供水水箱；4，5—循环水泵；6—换热器；
7—膨胀罐；8，9—水泵；10—电磁阀；11—补水电磁阀

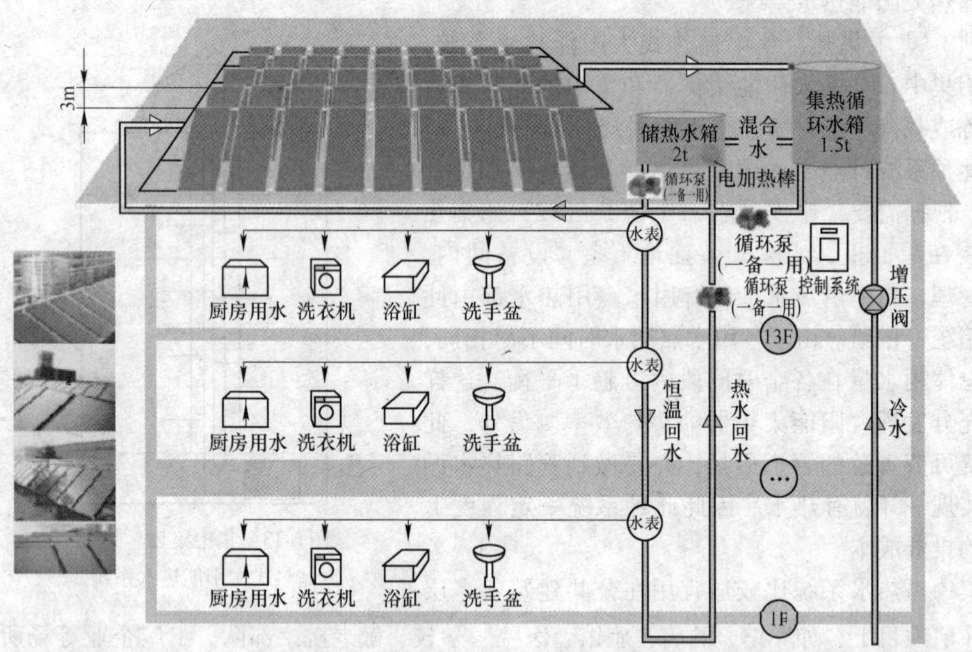

图 6-15　南方不结冰地区集中集热、集中储热直接式太阳能热水系统

（2）集中集热、分散储热式太阳能供热水系统。即集热器集中布置，而储水箱分户布置的供热水系统。此种系统特点是太阳能集热器是公用的，而储水箱则是分户布置各自使用的。集热器根据需要集中安装在一个公共区域，如集热器安装在屋面上，水箱则可以根据需要安装在阳台、卫生间、设备间等地方，集热器通过主循环管路与每个分户水箱相连，并通过循环将各水箱内水加热，如图 6-16 所示。这种系统由于每户都要安装一台水箱，因此总体上投资会大于集中集热集中供热水系统。

集热器集中安装，每户都设置一小水箱，且水箱内一般都设置有换热器，集热器出口端和主循环管路底部各设置一个温度传感器，分户水箱内也装有温度传感器，每一户水箱和主循环管路的循环管路上都安装有一个常闭电磁阀。这种系统一般安装有两套控制器，一个公用的主控制器和每户都分别设置一个分控制器。

集中集热、分散储热式太阳能供热水系统一般为间接系统。其工作原理是：太阳能集热器吸收太阳光的能量并转化为热能，传递给内部的导热介质，使介质温度升高。主控制器检测到集热器出口温度传感器和主管路上设置的温度传感器之间温差达到设定要求时，主控制器启动循环泵对主管路和集热器之间进行循环。分户设置的分控制器检测到水箱内温度传感器和主循环管路上的温度传感器之间温差达到设定温度时，分户设置的控制器就水箱内水的温度相差达到控制器设置温度点，控制器即打开电磁阀，使水箱与主循环管路进行换热。如此周而复始，直到将水箱内所有水加热到设置温度。

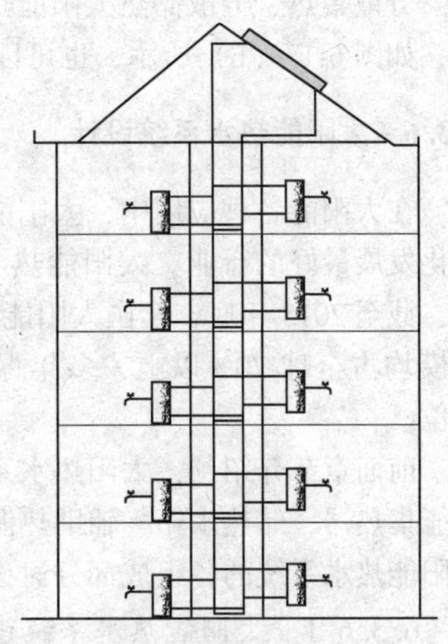
图 6-16 集中集热、分散储热式

和集中集热集中供热水系统一样，在北方结冰地区，导热介质一般用太阳能专用防冻液或导热油循环，循环介质和终端用水分开。而在南方不结冰地区，导热介质可以直接用水。

集中供热水系统比较适宜用在多层公寓住宅项目上。每户应安装有热水计量装置。

(3) 分散集热、分散储热太阳能热水系统。分散集热、分散储热太阳能热水系统是采用分户的太阳能集热器和分户的储水箱供给各个用户所需热水的小型系统。目前市场上常见的家用太阳能热水器都是属于这种系统。具体到产品类型来说又分为阳台式太阳能热水系统（见图 6-17（a））和分体别墅型太阳能热水系统两种类型（见图 6-17（b））。

这种系统特点是每一户都是一个独立的热水系统，互不干涉。不存在收费问题，使用方便，维护及管理容易。

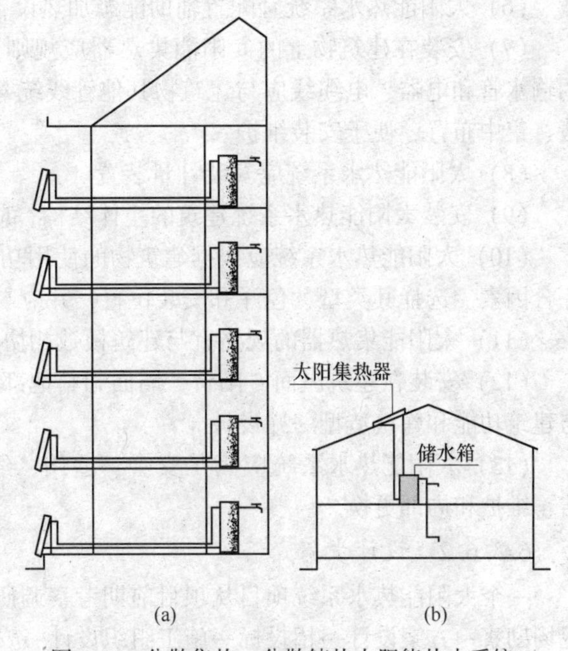

图 6-17 分散集热、分散储热太阳能热水系统

这种系统和前两种热水系统一样，在北方结冰地区，导热介质一般用太阳能专用防冻液或导热油循环，循环介质和终端用水分开。而在南方不结冰地区，导热介质可以直接用水。

分散集热、分散储热太阳能热水系统比较适宜用在独立式住宅、别墅、低层联排住宅上，如图6-17（b）所示，也可以安装在多层公寓住宅中，如图6-17（a）所示。

6.3.6　太阳能热水系统设计

在太阳能各种应用中，太阳能热水应用是太阳能热利用领域发展最成熟，规模化、产业化发展最好的行业。太阳能热利用行业形成了材料、产品、工艺、装备和制造全产业链，截至2015年底，全国太阳能集热面积保有量达到4.4亿平方米，年生产能力和应用规模均占全球70%以上，多年保持全球太阳能热利用产品制造和应用规模最大国家的地位。

前面章节介绍到，太阳热水系统一般由集热、储热、辅热、传热和控制五部分，即太阳能集热器、储热水箱、辅助热源、泵、循环管道、控制系统和相关附件组成。本节将从太阳能热水系统的各组成部分讨论太阳能热水系统的设计方法。

6.3.6.1　太阳能热水系统设计基本要求

（1）太阳能热水系统设计和建筑设计应适应使用者的生活规律，结合日照和管理要求，创造安全、卫生、方便、舒适的生活环境。

（2）太阳能热水系统设计应充分考虑用户使用、施工安装和维护等要求。

（3）太阳能热水系统类型的选择，应根据建筑物类型、使用要求、安装条件等因素综合确定。

（4）在既有建筑上增设或改造已安装的太阳能热水系统，必须经建筑结构安全复核，并应满足建筑结构及其他相应的安全性要求。

（5）建筑物上安装太阳能热水系统，不得降低相邻建筑的日照标准。

（6）太阳能热水系统宜配置辅助能源加热设备。

（7）安装在建筑物上的太阳能集热器应规则有序、排列整齐。太阳能热水系统配备的输水管和电器、电缆线应与建筑物其他管线统筹安排、同步设计、同步施工，安全、隐蔽、集中布置，便于安装维护。

（8）太阳能热水系统应安装计量装置。

（9）安装太阳能热水系统建筑的主体结构，应符合建筑施工质量验收标准的规定。

（10）太阳能热水系统应根据建筑物的使用功能、地理位置、气候条件和安装条件等综合因素，选择其类型、色泽和安装位置，并应与建筑物整体及周围环境相协调。

（11）太阳能集热器的规格宜与建筑模数相协调。

（12）安装在建筑屋面、阳台、墙面和其他部位的太阳能集热器、支架及连接管线应与建筑功能和建筑造型一并设计。

（13）太阳能热水系统应满足安全、适用、经济、美观的要求，并应便于安装、清洁、维护和局部更换。

6.3.6.2　设计步骤

一个太阳能热水系统项目从项目前期考察调研一直到系统的验收一般遵循以下步骤：现场勘察→方案设计→招投标→施工组织设计→安装→验收。其中方案设计又包括系统选择→热负荷计算→集热系统设计→设备选型→管路水力计算→系统经济、环境效益分析→设计文件输出。

6.3.6.3 现场勘察

在进行工程设计之前，应进行现场勘察，尽可能详细的了解用户需求相关信息，仔细填写用户调查表，以便于进行针对性的设计，这样设计的方案才能适用。

表 6-14 为工程项目用户调查表。场地情况方便拍照时应注意留存照片。另外如果有条件应注意向甲方索取工程的总体规划图、建筑施工图、建筑给排水图、建筑电路图等资料，以备后面设计需要。

现场勘察一般应了解以下几个方面的内容：环境条件、用水情况或用热情况、场地情况、水电情况、原有设备的运行情况。

表 6-14 工程项目用户调查表

<table>
<tr><td>工程名称</td><td colspan="2"></td><td>项目所在地址</td><td colspan="2"></td></tr>
<tr><td>甲方</td><td></td><td>联系人</td><td></td><td>电话</td><td></td></tr>
<tr><td colspan="6">项目简介</td></tr>
<tr><td colspan="2">调查项目</td><td colspan="3">具体情况</td><td>备注</td></tr>
<tr><td colspan="6">冷水水源状况</td></tr>
<tr><td colspan="2">水源类型</td><td colspan="3"></td><td></td></tr>
<tr><td colspan="2">平均/最高/最低温度</td><td colspan="3"></td><td></td></tr>
<tr><td colspan="2">平均/最高/最低压力</td><td colspan="3"></td><td></td></tr>
<tr><td colspan="2">压力是否稳定</td><td colspan="3"></td><td></td></tr>
<tr><td colspan="2">pH 值</td><td colspan="3"></td><td></td></tr>
<tr><td colspan="2">硬度</td><td colspan="3"></td><td></td></tr>
<tr><td colspan="2">含沙量</td><td colspan="3"></td><td></td></tr>
<tr><td colspan="6">室内管路状况</td></tr>
<tr><td colspan="2">冷水管材质</td><td colspan="3"></td><td></td></tr>
<tr><td colspan="2">热水管材质</td><td colspan="3"></td><td></td></tr>
<tr><td colspan="2">是否有室内管路布置图</td><td colspan="3"></td><td></td></tr>
<tr><td colspan="2">室内管路有无保温</td><td colspan="3"></td><td></td></tr>
<tr><td colspan="2">室内管路管径</td><td colspan="3">热水：　　　　冷水：</td><td></td></tr>
<tr><td colspan="2">是否有过滤装置/名称/位置</td><td colspan="3"></td><td></td></tr>
<tr><td colspan="2">水管预留情况</td><td colspan="3"></td><td></td></tr>
<tr><td colspan="6">现有热水供应情况</td></tr>
<tr><td colspan="2">供热水方式</td><td colspan="3">全天供水　定时供水（时间：　　）</td><td></td></tr>
<tr><td colspan="2">洗浴方式</td><td colspan="3">淋浴　　池浴　　其他</td><td></td></tr>
<tr><td colspan="2">用水器具</td><td colspan="3">手控淋浴器　　脚踏式淋浴器
感应式淋浴器　　磁卡控制　其他</td><td></td></tr>
</table>

续表 6-14

调查项目	具体情况	备注
用热水点数量		
平均人数/温度/水量		
热水量状况	有余量 正好够用 不足 水温	
是否增压	是 不是	
是否即开即热	是 不是	
控制方式	全自动 半自动 手动	
热源种类	电锅炉（热水器） 燃油锅炉 蒸汽锅炉（热水器） 燃煤锅炉	
热源使用年限		
每年大约费用		
计划供热水状况		
供热水方式	全天供水 定时供水（时间： ）	
洗浴方式	淋浴 池浴 其他	
用热水点数量/位置		
平均人数/温度/水量		
是否即开即热及水温		
供水压力		
冷水补水方式		
辅助热源种类	电加热 蒸汽锅炉 燃气锅炉（热水器） 燃煤锅炉	
电力供应状况		
是否具备三相电及供电稳定性		
最大承受负荷		
目前负荷		
有无预留/位置/线径		
场地情况		
屋面结构及角度	平顶 尖顶 复合式（彩钢瓦、水泥预制、其他）	
建筑朝向		
楼层高度		
避雷带分布/安装		
防水层材料/厚度		
防水层使用寿命		
承重位置		
楼顶设计载荷		

续表 6-14

调查项目	具体情况	备注
楼顶可用面积		
有无女儿墙/高度		
四周有无遮挡		
垂直距离、高度差		
楼顶有无障碍物		
障碍情况描述		
管道预留位置		
有无设备间		
水箱及安装场地情况描述		
循环泵及主要部件的品牌		
拟采用管路、保温、外保护层材料	镀锌管、PP-R 管、铝塑复合管、不锈钢管， 聚乙烯、聚苯乙烯、岩棉、聚氨酯、其他， 铝箔、沥青布、金属板材、其他	
环境条件		
当地经纬度		
平均/最高/最低气温		
阴雨、雪天数		
是否雷击区/历年遭雷击情况		
最大风力/风向		
沙尘状况	经常有沙尘　　偶尔有 个别季节有　　其他	
积雪厚度		

6.3.6.4 太阳能热水系统方案设计

太阳能热水系统设计应遵循节水节能、经济实用、安全简便、便于计量的原则。根据建筑形式、辅助能源种类和热水需求等条件，针对性的进行设计。

A 太阳能热水系统技术要求

(1) 太阳能热水系统的热性能应满足相关太阳能产品国家现行标准和设计的要求，系统中集热器、储水箱、支架等主要部件的正常使用寿命不应少于10年。

(2) 太阳能热水系统应安全可靠，内置加热系统必须带有保证使用安全的装置。并根据不同地区应采取防冻、防结露、防过热、防雷、抗雹、抗风、抗震等技术措施。

(3) 辅助能源加热设备种类应根据建筑物使用特点、热水用量、能源供应、维护管理及卫生防菌等因素选择，并应符合现行国家标准 GB 50015—2003《建筑给水排水设计规范》的有关规定。

(4) 系统供水水温、水压和水质应符合现行国家标准 GB 50015—2003《建筑给水排水设计规范》的有关规定。

（5）集中集热、集中储热式供热水系统宜设置热水回水管道，热水供应系统应保证干管和立管中的热水循环。

（6）集中集热、分散储热式太阳能供热水系统应设置热水回水管道，热水供应系统应保证干管、立管和支管中的热水循环。

（7）分散集热、分散储热式太阳能供热水系统可根据用户的具体要求设置热水回水管道。

（8）水质要求

太阳能热水系统供应生活热水的水质卫生指标，应符合国家现行标准 GB 5749《生活饮用水卫生标准》的要求，可参见本书附录 3。

太阳能热水系统集中供应热水时原水的水处理应根据当地水质，系统供水水量、水温、使用要求和太阳能集热器构造等因素，经技术经济比较按 GB 50015—2003 中第 5.1.3 条的如下规定确定。

（1）洗衣房日用热水量（按 60℃计）大于或等于 $10m^3$ 且原水总硬度（以碳酸钙计）大于 300mg/L 时，应进行水质软化处理，原水总硬度（以碳酸钙计）为 150 ~ 300mg/L 时，宜进行水质软化处理。

（2）其他生活日用热水量（按 60℃计）大于或等于 $10m^3$ 且原水总硬度（以碳酸钙计）大于 300mg/L 时，宜进行水质软化或稳定处理。

（3）经软化处理后的水质总硬度宜为：洗衣房用水 50 ~ 100mg/L；其他用水 75 ~ 150mg/L。

（4）水质稳定处理应根据水的硬度、适用流速、温度、作用时间或有效长度及工作电压等选择合适的物理处理或化学稳定剂处理方法。

（5）系统对溶解软控制要求较高时，宜采取除氧措施。

B 太阳能热水系统类型选择

太阳能热水系统设计选用见表 6-15。

表 6-15 太阳能热水系统设计选用表

太阳能热水系统类型		居住建筑			公共建筑		
		低层	多层	高层	宾馆医院	游泳馆	公共浴室
集热与供热水范围	集中供热水系统	●	●	●	●	●	●
	集中-分散供热水系统	●	●	—	—	—	—
	分散供热水系统	●	—	—	—	—	—
系统运行方式	自然循环系统	●	●	—	●	●	●
	强制循环系统	●	●	●	●	●	●
	直流式系统	—	●	●	●	●	●
集热器内传热工质	直接系统	●	●	●	●	—	●
	间接系统	●	●	●	●	●	●

续表 6-15

太阳能热水系统类型		居住建筑			公共建筑		
		低层	多层	高层	宾馆医院	游泳馆	公共浴室
辅助能源安装位置	内置加热系统	●	●	—	—	—	—
	外置加热系统	—	●	●	●	●	●
辅助能源启动方式	全日自动启动系统	●	●	●	●	●	—
	定时自动启动系统	●	●	●	—	●	●
	按需手动启动系统	●	—	—	—	●	●

注：表中“●”为可选用项目。

选择原则：太阳能热水系统类型的选择，主要依据用户的用水需求，即用水温度、用水量、用水时间、用水方式、当地的气象条件、建筑场地条件、经济性等因素，有针对性的作综合分析，选择合适的系统。不必太在意系统的流动方式对全日效率会产生什么影响。已有的各系统性能分析的结果表明，只要使用热性能、采光面积和安装倾角均相同的集热器，其单位面积的产水温度和产水量也相同，且系统保温性能均良好，则在同一地区，同时运行的不同类型太阳热水系统的日效率相差无几。

C　系统热负荷计算

住宅和公共建筑内，生活热水用水定额应根据水温、卫生设备完善程度、热水供应时间、当地气候条件、生活习惯和水资源情况等确定。根据 GB 50015—2003（2009 年版）《建筑给水排水设计规范》，集中供应热水时，各类建筑的热水用水定额应按表 6-2、表 6-3 确定。卫生器具的一次和一小时热水用水定额和水温应按表 6-7 确定。在计算热水系统的耗热量时，冷水温度应以当地最冷月平均水温资料确定。无水温资料时，可参照表 6-6 确定。水加热器的出口最高水温和配水点的最低水温参见表 6-4。盥洗、沐浴和洗涤用热水的水温参见表 6-5。

a　系统日耗热量、热水量计算

全日供热水的住宅、别墅、招待所、培训中心、旅馆、宾馆、医院住院部、养老院、幼儿园、托儿所（有住宿）等建筑的集中热水供应系统的日耗热量、热水量可分别按下列公式计算：

$$Q_d = \frac{mq_r C(t_r - t_l)\rho_r}{86400} \tag{6-15}$$

式中，Q_d 为日耗热量，W；m 为热水计算单位数，人数或床位数；q_r 为热水用水量定额，L/(人·d)或 L/(床·d)，见表 6-2；C 为水的比热容，$C = 4187$J/(kg·℃)；t_r 为热水温度，℃，$t_r = 60$℃；t_l 为冷水温度，℃，按表 6-6 采用；ρ_r 为热水密度，kg/L。

$$q_{rd} = \frac{86400Q_d}{c(t_r - t_l)\rho_r} \tag{6-16}$$

$$q_{rd} = q_r m \tag{6-17}$$

式中，q_{rd} 为设计日热水量，L/d；m 为用水计算单位数，人数或床位数；q_r 为热水用水量定额，L/(人·d)或L/(床·d)，见表6-2和表6-3；C为水的质量热容，$C=4187\text{J}/(\text{kg}\cdot℃)$；$t_r$为设计热水温度，℃；$t_1$为设计冷水温度，℃；$\rho_r$为热水密度，kg/L。

b 设计小时耗热量、热水量计算

(1) 设计小时耗热量计算。

1) 设有集中热水供应系统的居住小区的设计小时耗热I按下列情况分别计算。

①当居住小区内配套公共设施的最大用水时段与住宅的最大用水时段一致时，应按两者的设计小时耗热量叠加计算。

②当居住小区内配套公共设施的最大用水时间段与住宅的最大用水时段不一致时，应按住宅的设计小时耗热量加配套公共设施的平均小时耗热量叠加计算。

2) 全日供应热水的宿舍（Ⅰ、Ⅱ类）、住宅、别墅、酒店式公寓、招待所、培训中心、旅馆、宾馆的客房（不含员工）、医院的住院部、养老院、幼儿园、托儿所（有住宿）、办公楼等建筑的集中热水供应系统的设计小时耗热量应按下式计算：

$$Q_h = K_h \frac{mq_r C(t_r - t_1)\rho_r}{3600T} \tag{6-18}$$

式中，Q_h为设计小时耗热量，W；m为热水计算单位数，人数或床位数；q_r为热水用水量定额，L/(人·d)或L/(床·d)，见表6-2和表6-3；C为水的质量热容，$C=4187\text{J}/(\text{kg}\cdot℃)$；$t_r$为热水温度，℃，$t=60℃$；$t_1$为冷水温度，℃，按表6-6采用；$\rho_r$为热水密度，kg/L；$T$为每日使用时间，h，按表6-2采用；$K_h$为热水小时变化系数，可按表6-16中数据选取。

表6-16 热水小时变化系数K_h值

类别	住宅	别墅	酒店式公寓	宿舍（Ⅰ、Ⅱ类）	招待所培训中心、普通旅馆	宾馆	医院	幼儿园托儿所	养老院
热水用水定额/L/[人(床)·d]$^{-1}$	60~100	70~110	80~100	40~80	25~50 40~60 50~80 60~100	120~160	60~100 70~130 110~200 100~160	20~40	50~70
使用人（床）数	≤100~≥6000	≤100~≥6000	≤150~≥1200	≤150~≥1200	≤150~≥1200	≤150~≥1200	≤50~≥1000	≤50~≥1000	≤50~≥1000
K_h	4.8~2.75	4.21~2.47	4.00~2.58	4.80~3.20	3.84~3.00	3.33~2.60	3.63~2.56	4.80~3.20	3.20~2.74

注：1. K_h应根据热水用水定额高低、使用人（床）数多少取值，当热水用水定额高、使用人（床）数多时取低值，反之取高值，使用人（床）数小于等于下限值及大于等于上限值的，K_h就取下限值及上限值，中间值可用内插法求得。

2. 设有全日集中热水供应系统的办公楼、公共浴室等表中未列入的其他类建筑的K_h值可按GB 50015—2003（2009年版）《建筑给水排水设计规范》中表3.1.10中给水的小时变化系数选值。

3) 定时供应热水的住宅、旅馆、医院及工业企业生活间、公共浴室、宿舍（Ⅲ、Ⅳ类）、剧院化妆间、体育场（馆）运动员休息室等建筑，其集中热水供应系统的设计小时耗热量应按下式计算：

$$Q_h = \sum \frac{q_h C(t_r - t_1)\rho_r N_0 b}{3600} \tag{6-19}$$

式中，Q_h 为设计小时耗热量，W；q_h 为卫生器具的热水小时用水定额，L/h，见表 6-7；N_0 为同类型卫生器具数；C 为水的比热容，$C = 4187\text{J}/(\text{kg}\cdot℃)$；$t_r$ 为热水温度,℃，按表 6-3～表 6-5 采用；t_1 为冷水温度,℃，见表 6-6；ρ_r 为热水密度，kg/L；b 为同类型卫生器具同时使用的百分数（见表 6-17）；住宅、旅馆、医院、疗养院病房的卫生间内浴盆或淋浴器可按 70%～100%计，其他器具不计，但定时连续供水应大于等于 2h；工业企业生活间、公共浴室及学校、剧院、体育场（馆）等浴室内的淋浴器和洗脸盆均按 100%计；住宅一户带多个卫生间时，可只按一个卫生间计算。

表 6-17　住宅浴盆同时使用百分数　（%）

浴盆数	1	2	3	4	5	6	7	8	9	10	15
同时使用百分数	100	85	75	70	65	60	57	55	52	49	45
浴盆数	30	25	30	40	50	100	150	200	300	400	≥1000
同时使用百分数	42	39	37	35	34	31	29	27	26	25	24

注：住宅、旅馆、医院、疗养院病房定时连续供水时间不小于 2h。

4）具有多个不同使用热水部门的单一建筑或具有多种使用功能的综合性建筑，当其热水由同一热水供应系统供应时，设计小时耗热量可按同一时间内出现用水高峰的主要用水部门的设计小时耗热量加其他用水部门的平均小时耗热量计算。

（2）热水量的计算

设计小时热水量可按下式计算：

$$q_{rh} = \frac{Q_h}{1.163(t_r - t_1)\rho_r} \tag{6-20}$$

式中，q_{rh} 为设计小时热水量，L/h；Q_h 为设计小时耗热量，W；t_r 为热水温度,℃；t_1 为冷水温度,℃；ρ_r 为热水密度，kg/L。

全日制供应热水的可按下式计算：

$$Q_h = K_h \frac{mq_r}{T} \tag{6-21}$$

式中，Q_h 为最大小时热水用水量，L/h；q_r 为热水用水量定额，L/h；m 为用水计算单位数，人或床；T 为热水供应时间，h；K_h 为小时变化系数，全日制供应热水时，L/h。

定时供应热水的可按下式计算：

$$Q_h = \sum \frac{q_h n_0 b}{100} \tag{6-22}$$

式中，Q_h 为最大小时热水用水量，L/h；q_h 为卫生器具一小时的热水用水量，L/h；n_0 为同类型卫生器具数；b 为在 1h 内卫生器具同时使用的百分数。

D　集热面积计算

太阳能热水系统集热面积计算中，分为两种情况，一种是不带换热器的直接系统集热面积计算，一种是带换热器的间接系统集热面积计算。

一般来说，全年使用的太阳能热水系统在计算时采用全年平均气象参数，侧重于春季、夏季、秋季使用的太阳能热水系统，在计算时采用春分或秋分所在月的月平均气象参数，侧重于冬季使用的太阳能热水系统在计算时采用 12 月的月平均气象参数。

（1）直接系统集热器总面积的计算。直接系统集热器总面积可由下面公式计算：

$$A_c = \frac{Q_w C_w (t_{end} - t_i) f}{J_T \eta_{cd} (1 - \eta_L)} \tag{6-23}$$

式中，A_c 为直接系统集热器总面积，m^2；Q_w 为日平均用热水量，平均日用水定额按不高于表 6-2、表 6-3 热水最高用水定额下的下限值取值；kg；t_{end} 为储水箱内水的设计终止温度（用水温度），℃；C_w 为水的定压比热容，4.187kJ/(kg·℃)；t_i 为水的初始温度，℃；J_T 为当地集热器总面积上的年平均日或月平均日太阳辐照量，kJ/m^2；f 为太阳能保证率，无量纲，根据系统使用期内的太阳辐照、系统经济性及用户要求等因素综合考虑后确定，一般在 0.30~0.80 范围内，可参照表 6-18 选取；η_{cd} 为集热器年或月平均集热效率，无量纲，具体取值根据集热器产品的实际测试结果而定，根据经验值一般取 0.40~0.55；η_L 为管路及储水箱热损失率，无量纲，根据经验值一般取 0.2~0.3。

表 6-18　不同地区太阳能保证率的选值范围

资源区划	年太阳辐照量 /$MJ \cdot m^{-2} \cdot a^{-1}$	太阳能保证率	资源区划	年太阳辐照量 /$MJ \cdot m^{-2} \cdot a^{-1}$	太阳能保证率
Ⅰ资源丰富区	≥6700	≥60%	Ⅲ资源一般区	4200~5400	40%~50%
Ⅱ资源较富区	5400~6700	50%~60%	Ⅳ资源贫乏区	<4200	≤40%

（2）间接系统太阳能集热器总面积。间接系统与直接系统相比，由于增加了换热器，在获得相同温度热水的情况下，间接系统比直接系统的集热器运行温度高，造成集热器效率降低，因此间接系统的集热器面积在相同热负荷条件下需要更大一些，成本也更高一些。间接系统集热器总面积可由下面公式计算：

$$A_{in} = A_c \cdot \left(1 + \frac{F_R U_L \cdot A_c}{U_{hx} \cdot A_{hx}}\right) \tag{6-24}$$

式中，A_{in} 为间接加热系统的太阳能集热器总面积，m^2；A_c 为直接加热系统太阳能集热器总面积，m^2；$F_R U_L$ 为集热器总热损系数，W/(m^2·℃)；平板型集热器 $F_R U_L$ 一般为 4~6 W/(m^2·℃)，真空管集热器 $F_R U_L$ 一般为 1~2W/(m^2·℃)；U_{hx} 为换热器传热系数，W/(m^2·℃)；A_{hx} 为换热器换热面积，m^2；

（3）集热器年或月平均集热效率 η_{cd} 的确定

集热器年或月平均集热效率 η_{cd} 主要通过实验确定，依照国家标准 GB/T 4271—2007《太阳能集热器热性能试验方法》进行测试。太阳能集热器产品的实测效率方程分为一次方程和二次方程，由检测机构根据实测参数的拟合情况选择是给出一次方程或二次方程。图 6-18 为集热器瞬时效率一次方程曲线示意，图中纵坐标为集

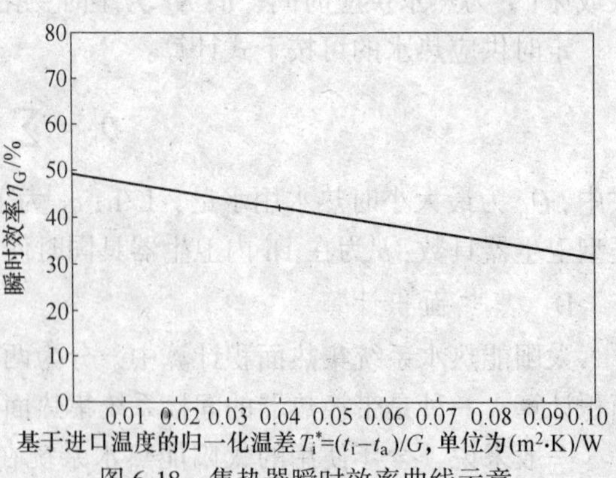

图 6-18　集热器瞬时效率曲线示意

热器瞬时效率，横坐标为归一化温差 T^*。太阳能集热器的集热效率应根据选用产品的实际测试效率式（6-25）或式（6-26）进行计算。

1）一次方程为

$$\eta = \eta_0 - UT^* \tag{6-25}$$

式中，η 为以 T^* 为参考的集热器热效率，%；η_0 为 $T^*=0$ 时的集热器热效率，%；U 为以 T^* 为参考的集热器总热损失系数，W/(m²·K)；T^* 为归一化温差，(m²·K)/W。

2）二次方程为

$$\eta = \eta_0 - a_1 T^* - a_2 G(T^*)^2 \tag{6-26}$$

式中，a_1 为以 T^* 为参考的常数；a_2 为以 T^* 为参考的常数；G 为总太阳辐照度，W/m²。

$$T^* = (t_i - t_a)/G \tag{6-27}$$

式中，t_i 为集热器工质进口温度，℃；t_a 为环境温度，℃；

对太阳能热水系统，t_a取当地的年平均室外环境空气温度，对太阳能供热采暖系统，取12月的环境温度平均值；对直接系统，t_i取供暖系统的回水温度，间接系统取供暖系统的回水温度加换热器的换热温差。G 按式（6-28）计算。

计算太阳能集热器集热效率时，归一化温差计算的参数选择应符合下列原则：

单水箱时： $t_i = t_L/3 + 2t_e/3$

双或多水箱时： $t_i = t_L/3 + [2f(t_e - t_L)]/3$

式中，t_L 为当地的冷水温度，℃；t_e 为供热水设计温度，℃；f 为太阳能保证率。

总太阳辐照度 G 应按照下式计算：

$$G = H_y/(3.6S_y) \tag{6-28}$$

式中，H_y 为当地集热器采光面上的太阳总辐射年平均日辐照量，kJ/(m²·d)；S_y 为当地的年平均每日的日照小时数，h。

（4）太阳能热水系统水箱中水的终止设计温度的选定。太阳能热水系统水箱水温选用应符合表6-19热水供水要求。在满足热水供水温度要求前提下，应尽量降低水箱中水的终止设计温度。只供淋浴和盥洗用水时，终止设计水温一般选45~50℃。

表6-19 水箱终止设计最高水温和配水点的最低水温

水质处理情况	水箱中水的终止设计最高温度/℃	配水点最低水温/℃	
		供洗涤盆池洗涤用水	只供淋浴和盥洗用水
原水水质无需软化处理或原水水质需软化处理且有处理	75	50	40
原水水质需软化处理但未处理	60	50	40

（5）管路与储水箱的热损失率 η_L 的确定。管路与储水箱的热损失与管路和储水箱中的热水温度、保温状况以及环境和周边空气温度等因素有关。管路单位表面积的热损失可以参照式（6-29）计算：

$$q_l = \frac{\pi(t - t_a)}{\frac{1}{2\pi}\ln\frac{D_o}{D_i} + \frac{1}{aD_o}} \tag{6-29}$$

式中，D_i为管道保温层内径，m；D_o为管道保温层外径，m；t_a为保温结构周围环境的空气温度,℃；t 为设备及管道外壁温度,℃，对子金属外壁设备及管道，通常可取介质温度；a 为表面散热系数，W/(m^2 · ℃)。

储水箱的单位表面积的热损失可以参照以下公式计算：

$$q = \frac{t - t_a}{\dfrac{\delta}{\lambda} + \dfrac{1}{a}} \tag{6-30}$$

式中，λ 为保温材料热导率，W/(m^2 · ℃)；δ 为保温层厚度，m。

对于圆形水箱保温

$$\delta = \frac{D_o - D_i}{2}$$

根据以上公式计算得到的热损失总量与太阳能热水系统的得热量（$J_T\eta_{cd}$）的比值即为管路及储水箱的热损失率 η_L，当受条件限制无法进行精确计算时，可以取经验值为 0.20~0.30。周边环境温度较低，热水温度较高，保温较差时取上限，反之取下限。

(6) 间接系统换热器的选型计算。在间接式太阳能热水系统中，为了将循环介质与用水分开，常设置有换热器。常用的有盘管式换热器、夹套式换热器和板式换热器三种形式。一般储热水箱容积在 600L 以下的小型太阳能热水系统即家用太阳能热水系统中常用盘管式换热器和夹套式换热器。而在储热水箱容积在 600L 以上的大型太阳能热水系统中则常用板式换热器。

1) 换热量的计算

间接系统换热器换热量（太阳能集热系统提供的热量）可用下式计算：

$$Q_Z = \frac{k \times f \times Q_W \times C \times \rho_r \times (t_{end} - t_L)}{3600 \times S_Y} \tag{6-31}$$

式中，Q_Z 为太阳能集热系统换热量，W；k 为太阳辐照度时变系数，一般取 1.5~1.8，取高限对提高太阳能利用率有利，取低值对降低投资有利；f 为太阳能保证率，按照太阳能实际保证率计算；Q_W 为日平均用热水量，kg；C 为水的定压比热容，取 4.18KJ/(kg · ℃)；ρ_r 为水的密度，kg/L；t_{end} 为储水箱内水的设计温度,℃；t_L 为水的初始温度,℃；S_Y 为年或月平均单日日照小时数，h。

2) 换热面积的计算。间接系统换热器换热面积可用下式计算：

$$A_{hx} = \frac{C_r \times Q_Z}{\varepsilon \times K \times \Delta t_j} \tag{6-32}$$

式中，A_{hx} 为换热器换热面积，m^2；Q_Z 为系统换热量，W；K 为传热系数，W/(m^2 · K)，根据换热器厂家技术参数确定，在没有具体厂家技术参数的情况下，容积式水加热器可参照表 6-20、表 6-21 计算，半容积式水加热器可参照表 6-22 计算，加热水箱内加热盘管的传热系数可参照表 6-23 确定；ε 为结垢影响系数，取 0.6~0.8；C_r 为集热系统热损失系数，取 1.1~1.2；Δt_j 为计算温度差，根据集热器的性能确定，一般可取 5~10℃，集热性能好，温差取高值，否则取低值。

表 6-20 导流型容积式水加热器主要热力学性能参数

热媒＼参数	传热系数 K/W·m^{-2}·K^{-1}		热媒出水温度 t_{mz}/℃	热媒阻力损失 Δh_1/MPa	被加热水水头损失 Δh_2/MPa	被加热水温升 Δt/℃
	钢盘管	铜盘管				
70~150℃的高温水	616~945	680~1047 1150~1450 1800~2200	50~90	0.01~0.03 0.05~0.1 ≤0.1	≤0.005 ≤0.01 ≤0.01	≥35

注：1. 表中铜盘管的 K 值及 Δh_1、Δh_2 中的两行数字，由上而下分别表示 U 形管、浮动盘管和铜波节管三种导流型容积式水加热器的相应值。

2. 热媒为高温水时，K 值与 Δh_1 对应。

表 6-21 容积式水加热器主要热力学性能参数

热媒＼参数	传热系数 K/W·m^{-2}·K^{-1}		热媒出口温度 t_{mz}/℃	热媒阻力损失 Δh_1/MPa	被加热水水头损失 Δh_2/MPa	被加热水温升 Δt/℃	容器内冷水区容积率 V_L/%
	钢盘管	铜盘管					
70~150℃的高温水	326~349	384~407	60~120	≤0.03	≤0.005	≥23	25

注：容积式水加热器即传统的二行程光面 U 形管式容积式水加热器。

表 6-22 半容积式水加热器主要热力学性能参数

热媒＼参数	传热系数 K/W·m^{-2}·K^{-1}		热媒出水温度 t_{mz}/℃	热媒阻力损失 Δh_1/MPa	被加热水水头损失 Δh_2/MPa	被加热水温升 Δt/℃
	钢盘管	铜盘管				
70~150℃的热水	733~942	814~1047 1500~2000	50~85	0.02~0.04 0.01~0.1	≤0.005 ≤0.01	≥35

注：1. 表中铜盘管的 K 值及 Δh_1、Δh_2 中的两行数字，上行表示 U 形管，下行表示铜制 U 形波节管的相应值。

2. K 值与 Δh_1 对应。

表 6-23 加热水箱内加热盘管的传热系数

热媒性质	热媒流速/m·s^{-1}	被加热水流速/m·s^{-1}	K/W·m^{-2}·K^{-1}	
			钢盘管	铜盘管
高温热水	<0.5	<0.1	326~349	384~407

E 储水箱设计

直接利用用户用水作为储热介质储存太阳能集热器产生的热量，是目前各种热存储方式中无论是理论还是技术都最成熟、应用和推广也最普遍的技术。目前太阳能热水系统储水箱主要就是以水为储热介质的，分家用太阳能热水系统储水箱和大型工程用太阳能热水系统储水箱两大类。

a 家用太阳能热水系统储水箱

(1) 家用太阳能热水系统储水箱类型及特点。根据 GB/T 28746—2012《家用太阳能热水系统储水箱技术要求》中所述，家用太阳能热水系统储水箱分为封闭式、水槽供水式和开口式三类，其基本结构及主要部件如图 6-19~图 6-22 所示。

封闭式水箱目前市场上常用的有盘管式（见图 6-19）和夹套式（见图 6-20）两种结

构，此外还有小内胆式结构（见图 6-20（b））。此外这些水箱还有立式和卧式之分（见图 6-21、图 6-22）。

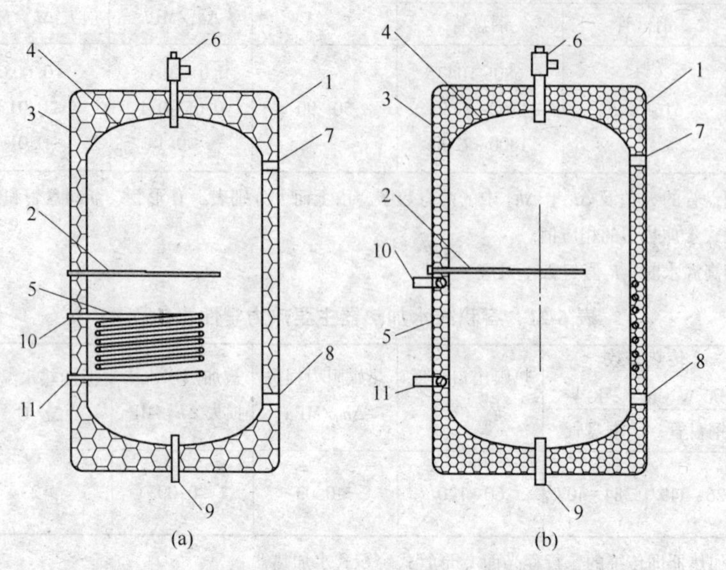

图 6-19　盘管式封闭储水箱基本结构和主要部件示意图

（a）内盘管；（b）外盘管

1—保温层；2—电加热（可选）；3—外皮；4—内胆；5—换热器；6—安全阀；
7—热水出口；8—冷水进口；9—排污口；10—介质进口；11—介质出口

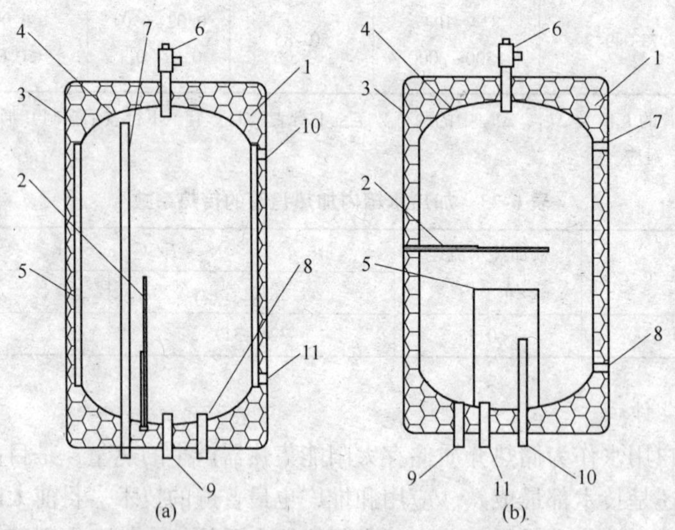

图 6-20　封闭储水箱基本结构和主要部件示意图

（a）夹套式；（b）小内胆式

1—保温层；2—电加热（可选）；3—外皮；4—内胆；5—换热器；6—安全阀；
7—热水出口；8—冷水进口；9—排污口；10—介质进口；11—介质出口

图 6-19（a）所示内盘管结构水箱。换热盘管在水箱内部，此种结构导热介质和水之间只需要经过两次换热，由于换热盘管整体浸泡在水中，换热较充分。图 6-19（b）所示外盘管结构，换热盘管紧贴在水箱内胆壁外侧，此种结构相较于内盘管结构，导热介质和

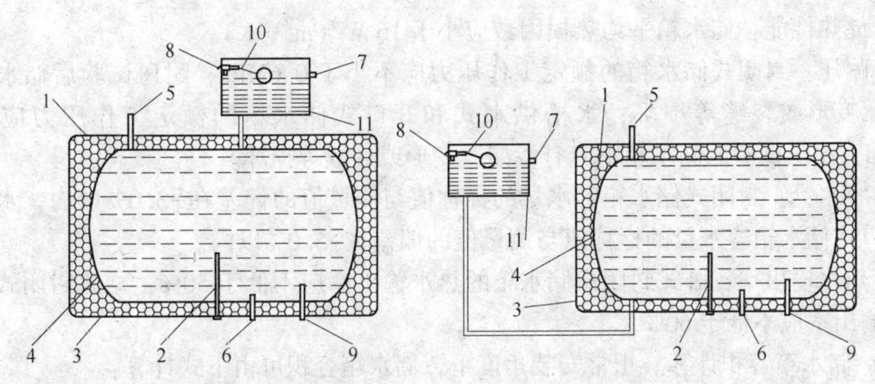

图 6-21 水槽供水式储水箱与开口式储水箱基本结构和主要部件示意图

(a) 水槽积水式；(b) 开口式

1—保温层；2—电加热（可选）；3—外皮；4—内胆；5—排气口；6—排污口；7—溢流口；8—冷水进口；9—热水出口；10—浮球阀；11—水槽

水之间换热较复杂，需要经过三次换热，且盘管和内胆壁之间容易有间隙，影响换热效率，但这种结构的优点是安全。由于这种结构水箱是为了实现双循环防冻功能，将导热介质和用户水隔离开而设计。所用导热介质和用户水为不同类型液体，导热介质一般为乙二醇水溶液、丙二醇水溶液或导热油。采用外盘管结构就可以消除由于盘管泄露导致导热介质混入用户用水的隐患。

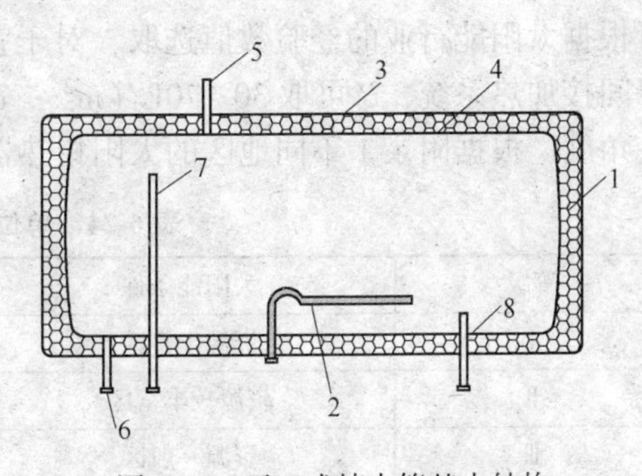

图 6-22 开口式储水箱基本结构和主要部件示意图

1—保温层；2—电加热器（可选）；3—外壳；4—内胆；5—排气口；6—排污口；7—溢流管；8—进出水口

夹套式水箱目前市场上常见结构如图 6-20(a) 所示。其结构为在水箱内胆外侧又套上一段钢管，钢管两端经缩口和内胆外壁焊接在一起，形成一个夹层，以存储导热介质。由于目前这种结构水箱为了解决防腐蚀问题，内胆都用的是搪瓷结构，但由于工艺限制，夹层内搪瓷搪不上，因而虽然水箱内胆里面腐蚀问题解决了，但夹层内仍然存在腐蚀的问题，影响水箱寿命。为了解决夹层腐蚀问题，近年市场上还出现了一种新型夹套结构，夹层用不锈钢做成一个由两层钢板焊接成一体的密封结构，就像两端开口的暖水瓶胆，上面焊上循环接口，直接套在内胆外壁。这种结构虽然解决了搪瓷夹套水箱夹套不能防腐蚀的问题，但也需要解决夹套层和内胆壁换热效率低的问题。

水槽供水式储水箱与开口式储水箱一般用作家用真空管太阳能热水器单机水箱。其特点是有与大气相通的排气口，属于常压水箱，此处不详细叙述。而与平板式太阳能集热器配套的家用水箱，一般都为封闭水箱。

(2) 家用太阳能热水系统储水箱性能要求。

1) 寿命：储水箱正常使用寿命不低于 10 年。

2) 对水质要求：储水箱材料及工艺不应对水质产生影响。

3）储热性能：储水箱平均热损因数应小于 16 W/(m² · K)。

4）耐压：封闭式储水箱的额定工作压力应不小于 0.6MPa，耐压试验后储水箱不应有渗漏、变形或裂缝等损坏；水槽供水式和开口式储水箱的额定工作压力应不小于 0.05MPa，耐压试验后储水箱不应有渗漏、变形或裂缝等损坏。

5）容水量：封闭式储水箱容水量的标称值与测量值的偏差在±3.0%以内；水槽供水式和开口式储水箱容水量的标称值与测量值的偏差在±5.0%以内。

6）热水输出率：卧式封闭式储水箱的热水输出率应不低于 50%，立式封闭式储水箱的热水输出率应不低于 60%。

（3）储水箱容积计算。正常安装角度下，储水箱容积可由下式计算：

$$V_{集} = A \times B \tag{6-33}$$

式中，$V_{集}$为集热系统储水箱有效容积，L；A 为太阳能集热器采光面积；B 为单位采光面积平均日产热水量 L/(m² · d)；单位采光面积平均日产热水量具体数值应根据当地日照条件、安装方式、集热器的实际测试结果而定。在无相关技术参数的情况下，一般来说，可根据太阳能行业的经验数值选取，对于直接加热系统，B 可取 40~100L/(m² · d)。对于间接加热系统，B 可取 30~70L/(m² · d)。取值范围可参照表 6-24。同时要看具体安装角度，根据附录 1 不同地区的太阳集热器补偿面积比 R_s 确定。

表 6-24 单位集热面积产热水量

等级	太阳能条件	单位采光面积产热水量/L · m⁻² · d⁻¹
Ⅰ	资源丰富区	70~100
Ⅱ	资源较丰富区	60~70
Ⅲ	资源一般区	50~60
Ⅳ	资源贫乏区	40~50

家用太阳能热水系统储水箱容积与集热器类型和面积相对应。若储水箱容积配比过大，系统有用能量收益增加。但辐照低的季节，水温过低，辅助能源供应比例会提高，若储水箱容积配比过小，水箱水温高，系统工作效率降低，在太阳辐照高的季节，水温会有过热隐患，甚至水会沸腾，闭式系统会影响系统安全。因此在设计太阳能系统时应根据地区不同合理选取水箱与集热器面积配比。

b 大型太阳能热水系统储水箱

大型太阳能热水系统的储水箱一般为常压水箱，目前市场上常用的有圆柱形整体水箱、方形组合水箱。如图 6-23 所示太阳能热水系统工程用大水箱。就材质来说，圆柱形水箱，一般内胆和外皮都是用不锈钢制成；方形组合式水箱，内胆有不锈钢、玻璃钢(SMC)、碳钢搪瓷等不同材质，外皮一般为玻璃钢或不锈钢。基本结构如图 6-24 所示。

（1）工程用储水箱基本要求。

1）储水箱必需保温。

2）水箱应有足够的强度和刚度，满水灌水试验后，水箱应不渗、不漏。

3）水箱壳体应做内表面防腐处理或选用耐腐蚀材料，以保证水质清洁，运行时不发生渗漏，使用寿命应达到 15 年以上。

4）储水箱结构应设计合理，为满足太阳能热水系统安全、稳定供水的要求，在储水

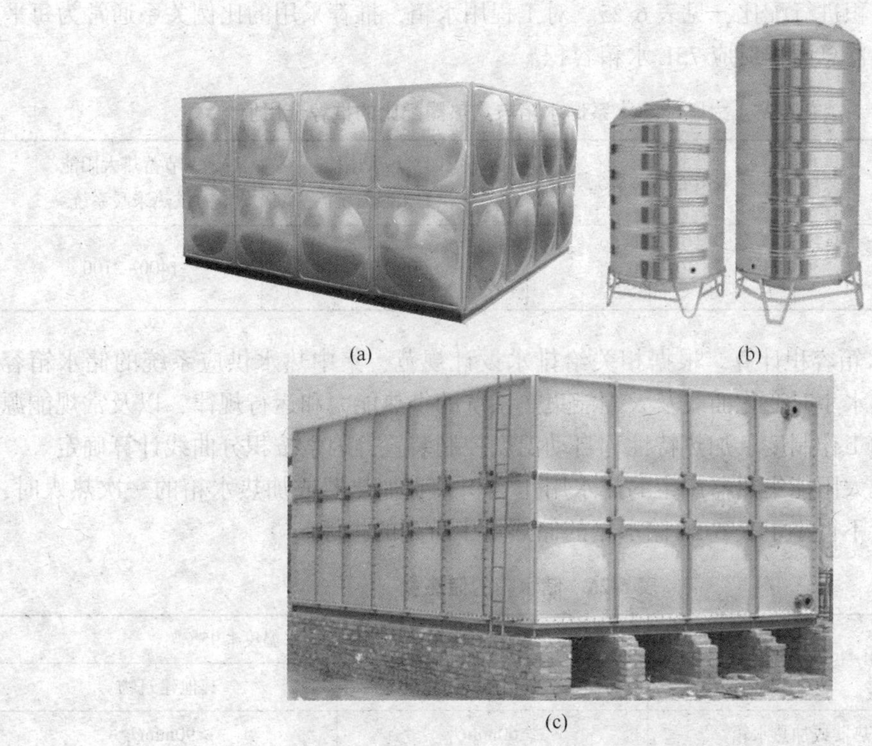

图 6-23 太阳能热水系统工程用大水箱

（a）不锈钢组合水箱；（b）不锈钢圆柱形水箱；（c）玻璃钢水箱

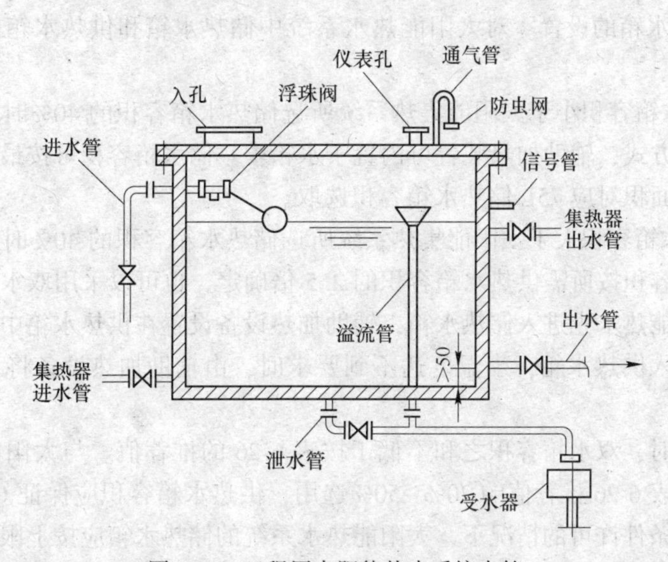

图 6-24 工程用太阳能热水系统水箱

箱的适当位置应设溢流管、排污管、排气管、温度显示（计）、水位显示（计），大于 3t 的储水箱还应设置必要的人孔以方便维护人员出入。

5）内部设置电加热元件的储热水箱，其内箱应做接地处理，接地应符合国家标准 GB 50169《电气装置安装工程接地装置施工及验收规范》的要求。

（2）储热水箱容积计算。储热水箱容积与太阳能集热器安装总面积有关，一般根据太阳能集热器面积进行配比，见表6-25。对工程用水箱，推荐采用的比例关系通常为每平方米太阳能集热器总面积对应75L水箱容积。

表6-25　太阳能热水系储水箱与集热器配比的推荐选用值

系统类型	太阳能热水系统	短期蓄热太阳能供热采暖系统	季节蓄热太阳能供热采暖系统
每平方米太阳能集热器储热水箱容积/L·m^{-2}	40~100	50~150	1400~2100

（3）供热水箱容积计算。根据相关给排水设计规范，集中热水供应系统的储水箱容积应根据日用热水小时变化曲线及太阳能集热系统的供热能力和运行规律，以及常规能源辅助加热装置的工作制度、加热特性和自动温度控制装置等因素按积分曲线计算确定。

间接式系统太阳能集热器产生的热水用作容积式水加热器或加热水箱的一次热媒时，储水箱的储热量不得小于表6-26储水箱的储热量中所列的指标。

表6-26　储水箱的储热量

加热设备	太阳能集热系统出水温度≤95℃	
	工业企业淋浴室	其他建筑物
容积式水加热器或加热水箱	≥60minQ_b	≥90minQ_b

注：Q_b 为设计小时耗热量（W）。

（4）系统储水箱的设置。对太阳能热水系统中储热水箱和供热水箱的布置，可参照以下原则：

1）当供热水箱容积小于太阳能集热系统所选储热水箱容积的40%时，太阳能热水系统采用单水箱的方式，辅助加热装置可内置于水箱中。储水箱容积可按最常用的每平方米太阳能集热器总面积对应75L储热水箱容积选取。

2）当供热水箱容积大于太阳能集热系统所选储热水箱容积的40%时，可以采用单水箱的方式，水箱容积按所需供热水箱容积的2.5倍确定，也可以采用双水箱的形式。采用双水箱时，太阳能热水先进入储热水箱，辅助加热设备设置在供热水箱中，利用太阳能将冷水预热后再送入供热水箱，当温度达不到要求时，由辅助加热设备将水温提高到要求温度。

采用双水箱时，双水箱容积之和不低于按表6-26的推荐值。与太阳能集热器相连的储水箱容积可按表6-26推荐值的20%~50%选用，供热水箱容积应保证GB 50015规定的最小储热量。在条件许可的情况下，太阳能热水系统的储热水箱应按上限值选取。为了保证供热的均匀性，储热水箱配备不宜低于20L/m^2。太阳能供热采暖系统生活热水水箱容积储热量应不低于90min设计小时耗热量，但也不宜高于日热水使用量。

对于以下太阳能热水系统：太阳能保证率较低的大型热水系统、全天24h热水供应系统以及以燃气、燃油和生物质锅炉为辅助热源的热水系统，为了实现安全稳定的用水，同时又不影响太阳能集热系统的效率和性能，储水箱宜采用双水箱或多水箱方式。和集热系统连接的水箱称为储热水箱，和热水供应管道连接的水箱称为供热水箱。

c 储水箱管路布置

储热水箱同时连接太阳能集热系统和热水供应系统。为更好地提高系统的热量，应充分利用水箱内水的分层效应，合理布置管路位置。

一般来说，热水供应出水管安排在水箱顶部，自来水补水从水箱下部补水，补水口距水箱底部 100~150mm。集热系统的循环进出水口应靠水箱下部，以加热整个水箱内部水，循环出口距水箱底部 100mm 左右，以防将水箱底部的沉淀物吸入集热器，集热系统的水箱循环进口接到水箱上部辅助热源之下。图 6-25 为水箱接管示意。

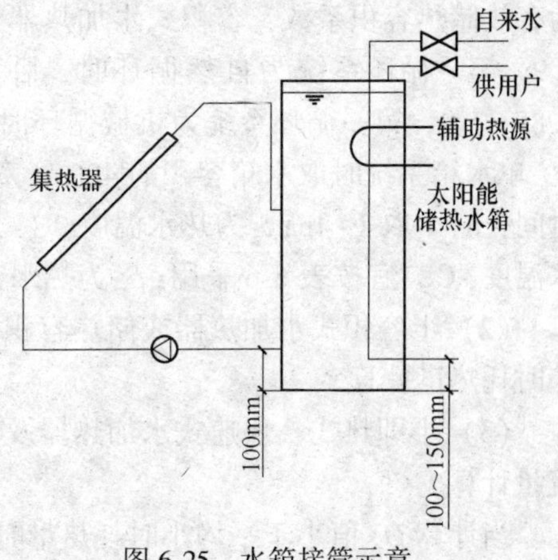

图 6-25 水箱接管示意

太阳能集中热水系统的储水箱的水位控制应考虑保持一定的安全容积，高水位应低于溢水口不少于 100mm，低水位应高于设计最低水位不小于 200mm。

F 辅助能源选择

由前面讲到的太阳能的特点我们了解到，地球表面太阳能具有间歇性及受天气影响的不确定性。但热水需求却要求稳定可靠的供应热水，这就要求太阳能热水系统应设置其他能源辅助加热/换热设备。同时由于太阳能间歇性特点，为了保证生活热水的供应质量，辅助热源选型应该按照不考虑太阳能的情况下，全部热水负荷都由辅助热源供应。

a 辅助热源选择

辅助热源应根据当地条件，选择城市热网、电、煤、燃气、燃油、工业余热或生物质燃料等。加热/换热设备选择各类锅炉、换热器和热泵等。表 6-27 为辅助热源设备选用推荐表。

表 6-27 辅助热源设备选用推荐表

能源形式	推荐选用设备
市政热力	优先利用工业余热、废热、地热等
热泵	可选用空气源、水源热泵
燃气	可采用燃气锅炉、热水机组
燃油	可采用燃油锅炉、热水机组
电	可采用电锅炉、热水机组。应充分利用低谷电

b 辅助热源供热量计算

辅助热源的设计小时供热量应根据日热水用量小时变化曲线、加热方式及加热设备的工作制度经积分曲线计算确定，或根据国家标准 GB 50015《建筑给水排水设计规范》推荐公式依据系统设计小时耗热量等参数进行计算。

(1) 容积式水加热器或储热容积与其相当的水加热器、热水机组，按下式计算：

$$Q_g = Q_h - 1.163\frac{\eta V_r}{T}(t_r - t_l)\rho_r \tag{6-34}$$

式中，Q_g 为容积式水加热器的设计小时供热量，W；Q_h 为热水系统设计小时耗热量，W；η 为有效储热容积系数，容积式水加热器 $\eta=0.7\sim0.8$，导流型容积式水加热器 $\eta=0.8\sim0.9$，第一循环系统为自然循环时，卧式储热水器 $\eta=0.8\sim0.85$，立式储热水罐 $\eta=0.85\sim0.9$，第一循环系统为机械循环时，卧、立式储热水器 $\eta=1.0$；V_r 为总储热容积，L，单水箱系统时取水箱容积的 40%，双水箱系统取供热水箱容积；T 为辅助加热量持续时间，h，T 取 2~4h；t_r 为热水温度，℃，按设计水加热器出水温度或储水温度计算；t_l 为冷水温度，℃，宜按表 6-6 采用；ρ_r 为热水密度，kg/L。

(2) 半容积式水加热器或储热容积与其相当的水加热器，热水机组的供热量按设计小时耗热量计算。

(3) 半即热式、快速式水加热器及其他无储热容积的水加热设备的供热量按设计秒流量计算。

当计算 Q_g 值小于平均小时耗热量时，Q_g 应取平均小时耗热量。容积式和半容积式水加热器使用的热媒主要为蒸汽或热水。辅助热源的控制应在保证充分利用太阳能集热量的条件下。根据不同的热水供水方式采用手动控制、全日自动控制或定时自动控制。

G 系统布置

储水箱和集热器的安装位置应充分考虑在满载情况下建筑物的承载能力，必要时应请建筑结构专业人员复核建筑荷载。安装热水系统不应破坏建筑物的整体外观效果，应避免集热器的反射光对附近建筑物造成光污染。另外，为了减少系统热损失及循环阻力，在确保建筑物承重安全的前提下，储水箱和集热器的相对位置应使循环管路尽可能短。

a 集热器布置

(1) 集热器朝向及安装倾角。本书附录 1 为用模拟软件计算得出的我国代表城市的太阳能集热器在不同安装倾角和安装方位条件下进行太阳能量收集的相互关系。按照附录 1 中对应地区的表格，选择 R_s 为 100%或大于 95%范围内的倾角和方位角确定太阳能集热器定位。根据计算软件模拟的结果，太阳能集热器宜朝向正南，或南偏东、偏西 30°的朝向范围内设置，受条件限制集热器不能按上述朝向范围设置时，也可以加大南偏东、偏西的角度或完全偏向东、西向设置，但应根据附录 1 表格，合理增加集热器面积并进行经济效益分析。方法如下。

按照附录 1 中对应地区的表格选择近似等于太阳能集热器安装方位角和倾角所对应的 R_s 值，然后代入下式求得进行补偿后的太阳能集热器面积。

$$A_B = A_s / R_s \tag{6-35}$$

式中，A_B 为进行面积补偿后实际确定的太阳能集热器面积；A_s 为根据热负荷计算得出的太阳能集热器面积；R_s 为附录 1 对应地区表格中，近似等于太阳能集热器安装方位角和倾角所对应的补偿面积比。

太阳能热水系统，太阳能集热器安装倾角宜选择在当地纬度±10°的范围内。太阳能供热采暖系统安装倾角宜选择在当地纬度-10°~+20°的范围内，受实际条件限制时，可以超出范围，但应合理增加集热器面积，并进行经济效益分析。

根据热负荷计算得到的系统集热器总面积，在建筑围护结构表面不够安装时，可按围护结构表面最大容许安装面积确定系统集热器总面积，以尽可能多地利用太阳能。

（2）集热器前后排间距计算。太阳能集热器一般安装在屋顶、阳台或朝南方向外墙等建筑围护结构上。安装位置不应有任何障碍物遮挡阳光，并宜选择在背风处，以减少热损失。

设计为全年运行的系统，宜保证春分/秋分日（此时赤纬角 $\delta=0$）的阳光照射到集热器表面上的时间不低于 6h；主要在春、夏、秋三季运行的系统，宜保证春分/秋分日（此时赤纬角 $\delta=0$）阳光照射到集热器表面上的时间不低于 8h；主要在冬季运行的系统，宜保证冬至日（此时赤纬角 $\delta=-23°57'$）阳光照射到集热器表面上的时间不低于 4h。

因而太阳能集热器在安装时，不仅要注意周围不能有别的障碍物遮挡阳光，还要注意前后排集热器本身的遮挡问题。要经过计算合理设置集热器前后排间距，保证太阳能集热器与障碍物之间的距离大于阳光不被遮挡的日照间距。图 6-26 所示为日照间距示意图。

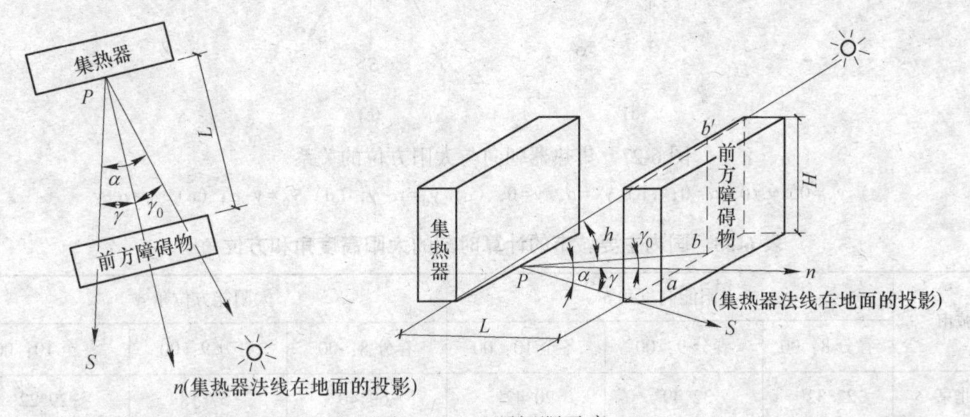

图 6-26 日照间距示意

图中障碍物高度为 H，当要求正午前后 n 小时照射到太阳能集热器表面的阳光不被遮挡时，必须满足正午前后 n 小时前方障碍物的阴影落在太阳能集热器下边缘的 P 点，通过 P 点作集热器表面的法线 Pn，正南方向线为 PS，则 Pa 即为日照间距 L。

由 $L/Pb=\cos\gamma_0$，$Pb/bb'=Pb/H=\coth$ 可得：

$$L=H\coth\cos\gamma_0 \tag{6-36}$$

式中，L 为日照间距，m；H 为前方障碍物的高度，m；h 为计算时刻的太阳高度角；γ_0 为计算时刻太阳光线在水平面上的投影线与集热器表面法线在水平面上的投影线之间的夹角。

集热器前、后排间不相互遮挡的最小间距可由式(6-36) 计算得出。计算时刻的选择，应遵循如下原则：

1）全年运行系统选春分/秋分日（此时赤纬角 $\delta=0$）的 9：00 或 15：00；

2）主要在春、夏、秋三季运行的系统选春分/秋分日的 8：00 或 16：00

3）主要在冬季运行的系统选冬至日（此时赤纬角 $\delta=-23°57'$）的 10：00 或 14：00；

4）太阳能集热器安装方位为南偏东时，选上午时刻；南偏西时，选下午时刻。

角 γ_0 和太阳方位角 α 及集热器的方位角 γ（集热器表面法线在水平面上的投影线与正南方向线之间的夹角，偏东为负，偏西为正）有如下关系，如图 6-27 所示。国内主要城市的太阳能高度角和太阳能方位角见表 6-28。

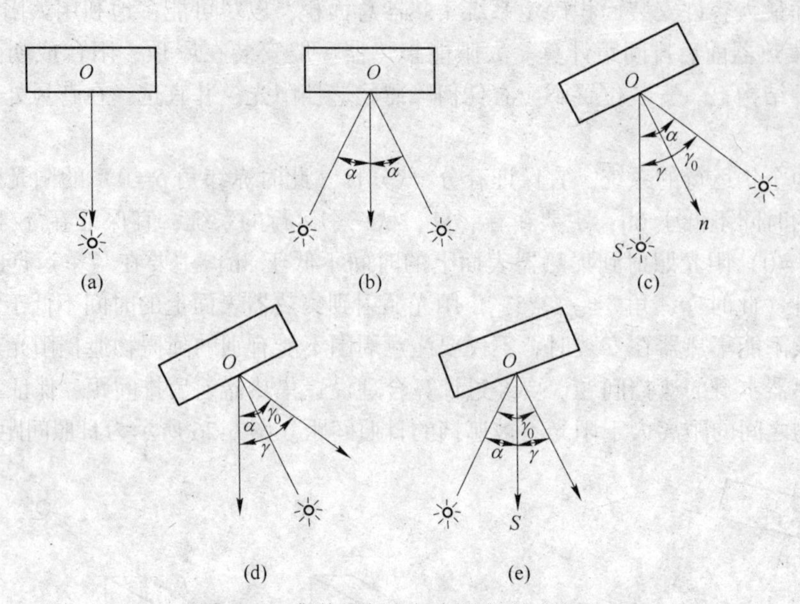

图 6-27　集热器朝向与太阳方位的关系

（a）$\gamma_0=0$，$\gamma=0$，$\alpha=0$；（b）$\gamma_0=\alpha$，$\gamma=0$；（c）$\gamma_0=\alpha-\gamma$；（d）$\gamma_0=\gamma-\alpha$；（e）$\gamma_0=\alpha+\gamma$

表 6-28　国内主要城市的计算时刻的太阳高度角和方位角

城市	太阳能高度角 h			太阳能方位角 α		
	春分 8：00	春分 9：00	冬至 10：00	春分 8：00	春分 9：00	冬至 10：00
北京	22°32′	32°49′	20°42′	-69°40′	-57°18′	-29°22′
呼和浩特	22°14′	32°21′	19°57′	-69°19′	-56°50′	-15°06′
哈尔滨	20°25′	29°34′	15°38′	-67°32′	-54°23′	-28°27′
济南	23°38′	34°33′	23°33′	-70°58′	-59°09′	-30°01′
南京	25°04′	36°49′	27°31′	-72°58′	-62°02′	-31°09′
长沙	26°08′	38°32′	30°46′	-74°43′	-64°40′	-32°16′
广州	27°24′	40°37′	35°10′	-77°17′	-68°39′	-34°08′
西安	23°40′	34°35′	23°37′	-71°00′	-59°12′	-30°02′
兰州	23°51′	34°53′	24°07′	-71°15′	-59°33′	-30°10′
乌鲁木齐	21°10′	30°42′	17°21′	-68°13′	-55°19′	-28°43′
昆明	26°56′	39°51′	33°28′	-76°16′	-67°04′	-33°22′
拉萨	25°44′	37°53′	29°31′	-74°02′	-63°38′	-31°49′

b　集热器连接

工程用太阳能热水系统太阳能集热器数量较多，集热器之间相互如何连接对太阳能集热系统的防冻排空、水力平衡和减少阻力都起着重要作用，对系统的整体性能影响很大。为了保证太阳能系统高效运行，系统设计时须合理设计集热器阵列的连接组合方式。

（1）集热器连接方式。集热器的连接方式主要有三种，如图 6-28 所示。

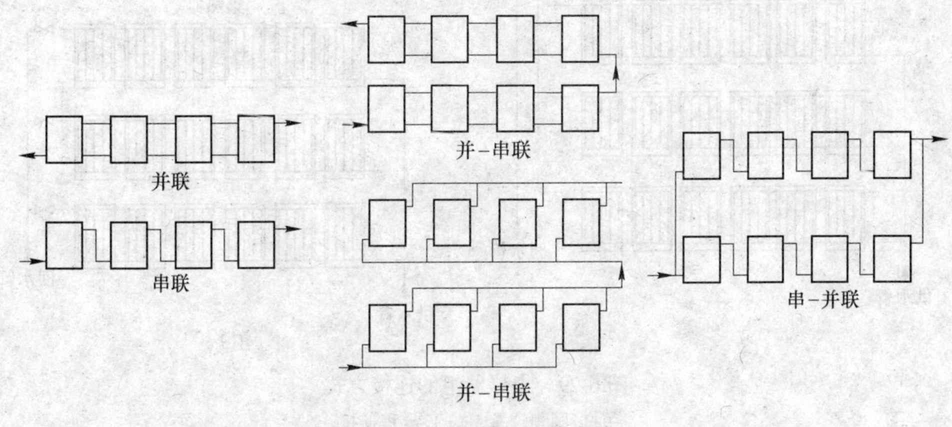

图 6-28 集热器的连接方式

串联：即一台集热器出口与另一台集热器的入口相连。

并联：即一台集热器的出、入口与另一台集热器的出、入口相连。

混联：若干集热器首先并联成集热器组，然后各集热器组之间再串联，这种混联方式称并串联；或若干集热器先串联，后各集热器组之间再并联，这种混联称串并联。

（2）各连接方式特点。并联的连接方式：系统流动阻力较小，但并联的组数不宜过多，否则会选成集热器之间流量不平衡。Dunkle 和 Davery 等人曾经对 12 片集热器组成的并联系统进行温度分布测试。在流量大时，集热器间工作温度可相差 22℃，很明显会影响太阳能集热器系统平均效率。强制循环太阳能系统，动力压头较大，可根据安装需要灵活采用并串联或串并联的连接方式。

集热器组中集热器的连接尽可能采用并联，串联的集热器数目应尽可能少。为了避免造成始末端的集热器流量过大，而中间的集热器流量过小，而影响系统集热效率，平板型集热器每排并联数目建议不超过 10 台。自然循环系统只能用并联方式，对自然循环系统，每个系统全部集热器的数量不宜超过 24 个，大面积自然循环系统可以分成若干个子系统。

除集热器连接对系统运行有影响外，集热器组间管路的集管布置对太阳能系统效率也有较大影响。系统的集管布置有很多方式，常用的管路布置有以下两种。

同程管路系统：系统中每个集热器的进、出口到系统进、出口的集管长度之和相同。

异程管路系统：系统中每个集热器的进、出口到系统进、出口的集管长度之和不同。

图 6-29（a）为同程管路系统，图 6-29（b）为异程管路系统。多个集热器组的连接应保证单位面积的集热器上流过的流量相同。为保证各集热器组的水力平衡，各集热器组之间的连接推荐采用同程连接，同程管路系统有利于系统流量分布均匀，保证系统高效运行，但一般会增加集管长度，增加系统阻力和投资。异程管路系统各支路流量分布不均匀，当不得不采用异程连接时，若各支路管线长度差异较大，需安装平衡阀等调节阀门进行流量调节。

H 系统管路设计

a 集热系统循环流量确定

太阳热水系统集热循环管路为闭合回路，管道计算流量即为循环流量，按下列公式

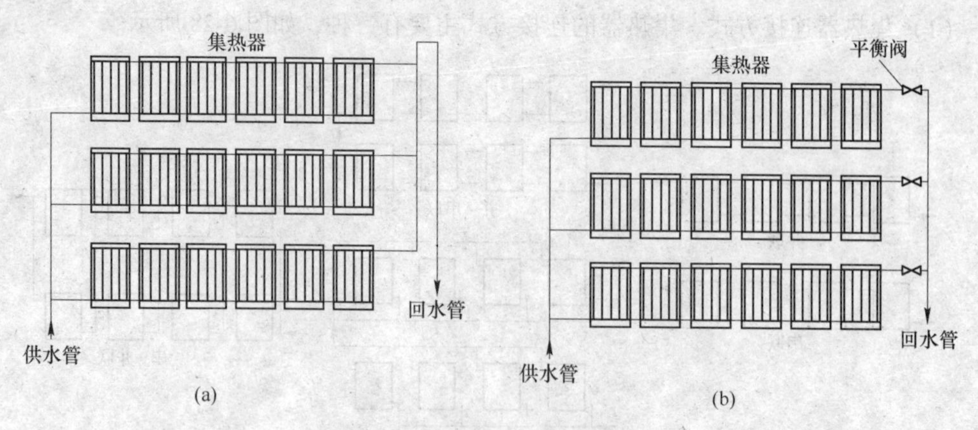

图 6-29 集热器组的连接方式
（a）同程连接；（b）异程连接

计算：

$$q = A \cdot Q_s \tag{6-37}$$

式中，q 为循环流量，L/h；Q_s为单位面积集热器集热循环流量，一般采用每平方米平板太阳能集热器的流量为 0.015~0.02L/s，即 36~72L/(h·m^2) 估算；A 为太阳能集热器的总集热面积。

b 供热系统流量确定

供热侧循环泵流量应根据用水设施或采暖末端特点参考 GB 50015《建筑给排水设计规范》中相关内容计算。

c 循环水泵选型

太阳能热水系统水泵主要有集热系统端的集热循环泵和供热系统端的供热循环泵。水泵选型应根据实际计算出的管路流量和扬程，对比厂家提供的水泵性能曲线选取。

（1）集热循环泵。

1）水泵的流量即为集热系统循环流量，计算方法见式（6-37）。

2）水泵扬程计算。太阳能集热系统内介质是充满的，太阳能集热系统循环水泵扬程按式（6-38）计算：

$$H_b' = 1.1(H_1' + H_2' + H_3') \tag{6-38}$$

式中，H_b'为太阳能集热系统循环泵的扬程，kPa；H_1'为太阳能集热器与水箱间的供、回水管路水头损失，kPa；H_2'是为太阳能集热器阻力损失，kPa；H_3'为太阳能集热系统中储热水箱、换热器等阻力损失，kPa。

若太阳能集热系统内介质不是充满的，如回流或排空太阳能系统。太阳能集热系统循环泵扬程按则式（6-39）计算：

$$H_b' = 1.1\max[(H_1' + H_2' + H_3'), H_4'] \tag{6-39}$$

式中，H_4'为水泵克服水箱水面到集热器最高点高差所需扬程，kPa。max 表示取式中两表达式中的最大值。

3）集热器的阻力计算。集热器的阻力应按照厂家提供的压力降测试曲线确定如图 6-30 所示，厂家未提供实测数据时，当集热器单位面积流量为 0.02L/(m^2·s) 时，单个集热器的阻力一般为 0.5kPa/m^2 左右。

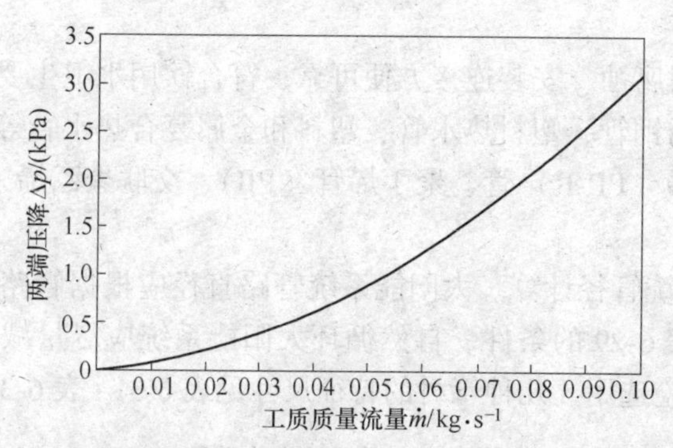

图 6-30 某平板集热器两端压降 Δp 与质量流量 $\dot{m}$ 的关系曲线

计算出循环阻力后，一般还应考虑10%的余量。对于开式系统，水泵扬程根据系统具体形式确定是否需要考虑高度差的作用。当集热系统采用防冻液作为工质时，需要根据所采用的防冻液特性进行修正。一般最为常见的防冻液为25%~30%的乙二醇或丙二醇水溶液，25%的乙二醇水溶液在5℃时管道阻力修正系数为1.22，30%的乙二醇水溶液在5℃时管道阻力修正系数为1.257。

（2）供热循环泵

1）水泵流量计算。供热侧循环泵流量应根据用水设施或采暖末端特点参考GB 50015《建筑给排水设计规范》中相关内容计算。

2）水泵扬程计算。水泵的扬程按下式计算：

$$H_b = h_p + h_x \tag{6-40}$$

式中，H_b为循环水泵的扬程，kPa；h_p为循环水量通过配水管网的水头损失，kPa；h_x为循环水通过回水管网的水头损失，kPa。

3）初步设计阶段，循环水泵的扬程可按下列规定估算。

①机械循环热水供、回水管网的水头损失可按式（6-41）估算：

$$H_1 = R(L + L') \tag{6-41}$$

式中，H_1为热水管网的水头损失，kPa；R为单位长度的水头损失，kPa/m，可按$R=0.1\sim0.15$kPa/m估算；L为自水加热器至最不利点的供水管长，m；L'为自最不利点至水加热器的供水管长，m。

②循环水泵扬程可按式（6-42）估算：

$$H_b = 1.1(H_1 + H_2) \tag{6-42}$$

式中，H_b为循环水泵的扬程，kPa；H_1为管路水头损失，kPa；H_2为水加热设备水头损失，kPa，容积式水加热器、导流型容积式水加热器、半容积式水加热器可忽略不计。

③循环水泵的流量，可采用设计小时流量的25%估算。

d 管道设计

（1）管道材质。太阳能热水系统采用的管材和管件应符合现行产品标准的要求。管道的工作压力和工作温度不得大于产品标准标定的允许工作压力和工作温度。

太阳能集热器系统管道可采用钢管、薄壁不锈钢管、塑料热水管、塑料和金属复合热水管等。在以乙二醇为防冻液主要成分的防冻液系统中，由于乙二醇会与锌发生不良反应，不应采用镀锌钢管。

热水管道应选用耐腐蚀、安装连接方便可靠、符合饮用水卫生要求的管材。一般可采用薄壁钢管、薄壁不锈钢管、塑料热水管、塑料和金属复合热水管等。住宅入户管敷设在垫层内时可采用聚丙烯（PP-R）管、聚丁烯管（PB）、交联聚乙烯（PEX）管等软管。

（2）管径计算。

1）太阳能集热系统管径计算。太阳能系统管路直径应根据管路的设计流量选取，管道中介质流速宜满足表6-29的条件。自然循环太阳能系统应尽量减小流动阻力，管道直径可根据表6-30的经验选用。几种管材的特征尺寸见表6-31～表6-33。

表6-29　管道流速推荐值

公称直 DN/mm	15	20	25	32	40	≥50
流速/m·s^{-1}	≤0.8	≤0.8	≤1.0	≤1.0	≤1.0	≤1.2

表6-30　自然循环管道管径选用表

集热面积/m^2	10～15	16～20	21～30
公称直径 DN/mm	25	32	40

表6-31　水煤气管管材的特征尺寸

口径/in①	内截面积/mm^2	容水量/L·m^{-1}	管道质量/kg·m^{-1}
3/8	127	0.13	0.72
1/2	209	0.21	1.08
3/4	370	0.37	1.39
1	589	0.59	2.17
5/4	1023	1.02	2.79
3/2	1385	1.38	3.21
2	2213	2.21	4.51

①1in＝25.4mm。

表6-32　铜管管材的特征尺寸

外径/mm	内截面面积/mm^2	容水量/L·m^{-1}	管道质量/kg·m^{-1}
10	50	0.05	0.25
12	79	0.08	0.31
14	113	0.11	0.37
16	154	0.15	0.42
18	201	0.20	0.48
22	314	0.31	0.59
28	491	0.49	1.12
35	801	0.80	1.41
42	1194	1.19	1.70

表 6-33 PEX 管的特征尺寸

外径/mm	外径/mm	内截面面积/mm²	容水量/L·m⁻¹	管道质量/kg·m⁻¹
12	8	50	0.05	0.059
15	10	79	0.08	0.092
18	13	133	0.13	0.114
20	16	201	0.20	0.106
22	16	201	0.20	0.168
28	20	314	0.31	0.257
32	26	531	0.53	0.283
40	32.6	834	0.83	0.396
50	40.8	1307	1.31	0.616

2）供热管路管径确定。

供水管网管路直径的确定可以根据用水对象不同，依据 GB 50015《建筑给水排水设计规范》的要求确定。热水供应系统的回水管管径初步设计时，可参照表 6-34 确定。

表 6-34 热水回水管管径

热水供水管管径/mm	20~25	32	40	50	65	80	100	125	150	200
热水回水管管径/mm	20	20	25	32	40	40	50	65	80	100

为了保证各立管的循环效果，尽量减少干管的水头损失，热水供水干管和回水干管均不宜变径，可按其相应的最大管径确定。

（3）管道水力计算。

1）管网热水流速的确定。热水管道内的水流速，宜按表 6-29 选用。

2）热水管道阻力的确定。热水管道的沿程水头损失可按下式计算，管道的计算内径应考虑结垢和腐蚀引起过水断面缩小的因素。

$$i = 105C_h^{-1.85}d_i^{-4.87}q_g^{1.85} \tag{6-43}$$

式中，i 为管道单位长度水头损失，kPa/m；d_i 为管道计算内径，m；q_g 为热水设计流量，m^3/s；C_h 为海澄-威廉系数，各种塑料管、内衬（涂）塑料 C_h = 140，铜管、不锈钢管 C_h =130，衬水泥、树脂的铸铁管 C_h = 130，普通钢管、铸铁管 C_h = 100。

①热水管道的配水管的局部水头损失，宜按管道的连接方式，采用管（配）件当量长度法计算。当管道的管（配）件当量长度资料不足时，可按下列管件的连接状况，按管网的沿程水头损失的百分数取值。

管（配）件内径一致，采用三通分水时，取 25%~30%；采用分水器时，取 15%~20%。

管（配）件内径略大于管道内径，采用三通分水时，取 50%~60%；采用分水器分水时，取 30%~35%。

管（配）件内径略小于管道内径，采用三通分水时，取 70%~80%；采用分水器分水时，取35%~40%。

注：螺纹接口的阀门及管件的摩阻损失当量长度可参照GB 50015—2003《建筑给水排水设计规范》中相关内容选用。

②热水管道上附件的局部阻力可参照以下计算。

管道过滤器的局部水头损失，宜取0.01MPa；

管道倒流防止器的局部水头损失，宜取0.025~0.04MPa；

水表的水头损失，应选用产品所给定的压力损失计算。在未确定具体产品时，住宅的入户管上的水表宜取0.01MPa，建筑物或小区引入管上的水表宜取0.03MPa；

比例式减压阀的水头损失，阀后动水压宜按阀后静水压的80%~90%确定。

管（配）件局部阻力损失折算管道长度见表6-35。

表6-35　管（配）件局部阻力损失折算管道长度　（m）

管件内径/mm	90°标准弯头	45°标准弯头	三通90°转角流	三通直向流	闸板阀	球阀	角阀
9.5	0.3	0.2	0.5	0.1	0.1	2.4	1.2
12.7	0.6	0.4	0.9	0.2	0.1	4.6	2.4
19.1	0.8	0.5	1.2	0.2	0.2	6.1	3.6
25.4	0.9	0.5	1.5	0.3	0.2	7.6	4.6
31.8	1.2	0.7	1.8	0.4	0.2	10.6	5.5
38.1	1.5	0.9	2.1	0.5	0.3	13.7	6.7
50.8	2.1	1.2	3.0	0.6	0.4	16.7	8.5
63.5	2.4	1.5	3.6	0.8	0.5	19.8	10.3
76.2	3.0	1.8	4.6	0.9	0.6	24.3	12.2
101.6	4.3	2.4	6.4	1.2	0.8	38.0	16.7
127.0	5.2	3	7.6	1.5	1.0	42.6	21.8
152.4	6.1	3.6	9.1	1.8	1.2	50.2	24.8

注：本表的螺纹进口是管件无凹口的螺纹，即管件与管道在连接点内径有突变，管件内径大于管道内径，但管件与管道为等径焊接，其折算补偿长度取本表值的1/2。

I　控制系统

太阳能热水系统的控制要依据热水系统的类型、环境条件、用水需求、运行模式（如集热、放热、停电保护、防冻保护、辅助加热、过热保护、排空等）等因素而具体设计。主要涉及集热循环控制、辅助加热控制、补水控制、防冻控制和防过热控制。常见的控制方式有：温差控制、定温控制、定时控制、恒温控制、定时定温控制、自动上水控制、防冻控制、排空控制、过热保护控制等。

自然循环系统是太阳能热水系统中控制最简单的系统。集热系统中集热循环靠的是传热工质内部的温度梯度产生的密度差所形成的自然对流进行循环，不需要额外的动力，因此不需要控制，完全自主运行。

强制循环系统一般采用“温差控制”。即在集热器出口和水箱内各设置一个温度传感器，控制器检测到集热端温度高于水箱温度、达到设定数值范围（一般 8~10℃）上限时，控制器就启动集热循环泵，将高温介质循环进水箱进行热交换。当两者温度差达到设定数值范围（一般 2~4℃）的下限时，控制器就关闭集热循环泵。

一般情况下，直流式系统主要采用定温控制、定时控制的控制方式，即当集热系统的出水口温度达到设定温度时，控制器就开启控制阀或水泵，将热水顶入水箱备用，同时，被顶入集热系统的冷水被继续加热。

“恒温控制”是对于要求保持 24h 热水供应的场合实行的水温控制功能，根据用户用水温度设定好后，控制器自动控制辅助热源的启动，水箱水温始终保持恒定不变。

“定时定温控制”是对于不需要 24h 热水供应的场合，用水时间段可以自由设定，在设定时间段内控制器自动控制辅助热源的启动，保持水箱水温恒定不变。

自动上水控制一般用于非承压水箱补水控制，一般在水箱内设置有水位传感器，当控制器检测到相应的补水位时，控制器就开启控制阀或水泵，将冷水顶入水箱。

防冻控制与排空控制都属于防冻控制，排空控制是当系统不运行或循环水泵停止运行时，集热器及需要防冻的管路内的水就回流到储水箱，当需重新运行时，循环泵再将水打入集热器及管道实现集热循环。

过热保护控制是为了保证系统安全稳定运行，而采取的避免水箱和集热系统过热的措施。

J 系统设计注意事项

a 系统防冻

平板型太阳能热水系统在冬季温度可能低于 0℃的地区使用时，需要考虑防冻问题。对较为重要的系统，即使在温和地区使用也应考虑防冻措施。开始启动防冻措施的温度一般取 3~4℃。目前平板型太阳能热水系统循环介质一般用的是乙二醇水溶液或丙二醇水溶液。用乙二醇水溶液时乙二醇与锌会发生一定的反应，因而当用乙二醇水溶液作循环介质时，循环管路不宜用镀锌钢管。

由于防冻液通常带有腐蚀性，因此系统采用的热交换器一般需用双层结构以免污染生活热水或生活热水进入防冻液对防冻液的功能产生影响。防冻液的组成成分对其冰点有关键性影响，集热系统不应设自动补水，也不应设自动放气阀，以免破坏防冻液成分。在大型系统中，使用防冻液的集热系统应设旁通管路，如图 6-31 所示，以防集热系统清晨启动时防冻液温度过低将热交换器或水箱中水冻结，防冻液的选择对系统的性能影响很大，需要谨慎选取防冻液类型。防冻液根据生产商要求应定期更换，没有具体要求时最多 5 年必须进行更换。

采用防冻液做循环介质的系统必须是闭式系统，防止防冻液与外界空气接触氧化变质。

b 过热保护

太阳能热水系统中过热现象分为水箱过热和集热系统过热两类。当太阳能热水系统长期无人用水时，储热水箱中热水温度会发生过热，产生烫伤危险甚至沸腾，产生的蒸汽会堵塞管道甚至将水箱和管道挤裂，这种过热现象一般称为水箱过热；当集热系统的循环泵发生故障、关闭或停电时可能导致集热系统过热，对集热器和管路系统造成损坏。当采用防冻液系统时，集热系统中防冻液的温度高于 115℃后防冻液具有强烈腐蚀性，对系统部

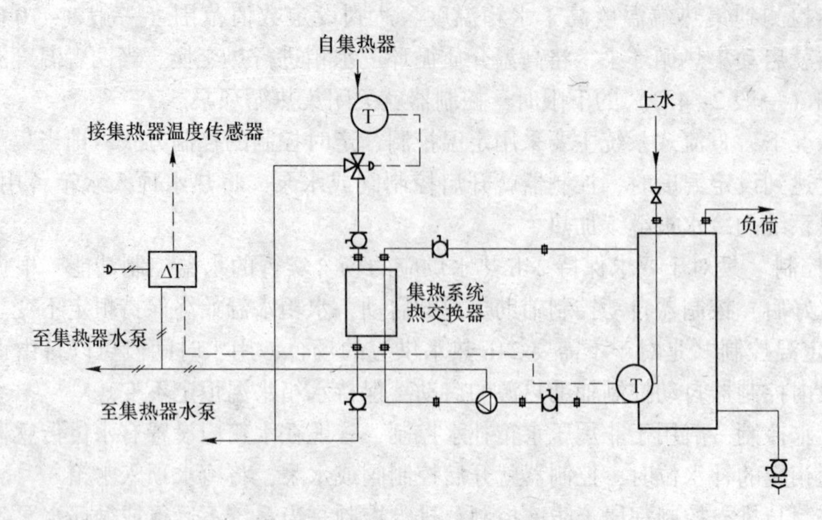

图 6-31 带旁通管路的防冻液系统

件会造成损坏，这种过热现象称为集热系统过热。因此，为保证系统的安全运行，在太阳能热水系统中应设置过热防护措施。

在家用平板太阳能热水系统中，由于平板集热器本身的特性，热损较大，水箱温度一般不会超过 80℃，一般不需要额外增加防过热功能。

复习思考题

6-1 试述太阳能热水系统的组成。

6-2 常见的太阳能热水系统类型有哪些？

6-3 长沙某学校一幢六层学生宿舍楼，每层 27 间宿舍，每间宿舍住 6 人，宿舍内设有淋浴间，每天早上、中午和晚上三个时间段提供淋浴，热水水温 55℃，顶楼屋面为平顶式，承重设计，屋面可任意放置集热器和水箱，学校准备为宿舍楼安装平板式太阳能热水系统以提供学生洗浴用热水，同时为了满足阴雨天用热水需要，学校准备采用燃气锅炉作为辅助加热源。试为其设计太阳能热水系统方案，包括集热器面积计算、水箱配置计算及集热管路设计（不考虑室内用水管路），并绘制工作原理图。

附　录

附录 1　不同地区太阳能集热器的补偿面积比 R_s

附表 1　不同地区太阳能集热器的补偿面积比 R_s

北京　　纬度 39°48′，经度 116°28′，海拔高度 32m

方位角/(°) 倾角/(°)	东	-80	-70	-60	-50	-40	-30	-20	-10	南	10	20	30	40	50	60	70	80	西
90	52%	55%	58%	61%	63%	65%	67%	68%	69%	69%	69%	68%	67%	65%	63%	61%	58%	55%	52%
80	58%	61%	65%	68%	71%	73%	76%	77%	78%	78%	78%	77%	76%	73%	71%	68%	65%	61%	58%
70	63%	67%	71%	75%	78%	81%	83%	85%	86%	86%	86%	85%	83%	81%	78%	75%	71%	67%	63%
60	69%	73%	77%	81%	84%	87%	89%	91%	92%	92%	92%	91%	89%	87%	84%	81%	77%	73%	69%
50	75%	78%	82%	86%	89%	92%	94%	96%	97%	97%	97%	96%	94%	92%	89%	86%	82%	78%	75%
40	79%	83%	86%	89%	92%	95%	97%	98%	99%	99%	99%	98%	97%	95%	92%	89%	86%	83%	79%
30	83%	86%	89%	92%	94%	96%	98%	99%	100%	100%	100%	99%	98%	96%	94%	92%	89%	86%	83%
20	87%	89%	91%	93%	94%	96%	97%	98%	98%	99%	98%	98%	97%	96%	94%	93%	91%	89%	87%
10	89%	90%	91%	92%	93%	94%	94%	95%	95%	95%	95%	95%	94%	94%	93%	92%	91%	90%	89%
水平面	90%	90%	90%	90%	90%	90%	90%	90%	90%	90%	90%	90%	90%	90%	90%	90%	90%	90%	90%

长春　　纬度 43°54′，经度 125°13′，海拔高度 237m

方位角/(°) 倾角/(°)	东	-80	-70	-60	-50	-40	-30	-20	-10	南	10	20	30	40	50	60	70	80	西
90	52%	56%	59%	63%	66%	69%	72%	74%	75%	75%	75%	74%	72%	69%	66%	63%	59%	56%	52%
80	57%	61%	66%	70%	73%	77%	80%	82%	83%	84%	83%	82%	80%	77%	73%	70%	66%	61%	57%
70	62%	67%	71%	76%	80%	83%	86%	89%	90%	90%	90%	89%	86%	83%	80%	76%	71%	67%	62%
60	67%	72%	77%	81%	85%	88%	91%	94%	95%	96%	95%	94%	91%	88%	85%	81%	77%	72%	67%
50	72%	76%	81%	85%	89%	92%	95%	97%	98%	99%	98%	97%	95%	92%	89%	85%	81%	76%	72%
40	76%	80%	84%	88%	91%	94%	97%	98%	100%	100%	100%	98%	97%	94%	91%	88%	84%	80%	76%
30	80%	83%	86%	89%	92%	95%	97%	98%	99%	99%	99%	98%	97%	95%	92%	89%	86%	83%	80%
20	83%	85%	87%	89%	91%	93%	95%	96%	96%	96%	96%	96%	95%	93%	91%	89%	87%	85%	83%
10	84%	86%	87%	88%	89%	90%	91%	91%	92%	92%	92%	91%	91%	90%	89%	88%	87%	86%	84%
水平面	85%	85%	85%	85%	85%	85%	85%	85%	85%	85%	85%	85%	85%	85%	85%	85%	85%	85%	85%

长沙　　纬度 28°13′，经度 113°06′，海拔高度 35.5m

方位角/(°) 倾角/(°)	东	-80	-70	-60	-50	-40	-30	-20	-10	南	10	20	30	40	50	60	70	80	西
90	54%	55%	56%	57%	57%	58%	58%	58%	58%	58%	58%	58%	58%	58%	57%	57%	56%	55%	54%
80	61%	62%	63%	64%	61%	66%	67%	67%	67%	67%	67%	67%	67%	66%	61%	64%	63%	62%	61%
70	67%	69%	71%	72%	73%	74%	75%	75%	75%	76%	75%	75%	75%	74%	73%	72%	71%	69%	67%
60	74%	76%	78%	79%	80%	81%	82%	83%	83%	83%	83%	83%	82%	81%	80%	79%	78%	76%	74%
50	81%	82%	84%	85%	87%	88%	89%	89%	90%	90%	90%	89%	89%	88%	87%	85%	84%	82%	81%
40	86%	88%	89%	91%	92%	93%	94%	94%	95%	95%	95%	94%	94%	93%	92%	91%	89%	88%	86%
30	91%	92%	94%	95%	96%	97%	97%	98%	98%	98%	98%	98%	97%	97%	96%	95%	94%	92%	91%
20	95%	96%	97%	97%	98%	99%	99%	100%	100%	100%	100%	100%	99%	99%	98%	97%	97%	96%	95%
10	97%	98%	98%	99%	99%	99%	100%	100%	100%	100%	100%	100%	100%	99%	99%	99%	98%	98%	97%
水平面	98%	98%	98%	98%	98%	98%	98%	98%	98%	98%	98%	98%	98%	98%	98%	98%	98%	98%	98%

续附表 1

成都 纬度 30°40′，经度 104°01′，海拔高度 506m

方位角/(°) 倾角/(°)	东	-80	-70	-60	-50	-40	-30	-20	-10	南	10	20	30	40	50	60	70	80	西
90	58%	58%	58%	58%	58%	58%	58%	58%	57%	57%	57%	58%	58%	58%	58%	58%	58%	58%	58%
80	65%	65%	65%	66%	66%	66%	66%	65%	65%	65%	65%	65%	66%	66%	66%	66%	65%	65%	65%
70	72%	72%	72%	73%	73%	73%	73%	73%	73%	73%	73%	73%	73%	73%	73%	73%	72%	72%	72%
60	78%	79%	79%	79%	80%	80%	80%	80%	80%	80%	80%	80%	80%	80%	80%	79%	79%	79%	78%
50	84%	85%	85%	86%	86%	86%	86%	86%	86%	86%	86%	86%	86%	86%	86%	85%	85%	85%	84%
40	89%	90%	90%	91%	91%	91%	91%	92%	92%	92%	92%	92%	91%	91%	91%	91%	90%	90%	89%
30	94%	94%	94%	95%	95%	95%	95%	96%	96%	96%	96%	96%	95%	95%	95%	95%	94%	94%	94%
20	97%	97%	98%	98%	98%	98%	98%	98%	98%	99%	98%	98%	98%	98%	98%	98%	98%	97%	97%
10	99%	99%	99%	100%	100%	100%	100%	100%	100%	100%	100%	100%	100%	100%	100%	100%	99%	99%	99%
水平面	100%	100%	100%	100%	100%	100%	100%	100%	100%	100%	100%	100%	100%	100%	100%	100%	100%	100%	100%

抚顺 纬度 41°36′，经度 123°55′，海拔高度 80m

方位角/(°) 倾角/(°)	东	-80	-70	-60	-50	-40	-30	-20	-10	南	10	20	30	40	50	60	70	80	西
90	54%	57%	60%	63%	66%	68%	70%	72%	73%	73%	73%	72%	70%	68%	66%	63%	60%	57%	54%
80	59%	63%	67%	70%	73%	76%	78%	80%	81%	81%	81%	80%	78%	76%	73%	70%	67%	63%	59%
70	65%	69%	73%	76%	80%	83%	85%	87%	88%	88%	88%	87%	85%	83%	80%	76%	73%	69%	65%
60	70%	74%	78%	82%	85%	88%	91%	92%	94%	94%	94%	92%	91%	88%	85%	82%	78%	74%	70%
50	75%	79%	83%	86%	90%	92%	95%	96%	98%	98%	98%	96%	95%	92%	90%	86%	83%	79%	75%
40	80%	83%	86%	90%	92%	95%	97%	99%	100%	100%	100%	99%	97%	95%	92%	90%	86%	83%	80%
30	83%	86%	89%	92%	94%	96%	98%	99%	100%	100%	100%	99%	98%	96%	94%	92%	89%	86%	83%
20	86%	88%	90%	92%	94%	95%	97%	97%	98%	98%	98%	97%	97%	95%	94%	92%	90%	88%	86%
10	88%	89%	90%	91%	92%	93%	94%	94%	94%	94%	94%	94%	94%	93%	92%	91%	90%	89%	88%
水平面	89%	89%	89%	89%	89%	89%	89%	89%	89%	89%	89%	89%	89%	89%	89%	89%	89%	89%	89%

广州 纬度 23°08′，经度 113°19′，海拔高度 6.6m

方位角/(°) 倾角/(°)	东	-80	-70	-60	-50	-40	-30	-20	-10	南	10	20	30	40	50	60	70	80	西
90	53%	54%	55%	56%	57%	57%	58%	58%	58%	57%	58%	58%	58%	57%	57%	56%	55%	54%	53%
80	60%	61%	63%	64%	65%	66%	66%	67%	67%	67%	67%	67%	66%	66%	65%	64%	63%	61%	60%
70	67%	69%	70%	72%	73%	74%	75%	75%	75%	75%	75%	75%	75%	74%	73%	72%	70%	69%	67%
60	74%	75%	77%	79%	80%	81%	82%	83%	83%	83%	83%	83%	82%	81%	80%	79%	77%	75%	74%
50	80%	82%	84%	85%	86%	88%	89%	89%	90%	90%	90%	89%	89%	88%	86%	85%	84%	82%	80%
40	86%	87%	89%	90%	92%	93%	94%	94%	95%	95%	95%	94%	94%	93%	92%	90%	89%	87%	86%
30	91%	92%	93%	95%	96%	97%	97%	98%	98%	98%	98%	98%	97%	97%	96%	95%	93%	92%	91%
20	95%	95%	96%	97%	98%	99%	99%	100%	100%	100%	100%	100%	99%	99%	98%	97%	96%	95%	95%
10	97%	97%	98%	98%	99%	99%	99%	100%	100%	100%	100%	100%	99%	99%	99%	98%	98%	97%	97%
水平面	98%	98%	98%	98%	98%	98%	98%	98%	98%	98%	98%	98%	98%	98%	98%	98%	98%	98%	98%

续附表1

贵阳　　纬度 26°35′，经度 106°43′，海拔高度 1074.3m

倾角/(°) \ 方位角/(°)	东	-80	-70	-60	-50	-40	-30	-20	-10	南	10	20	30	40	50	60	70	80	西
90	54%	56%	57%	58%	58%	59%	59%	59%	59%	59%	59%	59%	59%	59%	58%	58%	57%	56%	54%
80	61%	63%	64%	65%	66%	67%	68%	68%	68%	68%	68%	68%	68%	67%	66%	65%	64%	63%	61%
70	68%	70%	71%	73%	74%	76%	76%	76%	77%	77%	77%	76%	76%	76%	74%	73%	71%	70%	68%
60	75%	77%	78%	79%	81%	82%	83%	84%	84%	84%	84%	84%	83%	82%	81%	79%	78%	77%	75%
50	81%	83%	84%	86%	87%	88%	89%	90%	90%	90%	90%	90%	89%	88%	87%	86%	84%	83%	81%
40	87%	88%	90%	91%	92%	93%	94%	95%	95%	95%	95%	95%	94%	93%	92%	91%	90%	88%	87%
30	91%	93%	94%	95%	96%	97%	97%	98%	98%	98%	98%	98%	97%	97%	96%	95%	94%	93%	91%
20	95%	96%	97%	97%	98%	99%	99%	100%	100%	100%	100%	100%	99%	99%	98%	97%	97%	96%	95%
10	97%	98%	98%	99%	99%	99%	99%	100%	100%	100%	100%	100%	99%	99%	99%	99%	98%	98%	97%
水平面	98%	98%	98%	98%	98%	98%	98%	98%	98%	98%	98%	98%	98%	98%	98%	98%	98%	98%	98%

济南　　纬度 36°41′，经度 116°59′，海拔高度 52m

倾角/(°) \ 方位角/(°)	东	-80	-70	-60	-50	-40	-30	-20	-10	南	10	20	30	40	50	60	70	80	西
90	53%	56%	58%	60%	62%	63%	64%	65%	65%	65%	65%	65%	64%	63%	62%	60%	58%	56%	53%
80	60%	62%	65%	67%	69%	71%	73%	74%	74%	74%	74%	74%	73%	71%	69%	67%	65%	62%	60%
70	66%	69%	72%	74%	77%	79%	80%	82%	82%	83%	82%	82%	80%	79%	77%	74%	72%	69%	66%
60	72%	75%	78%	81%	83%	85%	87%	88%	89%	89%	89%	88%	87%	85%	83%	81%	78%	75%	72%
50	78%	81%	84%	86%	89%	91%	92%	94%	94%	95%	94%	94%	92%	91%	89%	86%	84%	81%	78%
40	83%	86%	88%	91%	93%	95%	96%	97%	98%	98%	98%	97%	96%	95%	93%	91%	88%	86%	83%
30	88%	90%	92%	94%	96%	97%	98%	99%	100%	100%	100%	99%	98%	97%	96%	94%	92%	90%	88%
20	91%	93%	94%	95%	97%	98%	99%	99%	100%	100%	100%	99%	99%	98%	97%	95%	94%	93%	91%
10	93%	94%	95%	96%	96%	97%	97%	98%	98%	98%	98%	98%	97%	97%	96%	96%	95%	94%	93%
水平面	94%	94%	94%	94%	94%	94%	94%	94%	94%	94%	94%	94%	94%	94%	94%	94%	94%	94%	94%

昆明　　纬度 25°01′，经度 102°41′，海拔高度 1891.4m

倾角/(°) \ 方位角/(°)	东	-80	-70	-60	-50	-40	-30	-20	-10	南	10	20	30	40	50	60	70	80	西
90	52%	54%	56%	57%	58%	59%	59%	60%	60%	60%	60%	60%	59%	59%	58%	57%	56%	54%	52%
80	59%	61%	63%	65%	66%	67%	68%	69%	69%	69%	69%	69%	68%	67%	66%	65%	63%	61%	59%
70	66%	68%	70%	72%	74%	75%	76%	77%	78%	78%	78%	77%	76%	75%	74%	72%	70%	68%	66%
60	73%	75%	77%	79%	81%	82%	84%	85%	85%	85%	85%	85%	84%	82%	81%	79%	77%	75%	73%
50	79%	81%	83%	85%	87%	89%	90%	91%	91%	92%	91%	91%	90%	89%	87%	85%	83%	81%	79%
40	85%	87%	89%	90%	92%	93%	95%	95%	96%	96%	96%	95%	95%	93%	92%	90%	89%	87%	85%
30	90%	91%	93%	94%	96%	97%	98%	98%	99%	99%	99%	98%	98%	97%	96%	94%	93%	91%	90%
20	93%	94%	96%	97%	98%	98%	99%	100%	100%	100%	100%	100%	99%	98%	98%	97%	96%	94%	93%
10	96%	96%	97%	97%	98%	98%	99%	99%	99%	99%	99%	99%	99%	98%	98%	97%	97%	96%	96%
水平面	96%	96%	96%	96%	96%	96%	96%	96%	96%	96%	96%	96%	96%	96%	96%	96%	96%	96%	96%

续附表 1

兰州　　纬度 36°03′，经度 103°53′，海拔高度 1517m

方位角/(°) 倾角/(°)	东	-80	-70	-60	-50	-40	-30	-20	-10	南	10	20	30	40	50	60	70	80	西
90	54%	56%	58%	60%	61%	62%	63%	64%	64%	64%	64%	64%	63%	62%	61%	60%	58%	56%	54%
80	60%	63%	65%	67%	69%	71%	72%	73%	73%	73%	73%	73%	72%	71%	69%	67%	65%	63%	60%
70	66%	69%	72%	74%	76%	78%	80%	81%	81%	82%	81%	81%	80%	78%	76%	74%	72%	69%	66%
60	72%	75%	78%	81%	83%	85%	86%	88%	88%	89%	88%	88%	86%	85%	83%	81%	78%	75%	72%
50	78%	81%	84%	86%	89%	90%	92%	93%	94%	94%	94%	93%	92%	90%	89%	86%	84%	81%	78%
40	83%	86%	88%	91%	93%	95%	96%	97%	98%	98%	98%	97%	96%	95%	93%	91%	88%	86%	83%
30	88%	90%	92%	94%	96%	97%	98%	99%	100%	100%	100%	99%	98%	97%	96%	94%	92%	90%	88%
20	91%	93%	94%	96%	97%	98%	99%	99%	100%	100%	100%	99%	99%	98%	97%	96%	94%	93%	91%
10	94%	95%	95%	96%	97%	97%	98%	98%	98%	98%	98%	98%	98%	97%	97%	96%	95%	95%	94%
水平面	95%	95%	95%	95%	95%	95%	95%	95%	95%	95%	95%	95%	95%	95%	95%	95%	95%	95%	95%

南昌　　纬度 28°36′，经度 115°55′，海拔高度 46.7m

方位角/(°) 倾角/(°)	东	-80	-70	-60	-50	-40	-30	-20	-10	南	10	20	30	40	50	60	70	80	西
90	54%	55%	56%	57%	58%	58%	58%	58%	58%	58%	58%	58%	58%	58%	58%	57%	56%	55%	54%
80	61%	62%	64%	65%	66%	66%	67%	67%	67%	67%	67%	67%	67%	66%	66%	65%	64%	62%	61%
70	68%	69%	71%	72%	73%	74%	75%	75%	76%	76%	76%	75%	75%	74%	73%	72%	71%	69%	68%
60	74%	76%	78%	79%	81%	82%	82%	83%	83%	84%	83%	83%	82%	82%	81%	79%	78%	76%	74%
50	81%	82%	84%	86%	87%	88%	89%	89%	90%	90%	90%	89%	89%	88%	87%	86%	84%	82%	81%
40	86%	88%	89%	91%	92%	93%	94%	94%	95%	95%	95%	94%	94%	93%	92%	91%	89%	88%	86%
30	91%	92%	94%	95%	96%	97%	97%	98%	98%	98%	98%	98%	97%	97%	96%	95%	94%	92%	91%
20	95%	96%	97%	97%	98%	99%	99%	100%	100%	100%	100%	100%	99%	99%	98%	97%	97%	96%	95%
10	97%	98%	98%	99%	99%	99%	100%	100%	100%	100%	100%	100%	100%	99%	99%	99%	98%	98%	97%
水平面	98%	98%	98%	98%	98%	98%	98%	98%	98%	98%	98%	98%	98%	98%	98%	98%	98%	98%	98%

青岛　　纬度 36°04′，经度 120°20′，海拔高度 76m

方位角/(°) 倾角/(°)	东	-80	-70	-60	-50	-40	-30	-20	-10	南	10	20	30	40	50	60	70	80	西
90	54%	56%	58%	60%	62%	63%	64%	65%	66%	66%	66%	65%	64%	63%	62%	60%	57%	56%	54%
80	60%	63%	65%	67%	70%	71%	73%	74%	75%	75%	75%	74%	73%	71%	70%	67%	65%	63%	60%
70	67%	69%	72%	75%	77%	79%	80%	82%	82%	83%	82%	82%	80%	79%	77%	75%	72%	69%	67%
60	73%	76%	78%	81%	83%	85%	87%	88%	89%	89%	89%	88%	87%	85%	83%	81%	78%	76%%	73%
50	79%	81%	84%	87%	89%	91%	92%	94%	94%	95%	94%	94%	92%	91%	89%	87%	84%	81%	79%
40	84%	87%	89%	91%	93%	95%	96%	97%	98%	98%	98%	97%	96%	95%	93%	91%	89%	87%	84%
30	88%	90%	92%	94%	96%	97%	98%	99%	100%	100%	100%	99%	98%	97%	96%	94%	92%	90%	88%
20	92%	93%	94%	96%	97%	98%	99%	99%	100%	100%	100%	99%	99%	98%	97%	96%	94%	93%	92%
10	94%	95%	95%	96%	97%	97%	98%	98%	98%	98%	98%	98%	98%	97%	97%	96%	95%	95%	94%
水平面	95%	95%	95%	95%	95%	95%	95%	95%	95%	95%	95%	95%	95%	95%	95%	95%	95%	95%	95%

续附表1

上海　　纬度31°10′，经度121°26′，海拔高度4m

方位角/(°) 倾角/(°)	东	-80	-70	-60	-50	-40	-30	-20	-10	南	10	20	30	40	50	60	70	80	西
90	55%	56%	57%	58%	59%	60%	61%	61%	61%	61%	61%	61%	61%	60%	59%	58%	57%	56%	55%
80	61%	63%	65%	66%	67%	68%	69%	69%	70%	70%	70%	69%	69%	68%	67%	66%	65%	63%	61%
70	68%	70%	72%	73%	75%	76%	77%	77%	78%	78%	78%	77%	77%	76%	75%	73%	72%	70%	68%
60	75%	77%	78%	80%	82%	83%	84%	85%	85%	85%	85%	85%	84%	83%	82%	80%	78%	77%	75%
50	81%	83%	84%	86%	88%	89%	90%	91%	91%	91%	91%	91%	90%	89%	88%	86%	84%	83%	81%
40	86%	88%	90%	91%	92%	94%	94%	95%	96%	96%	96%	95%	94%	94%	92%	91%	90%	88%	86%
30	91%	92%	94%	95%	96%	97%	98%	98%	99%	99%	99%	98%	98%	97%	96%	95%	94%	92%	91%
20	94%	95%	96%	97%	98%	99%	99%	100%	100%	100%	100%	100%	99%	99%	98%	97%	96%	95%	94%
10	97%	97%	98%	98%	99%	99%	99%	99%	100%	100%	100%	99%	99%	99%	99%	98%	98%	97%	97%
水平面	97%	97%	97%	97%	97%	97%	97%	97%	97%	97%	97%	97%	97%	97%	97%	97%	97%	97%	97%

太原　　纬度37°47′，经度112°33′，海拔高度778m

方位角/(°) 倾角/(°)	东	-80	-70	-60	-50	-40	-30	-20	-10	南	10	20	30	40	50	60	70	80	西
90	54%	56%	59%	61%	63%	64%	66%	66%	67%	67%	67%	66%	66%	64%	63%	61%	59%	56%	54%
80	60%	63%	66%	68%	70%	72%	74%	75%	76%	76%	76%	75%	74%	72%	70%	68%	66%	63%	60%
70	66%	69%	72%	75%	77%	80%	81%	83%	84%	84%	84%	83%	81%	80%	77%	75%	72%	69%	66%
60	72%	75%	78%	81%	84%	86%	88%	89%	90%	90%	90%	89%	88%	86%	84%	81%	78%	75%	72%
50	77%	81%	84%	86%	89%	91%	93%	94%	95%	95%	95%	94%	93%	91%	89%	86%	84%	81%	77%
40	82%	85%	88%	91%	93%	95%	96%	98%	98%	99%	98%	98%	96%	95%	93%	91%	88%	85%	82%
30	87%	89%	91%	93%	95%	97%	98%	99%	100%	100%	100%	99%	98%	97%	95%	93%	91%	89%	87%
20	90%	92%	93%	95%	96%	97%	98%	99%	99%	100%	99%	99%	98%	97%	96%	95%	93%	92%	90%
10	92%	93%	94%	95%	95%	96%	96%	97%	97%	97%	97%	97%	96%	96%	95%	95%	94%	93%	92%
水平面	93%	93%	93%	93%	93%	93%	93%	93%	93%	93%	93%	93%	93%	93%	93%	93%	93%	93%	93%

天津　　纬度39°06′，经度117°10′，海拔高度3.3m

方位角/(°) 倾角/(°)	东	-80	-70	-60	-50	-40	-30	-20	-10	南	10	20	30	40	50	60	70	80	西
90	53%	56%	58%	61%	63%	65%	66%	67%	68%	68%	68%	67%	66%	65%	63%	61%	58%	56%	53%
80	59%	62%	65%	68%	71%	73%	75%	76%	77%	77%	77%	76%	75%	73%	71%	68%	65%	62%	59%
70	65%	68%	72%	75%	78%	80%	82%	84%	85%	85%	85%	84%	82%	80%	78%	75%	72%	68%	65%
60	71%	74%	78%	81%	84%	86%	88%	90%	91%	91%	91%	90%	88%	86%	84%	81%	78%	74%	71%
50	76%	80%	83%	86%	89%	91%	93%	95%	96%	96%	96%	95%	93%	91%	89%	86%	83%	80%	76%
40	81%	84%	87%	90%	93%	95%	97%	98%	99%	99%	99%	98%	97%	95%	93%	90%	87%	84%	81%
30	85%	88%	90%	93%	95%	97%	98%	99%	100%	100%	100%	99%	98%	97%	95%	93%	90%	88%	85%
20	89%	91%	92%	94%	95%	97%	98%	98%	99%	99%	99%	98%	98%	97%	95%	94%	92%	91%	89%
10	91%	92%	93%	94%	94%	95%	96%	96%	96%	96%	96%	96%	96%	95%	94%	94%	93%	92%	91%
水平面	92%	92%	92%	92%	92%	92%	92%	92%	92%	92%	92%	92%	92%	92%	92%	92%	92%	92%	92%

续附表 1

武汉 纬度 30°37′，经度 114°08′，海拔高度 23.3m

倾角/(°) \ 方位角/(°)	东	-80	-70	-60	-50	-40	-30	-20	-10	南	10	20	30	40	50	60	70	80	西
90	54%	55%	57%	58%	58%	59%	59%	59%	59%	59%	59%	59%	59%	59%	58%	58%	57%	55%	54%
80	61%	62%	64%	65%	66%	67%	68%	68%	68%	69%	68%	68%	68%	67%	66%	65%	64%	62%	61%
70	68%	70%	71%	73%	74%	75%	76%	77%	77%	77%	77%	77%	76%	75%	74%	73%	71%	70%	68%
60	74%	76%	78%	80%	81%	82%	83%	84%	84%	84%	84%	84%	83%	82%	81%	80%	78%	76%	74%
50	80%	82%	84%	86%	87%	88%	89%	90%	91%	91%	91%	90%	89%	88%	87%	86%	84%	82%	80%
40	86%	88%	89%	91%	92%	93%	94%	95%	95%	95%	95%	95%	94%	93%	92%	91%	89%	88%	86%
30	91%	92%	93%	95%	96%	97%	98%	98%	98%	99%	98%	98%	98%	97%	96%	95%	93%	92%	91%
20	94%	95%	96%	97%	98%	99%	99%	100%	100%	100%	100%	100%	99%	99%	98%	97%	96%	95%	94%
10	97%	97%	98%	98%	99%	99%	99%	99%	100%	100%	100%	99%	99%	99%	99%	98%	98%	97%	97%
水平面	98%	98%	98%	98%	98%	98%	98%	98%	98%	98%	98%	98%	98%	98%	98%	98%	98%	98%	98%

西安 纬度 34°18′，经度 108°56′，海拔高度 397m

倾角/(°) \ 方位角/(°)	东	-80	-70	-60	-50	-40	-30	-20	-10	南	10	20	30	40	50	60	70	80	西
90	55%	57%	58%	60%	61%	62%	62%	62%	63%	63%	63%	62%	62%	62%	61%	60%	58%	57%	55%
80	62%	64%	65%	67%	68%	69%	70%	71%	71%	71%	71%	71%	70%	69%	68%	67%	65%	64%	62%
70	68%	71%	72%	74%	76%	77%	78%	79%	79%	79%	79%	79%	78%	77%	76%	74%	72%	71%	68%
60	75%	77%	79%	81%	82%	84%	85%	86%	86%	86%	86%	86%	85%	84%	82%	81%	79%	77%	75%
50	81%	83%	85%	86%	88%	89%	91%	91%	92%	92%	92%	91%	91%	89%	88%	86%	85%	83%	81%
40	86%	88%	90%	91%	93%	94%	95%	96%	96%	96%	96%	96%	95%	94%	93%	91%	90%	88%	86%
30	90%	92%	93%	95%	96%	97%	98%	99%	99%	99%	99%	99%	98%	97%	96%	95%	93%	92%	90%
20	94%	95%	96%	97%	98%	99%	99%	100%	100%	100%	100%	100%	99%	99%	98%	97%	96%	95%	94%
10	96%	97%	97%	98%	98%	98%	99%	99%	99%	99%	99%	99%	99%	98%	98%	98%	97%	97%	96%
水平面	97%	97%	97%	97%	97%	97%	97%	97%	97%	97%	97%	97%	97%	97%	97%	97%	97%	97%	97%

郑州 纬度 34°43′，经度 113°39′，海拔高度 110m

倾角/(°) \ 方位角/(°)	东	-80	-70	-60	-50	-40	-30	-20	-10	南	10	20	30	40	50	60	70	80	西
90	55%	57%	58%	60%	83%	62%	63%	63%	63%	63%	63%	63%	63%	62%	83%	60%	58%	57%	55%
80	62%	64%	66%	67%	69%	70%	71%	72%	72%	72%	72%	72%	71%	70%	69%	67%	66%	64%	62%
70	68%	70%	72%	74%	76%	77%	79%	79%	80%	72%	80%	79%	79%	77%	76%	74%	72%	70%	68%
60	75%	77%	79%	81%	83%	84%	85%	86%	87%	87%	87%	86%	85%	84%	83%	81%	79%	77%	75%
50	81%	83%	85%	87%	88%	90%	91%	92%	92%	93%	92%	92%	91%	90%	88%	87%	85%	83%	81%
40	86%	88%	90%	91%	93%	94%	95%	96%	96%	97%	96%	96%	95%	94%	93%	91%	90%	88%	86%
30	90%	92%	93%	95%	96%	97%	98%	99%	99%	99%	99%	99%	98%	97%	96%	95%	93%	92%	90%
20	94%	95%	96%	97%	98%	99%	99%	100%	100%	100%	100%	100%	99%	99%	98%	97%	96%	95%	94%
10	96%	96%	97%	97%	98%	98%	99%	99%	99%	99%	99%	99%	99%	98%	98%	97%	97%	96%	96%
水平面	97%	97%	97%	97%	97%	97%	97%	97%	97%	97%	97%	97%	97%	97%	97%	97%	97%	97%	97%

附录2 我国主要城市各月的设计用气象参数

T_a——月平均室外气温,℃;
H_t——水平面太阳总辐射月平均日辐照量, MJ/(m^2·d);
H_d——水平面太阳散射辐射月平均日辐照量, MJ/(m^2·d);
H_b——水平面太阳直射辐射月平均日辐照量, MJ/(m^2·d);
H——倾角等于当地纬度倾斜表面上的太阳总辐射月平均日辐照量, MJ/(m^2·d);
H_0——大气层上界面上太阳总辐射月平均日辐照量, MJ/(m^2·d);
S_m——月日照小时数;
K_t——大气晴朗指数。

附表2 我国主要城市各月的设计用气象参数

北京 纬度39°48′, 经度116°28′, 高度31.3m

月份	1	2	3	4	5	6	7	8	9	10	11	12
T_a	-4.6	-2.2	4.5	13.1	19.8	24.0	25.8	24.4	19.4	12.4	4.1	-2.7
H_t	9.143	12.185	16.126	18.787	22.297	22.049	18.701	17.365	16.542	12.730	9.206	7.889
H_d	3.936	5.253	7.152	9.114	9.952	9.192	9.364	8.086	6.362	4.926	4.004	3.515
H_b	5.208	6.931	8.974	9.673	12.345	12.856	9.336	9.279	10.180	7.805	5.201	4.374
H	15.081	17.141	19.155	18.714	20.175	18.672	16.215	16.430	18.686	17.510	15.112	13.709
H_0	15.422	20.464	27.604	34.740	39.725	41.742	40.596	36.420	29.881	22.478	16.508	13.857
S_m	200.8	201.5	239.7	259.9	291.8	268.8	217.9	227.8	239.9	229.5	191.2	186.7
K_t	0.593	0.595	0.584	0.541	0.561	0.528	0.461	0.477	0.554	0.566	0.558	0.569

天津 纬度39°05′, 经度117°04′, 高度2.5m

月份	1	2	3	4	5	6	7	8	9	10	11	12
T_a	-4.0	-1.6	5.0	13.2	20.0	24.1	26.4	25.5	20.8	13.6	5.2	-1.6
H_t	8.269	11.242	15.361	17.715	21.570	21.283	17.494	16.806	15.472	12.030	8.500	7.328
H_d	3.440	4.804	6.591	8.459	9.320	8.487	8.497	7.649	5.957	4.556	3.555	3.132
H_b	4.829	6.438	8.770	9.256	12.249	12.796	8.997	9.157	9.515	7.474	4.945	4.197
H	14.725	16.491	18.226	17.628	19.501	17.981	15.495	15.891	17.378	16.413	13.806	12.610
H_0	15.853	20.865	27.922	34.924	39.778	41.726	40.612	36.551	30.150	22.853	16.931	14.291
S_m	184.8	183.3	213	238.3	275.3	260.2	225.3	231.1	231.3	218.7	179.2	172.2
K_t	0.522	0.539	0.550	0.507	0.542	0.510	0.431	0.460	0.513	0.526	0.502	0.513

续附表 2

沈阳 纬度 41°44′，经度 123°27′，高度 44.7m

月份	1	2	3	4	5	6	7	8	9	10	11	12
T_a	-12.0	-8.4	0.1	9.3	16.9	21.5	24.6	23.5	17.2	9.4	0.0	-8.5
H_t	7.087	10.795	14.858	17.942	20.494	19.575	17.178	16.383	15.636	11.544	7.735	6.186
H_d	3.231	4.514	5.996	7.572	8.441	8.649	8.635	7.502	5.782	4.204	3.191	2.847
H_b	3.856	6.280	8.862	10.370	12.053	10.926	8.543	8.881	9.853	7.340	4.544	3.339
H	12.165	15.915	18.333	18.214	18.587	16.629	14.890	15.574	18.035	16.682	13.934	11.437
H_0	14.206	19.323	26.688	34.195	39.554	41.764	40.530	36.025	29.099	21.410	15.313	12.638
S_m	168.6	185.9	229.5	244.5	264.9	246.9	214	226.2	236.3	219.7	166.8	151.7
K_t	0.499	0.559	0.557	0.525	0.518	0.469	0.424	0.455	0.537	0.539	0.505	0.490

长春 纬度 43°54′，经度 125°13′，高度 236.8m

月份	1	2	3	4	5	6	7	8	9	10	11	12
T_a	-16.4	-12.7	-3.5	6.7	15.0	20.1	23.0	21.3	15.0	6.8	-3.8	-12.8
H_t	7.558	10.911	14.762	17.265	19.527	19.855	17.032	15.936	15.202	11.004	7.623	6.112
H_d	2.980	4.172	5.558	7.310	8.287	8.990	8.492	7.133	5.392	3.916	2.890	2.543
H_b	4.578	6.739	9.026	9.955	11.276	10.829	8.540	8.804	9.810	7.088	4.734	3.569
H	14.890	17.342	18.683	17.707	17.340	16.863	14.761	15.255	17.995	16.753	13.985	13.166
H_0	12.891	18.071	25.662	33.564	39.329	41.753	40.420	35.556	28.215	20.229	14.016	11.326
S_m	195.5	202.5	247.8	249.8	270.3	256.1	227.6	242.9	243.1	222.1	180.9	170.6
K_t	0.586	0.604	0.575	0.514	0.497	0.476	0.421	0.448	0.539	0.544	0.544	0.540

哈尔滨 纬度 45°45′，经度 126°46′，高度 142.3m

月份	1	2	3	4	5	6	7	8	9	10	11	12
T_a	-19.8	-15.4	-4.8	6.0	14.3	20.0	22.8	21.1	14.4	5.6	-5.7	-15.6
H_t	6.221	9.501	13.464	16.452	18.405	19.860	17.806	16.303	14.147	10.099	6.668	5.162
H_d	2.861	4.028	5.565	7.197	8.134	8.487	8.327	6.974	5.150	3.686	2.756	2.403
H_b	3.360	5.473	7.899	9.255	10.271	11.373	9.478	9.328	8.997	6.413	3.912	2.759
H	12.543	15.364	17.391	16.980	16.367	16.602	15.425	15.743	17.003	15.995	12.717	10.522
H_0	12.928	17.010	24.776	33.003	39.112	41.719	40.302	35.132	27.446	19.223	41.128	10.236
S_m	163.3	187.9	240.4	240.8	274.1	269.7	262.7	256.1	239.3	215	177.2	146.4
K_t	0.515	0.558	0.543	0.498	0.470	0.476	0.442	0.464	0.515	0.525		0.504

佳木斯 纬度 46°49′，经度 130°17′，高度 81.2m

月份	1	2	3	4	5	6	7	8	9	10	11	12
T_a	-20.0	-15.7	-5.9	5.0	13.1	18.5	21.7	20.8	14.0	5.2	-6.6	-15.5
H_t	6.086	9.707	13.325	15.835	17.295	18.400	16.964	14.880	13.144	9.510	6.266	4.847
H_d	2.632	3.862	5.232	7.101	7.764	7.764	7.456	5.924	4.637	3.323	2.460	2.228
H_b	3.454	5.844	8.093	8.734	9.531	10.635	9.508	8.957	8.507	6.187	3.806	2.619
H	13.408	16.522	17.676	16.390	15.409	15.387	14.704	14.502	16.061	15.684	12.738	10.481
H_0	11.096	16.329	24.200	32.631	38.960	41.686	40.214	34.847	26.942	18.575	12.236	9.548
S_m	160	184.8	232.4	225.6	254.7	243.7	247.7	234.1	224.9	204	172	142.5
K_t	0.548	0.594	0.551	0.485	0.444	0.441	0.422	0.427	0.488	0.512	0.512	0.508

续附表2

阿勒泰								纬度41°44′，经度88°05′，高度735.3m				
月份	1	2	3	4	5	6	7	8	9	10	11	12
T_a	-17.0	-15.1	-6.1	7.0	14.9	20.4	22.1	20.5	14.5	5.8	-5.2	-14.1
H_t	6.305	10.336	15.324	19.594	23.208	24.763	23.646	20.619	16.252	10.318	6.272	4.822
H_d	2.773	4.234	6.996	7.236	7.904	7.713	7.208	5.815	4.664	3.652	2.621	2.190
H_b	3.533	6.102	8.327	12.358	15.304	17.050	16.437	14.804	11.587	6.666	3.651	2.632
H	14.650	17.923	19.846	20.862	20.817	20.571	20.508	20.604	20.667	17.429	12.974	11.030
H_0	10.537	15.778	23.730	32.324	38.830	41.654	40.137	34.610	26.529	18.049	11.679	8.997
S_m	169	188.4	256.1	291.4	336.2	349.3	354.5	337.4	288.1	228.4	158.5	135.3
K_t	0.598	0.655	0.646	0.606	0.598	0.594	0.589	0.596	0.613	0.572	0.537	0.536

伊宁								纬度43°57′，经度81°20′，高度662.5m				
月份	1	2	3	4	5	6	7	8	9	10	11	12
T_a	-10.0	-7.0	2.6	12.1	16.9	20.5	22.6	21.6	16.9	9.3	0.9	-5.8
H_t	7.131	10.451	13.846	18.190	22.688	24.338	24.112	21.847	17.024	11.627	7.711	5.774
H_d	3.004	4.364	6.037	7.617	8.742	8.091	7.073	6.326	5.361	4.101	2.799	2.518
H_b	4.127	6.087	7.809	10.589	13.946	16.247	17.040	15.520	11.663	7.526	4.912	3.256
H	13.736	16.215	17.268	18.698	20.107	20.500	20.672	21.336	20.470	17.758	14.359	12.225
H_0	12.860	18.041	25.637	33.549	39.324	41.753	40.418	35.544	28.194	20.201	13.985	11.295
S_m	165.8	177.4	222.1	261.6	302.3	310.1	338.4	326.8	284.5	240.5	174.8	150.8
K_t	0.554	0.579	0.540	0.542	0.577	0.583	0.596	0.615	0.604	0.576	0.551	0.511

吐鲁番								纬度42°56′，经度89°12′，高度34.5m				
月份	1	2	3	4	5	6	7	8	9	10	11	12
T_a	-9.5	-2.1	9.3	18.9	25.7	30.9	32.7	30.4	23.3	12.6	4.8	-7.2
H_t	7.553	11.280	15.266	18.975	22.753	23.996	23.387	21.391	17.576	13.232	8.795	6.443
H_d	3.996	5.599	8.116	10.261	10.486	9.623	8.059	7.104	6.443	5.123	3.933	3.375
H_b	3.593	5.630	7.096	8.613	12.093	14.423	15.248	14.222	11.224	8.047	4.852	3.010
H	12.712	16.042	17.859	18.769	20.491	20.352	19.998	20.622	20.640	19.214	14.742	11.623
H_0	13.490	18.644	26.134	33.857	39.436	41.762	40.475	35.775	28.622	20.770	14.607	11.922
S_m	165.7	195.5	248	266	309.8	311.2	322.1	316.2	288.5	259.6	191.8	140.5
K_t	0.560	0.605	0.584	0.560	0.577	0.574	0.578	0.598	0.614	0.637	0.602	0.540

库车								纬度41°43′，经度82°57′，高度1099.0m				
月份	1	2	3	4	5	6	7	8	9	10	11	12
T_a	-8.4	-2.2	7.4	15.2	20.8	24.5	25.9	24.9	20.3	12.2	2.5	-6.1
H_t	8.918	12.018	14.993	18.250	22.243	23.875	23.112	20.941	17.674	13.776	9.822	7.779
H_d	4.225	6.501	9.803	12.084	12.606	11.245	9.629	9.148	8.452	6.472	4.394	3.640
H_b	4.693	5.517	5.190	6.165	9.637	12.631	13.483	11.793	9.221	7.304	5.429	4.139
H	15.066	16.266	16.405	17.658	20.135	20.346	19.901	19.948	19.617	18.660	17.165	14.272
H_0	14.239	19.354	26.713	34.210	39.559	41.764	40.532	36.036	29.121	21.439	15.346	12.671
S_m	190	185.6	205.9	227.8	261.5	275	290.5	277.6	263.8	245.7	204.5	176.1
K_t	0.626	0.621	0.561	0.533	0.562	0.572	0.570	0.581	0.607	0.642	0.640	0.614

续附表 2

喀什 纬度 39°28′，经度 75°59′，高度 1288.7m

月份	1	2	3	4	5	6	7	8	9	10	11	12
T_a	-6.6	-1.6	7.7	15.4	19.9	23.8	25.9	24.5	19.8	12.3	3.4	4.2
H_t	8.222	10.495	14.050	17.302	21.458	25.348	23.876	20.876	17.731	14.023	9.865	7.529
H_d	4.738	6.273	8.595	10.121	10.488	9.634	9.484	9.657	7.925	5.918	4.451	4.027
H_b	3.484	4.222	5.456	7.181	10.970	15.714	14.391	11.220	9.806	8.104	5.414	3.502
H	12.891	13.775	15.479	16.935	19.420	21.364	20.490	19.745	19.591	18.809	15.818	11.957
H_0	15.625	20.654	27.754	34.827	39.751	41.735	40.604	36.482	30.008	22.655	16.708	14.062
S_m	161.4	166.2	191.4	221.9	264.7	314.7	323	297.6	268.6	248.3	203.4	164.5
K_t	0.526	0.508	0.506	0.497	0.540	0.607	0.588	0.572	0.591	0.619	0.590	0.535

若羌 纬度 39°02′，经度 88°10′，高度 888.3m

月份	1	2	3	4	5	6	7	8	9	10	11	12
T_a	-8.5	-2.3	7.1	15.4	20.9	25.3	27.4	26.0	20.1	11.1	1.6	-6.2
H_t	9.313	12.328	15.755	18.825	22.578	23.992	22.878	21.566	18.957	15.377	10.916	8.506
H_d	4.803	6.620	9.818	12.235	12.872	11.780	10.671	9.304	8.115	5.652	4.525	4.110
H_b	4.510	5.708	5.937	6.590	9.707	12.212	12.207	12.262	10.842	9.724	6.390	4.396
H	15.174	16.759	17.224	18.220	20.460	20.518	20.241	20.421	21.007	21.084	17.750	13.945
H_0	15.896	20.905	27.954	34.942	39.783	41.724	40.614	36.564	30.177	22.890	16.973	14.334
S_m	213.5	209.2	238.9	264.5	303.8	310.2	313.7	317	302.1	294	235.5	200.2
K_t	0.586	0.590	0.564	0.539	0.568	0.575	0.563	0.590	0.628	0.672	0.643	0.593

和田 纬度 37°08′，经度 79°56′，高度 1374.5m

月份	1	2	3	4	5	6	7	8	9	10	11	12
T_a	-5.6	-0.3	9.0	16.5	20.4	23.9	25.5	24.1	19.7	12.4	3.8	-3.2
H_t	9.695	11.635	15.483	18.018	21.071	22.969	21.278	19.425	17.920	15.842	11.886	9.206
H_d	5.132	6.905	9.927	12.079	13.044	13.127	12.260	11.910	9.602	6.393	4.704	4.246
H_b	4.563	4.730	5.556	5.940	8.027	9.842	9.018	7.514	8.319	9.448	7.182	4.960
H	14.583	14.681	16.638	17.374	19.149	19.905	18.989	18.357	19.030	20.683	18.521	14.512
H_0	17.063	21.981	28.794	35.416	39.900	41.660	40.633	36.895	30.884	23.889	18.114	15.512
S_m	173.5	169.4	191.8	215.1	242.3	262.1	251	239	248.1	269.2	228.4	184.2
K_t	0.568	0.529	0.538	0.509	0.528	0.551	0.524	0.526	0.580	0.663	0.656	0.593

哈密 纬度 42°49′，经度 93°31′，高度 737.2m

月份	1	2	3	4	5	6	7	8	9	10	11	12
T_a	-12.2	-5.8	4.5	13.2	20.2	25.1	27.2	25.9	19.1	9.9	-0.6	-9.0
H_t	9.004	12.827	16.656	21.048	24.977	25.907	24.364	22.285	19.030	14.379	9.816	7.748
H_d	3.700	4.956	7.360	9.365	9.349	8.808	7.532	6.441	6.651	5.552	4.587	3.353
H_b	5.304	7.862	9.596	11.683	15.628	17.099	16.832	15.848	13.292	9.940	6.350	4.660
H	16.721	19.784	20.887	21.373	22.715	21.799	20.851	21.648	23.540	22.984	18.726	16.222
H_0	13.560	18.708	26.188	33.890	39.448	41.763	40.480	35.800	28.670	20.833	14.676	11.992
S_m	210	220.7	270.3	288.8	334.1	327.6	327.3	321.4	300.6	277	224.9	197.4
K_t	0.664	0.686	0.636	0.621	0.633	0.620	0.602	0.622	0.664	0.690	0.669	0.646

续附表2

敦煌　　纬度40°09′，经度94°41′，高度1139m

月份	1	2	3	4	5	6	7	8	9	10	11	12
T_a	-9.3	-4.1	4.5	12.4	18.3	22.7	24.7	23.5	17.0	8.7	0.2	-7.0
H_t	9.698	13.144	16.777	20.884	24.380	25.420	23.868	22.375	18.991	15.254	10.757	8.747
H_d	4.198	5.720	8.807	10.871	10.867	9.441	8.475	7.322	6.690	5.022	4.102	3.581
H_b	5.499	7.424	7.970	10.013	13.513	15.978	15.393	15.053	12.300	10.232	6.654	5.166
H	16.131	18.568	19.301	20.698	22.066	21.408	20.412	21.411	21.738	21.793	18.640	15.879
H_0	15.206	20.263	27.444	34.646	39.697	41.748	40.587	36.352	29.744	22.290	16.296	13.640
S_m	227	226.4	264.2	292.5	331.5	324.8	330	326.9	306.2	290.4	238.6	214.6
K_t	0.638	0.649	0.611	0.603	0.614	0.609	0.588	0.616	0.638	0.684	0.660	0.641

民勤　　纬度38°38′，经度103°05′，高度1367m

月份	1	2	3	4	5	6	7	8	9	10	11	12
T_a	-9.6	-5.6	2.1	10.0	16.4	21.0	23.2	21.7	15.7	7.8	-0.9	-7.9
H_t	9.958	12.850	15.695	18.340	21.163	22.240	20.197	18.889	15.838	13.401	10.295	9.112
H_d	3.773	5.465	8.042	10.259	10.674	9.616	8.362	7.337	6.305	4.857	3.698	3.282
H_b	6.185	7.384	7.665	8.080	10.489	12.624	11.835	11.551	9.533	8.544	6.597	5.829
H	17.895	18.657	17.948	17.997	19.155	18.874	17.811	17.915	17.661	18.298	17.206	16.272
H_0	16.142	21.133	28.133	35.045	39.810	41.713	40.620	36.637	30.329	23.102	17.214	14.582
S_m	240	223	254.1	270.5	300.3	296.5	297.5	289.5	261.9	257.2	244.8	237.3
K_t	0.617	0.608	0.558	0.523	0.532	0.533	0.497	0.516	0.522	0.580	0.598	0.625

格尔木　　纬度36°25′，经度94°54′，高度2807.6m

月份	1	2	3	4	5	6	7	8	9	10	11	12
T_a	-10.7	-6.6	-0.1	6.4	11.5	15.3	17.6	16.8	11.5	4.0	-4.4	-9.6
H_t	11.642	14.704	18.731	23.089	25.525	25.724	24.565	23.468	20.285	17.413	13.393	11.016
H_d	4.234	5.937	8.517	10.643	11.365	10.845	9.872	8.426	7.323	4.869	3.661	3.404
H_b	7.408	8.766	10.214	12.446	14.160	14.879	14.693	15.042	12.962	12.544	9.732	7.612
H	19.393	20.564	21.491	22.848	23.051	22.366	21.634	22.503	22.497	23.828	22.114	20.910
H_0	17.499	22.379	29.101	35.585	39.935	41.627	40.631	37.010	31.141	24.258	18.540	15.953
S_m	227.2	217.7	255.1	282.3	304.1	282.1	285.2	293.1	268.4	285.1	255.2	234.6
K_t	0.665	0.657	0.644	0.649	0.639	0.618	0.604	0.634	0.651	0.718	0.722	0.690

西宁　　纬度36°43′，经度101°45′，高度2295.2m

月份	1	2	3	4	5	6	7	8	9	10	11	12
T_a	-8.4	-4.9	1.9	7.9	12.0	15.2	17.2	16.5	12.1	6.4	-0.8	-6.7
H_t	10.950	14.083	17.166	20.260	21.982	22.955	21.618	20.547	15.856	13.697	11.695	10.105
H_d	4.239	6.004	8.587	10.071	10.274	9.510	8.438	7.449	6.831	5.219	4.282	3.753
H_b	6.712	8.078	8.579	10.189	11.708	13.445	13.179	13.098	9.025	8.748	7.413	6.352
H	18.130	19.564	19.419	19.974	19.870	19.442	19.021	19.715	17.297	18.388	18.376	16.816
H_0	17.387	22.277	29.023	35.542	39.927	41.636	40.632	36.981	31.075	24.164	18.431	15.84
S_m	217.9	212.6	231	249.8	263	244.8	252.5	253.4	204.4	216.3	221.1	209.2
K_t	0.630	0.632	0.591	0.570	0.550	0.551	0.532	0.556	0.510	0.578	0.634	0.638

续附表 2

玉树								纬度 33°01′，经度 97°01′，高度 3681.2m			
月份	1	2	3	4	5	6	7	8	9	10	11	12
T_a	-7.8	-5.0	-0.5	4.0	7.7	10.6	12.5	11.6	8.7	3.3	-3.0	-7.2
H_t	12.544	14.274	17.702	20.480	21.568	20.843	21.326	20.455	17.112	15.170	14.076	11.997
H_d	4.586	6.880	8.582	9.925	10.329	10.532	10.102	9.327	7.574	6.172	4.139	3.541
H_b	7.958	7.394	9.120	10.554	11.239	10.311	11.223	11.128	9.538	8.998	9.937	8.457
H	18.871	18.036	19.618	20.055	19.519	18.363	18.936	19.416	18.240	18.711	21.011	19.926
H_0	19.573	24.249	30.511	36.320	40.034	41.408	40.559	37.489	32.304	25.977	20.558	18.060
S_m	193.8	184.3	221.5	235.7	245.9	218	235.2	233.5	195.3	211	215.3	201.1
K_t	0.641	0.589	0.580	0.564	0.539	0.503	0.526	0.546	0.530	0.584	0.685	0.664

兰州								纬度 36°03′，经度 103°53′，高度 1517.2m			
月份	1	2	3	4	5	6	7	8	9	10	11	12
T_a	-6.9	-2.3	5.2	11.8	16.6	20.3	22.2	21.0	15.8	9.4	1.7	-5.5
H_t	8.178	11.655	14.831	18.563	21.208	22.389	20.406	18.994	14.378	12.282	9.214	7.326
H_d	4.874	6.496	8.780	10.458	11.072	10.303	8.811	7.704	7.064	5.916	5.040	4.439
H_b	3.305	5.158	6.051	8.105	10.136	12.086	11.595	11.290	7.314	6.365	4.174	2.886
H	11.312	14.789	16.152	18.128	19.216	19.553	18.016	18.151	15.376	15.207	12.600	10.696
H_0	17.723	22.583	29.258	35.670	39.952	41.609	40.629	37.067	31.271	24.447	18.759	16.18
S_m	162.2	185.5	202	232	253.8	242.3	252.8	248.9	197.7	192.6	180.8	157.7
K_t	0.461	0.516	0.506	0.520	0.531	0.538	0.502	0.515	0.460	0.502	0.491	0.453

二连浩特								纬度 43°49′，经度 111°58′，高度 964.7m			
月份	1	2	3	4	5	6	7	8	9	10	11	12
T_a	-18.6	-15.9	-4.6	6.0	14.3	20.4	22.9	20.7	13.4	4.3	-6.9	-16.2
H_t	8.970	13.344	17.950	21.508	24.164	24.579	22.354	20.481	18.069	13.825	9.672	7.824
H_d	2.869	4.230	5.948	8.129	9.029	8.812	8.044	6.729	5.346	3.678	3.022	2.522
H_b	6.101	9.115	12.002	13.380	15.144	15.767	14.311	13.752	12.722	10.147	6.650	5.302
H	18.647	22.048	23.474	22.256	21.407	20.740	19.222	19.878	21.810	22.124	18.548	18.150
H_0	13.045	18.219	25.784	33.640	39.358	41.756	40.435	35.613	28.321	20.369	14.168	11.480
S_m	228.1	234.7	288	300.5	331.7	331.9	318.2	301.5	284.9	261.2	223	212.4
K_t	0.688	0.732	0.696	0.639	0.614	0.589	0.553	0.575	0.638	0.679	0.683	0.682

大同								纬度 40°06′，经度 113°20′，高度 1067.2m			
月份	1	2	3	4	5	6	7	8	9	10	11	12
T_a	-11.3	-7.7	-0.1	8.3	15.4	19.9	21.8	20.1	14.3	7.5	-1.4	-8.9
H_t	9.019	12.481	16.282	19.011	22.268	23.168	20.588	19.176	16.908	13.498	9.576	7.977
H_d	3.461	4.584	6.335	8.305	8.960	8.448	8.219	7.095	5.670	4.261	3.557	3.139
H_b	5.558	7.897	9.947	10.706	13.309	14.720	12.369	12.081	11.238	9.236	6.018	4.838
H	15.568	18.367	19.848	19.114	20.150	19.495	17.680	18.287	19.447	19.405	16.688	14.647
H_0	15.237	20.292	27.467	34.659	39.702	41.747	40.588	36.362	29.764	22.317	16.326	13.671
S_m	191.5	196.7	231	252.8	282.5	275.5	253.8	242.6	243.1	235.3	193	174.7
K_t	0.592	0.615	0.593	0.548	0.561	0.555	0.507	0.527	0.568	0.605	0.586	0.583

续附表2

伊金霍洛旗　　纬度39°34′，经度109°44′，高度1329.3m

月份	1	2	3	4	5	6	7	8	9	10	11	12
T_a	-11.4	-7.7	0.0	8.0	14.8	19.6	21.5	19.7	13.8	6.7	-2.1	-9.6
H_t	10.068	12.957	15.968	18.601	21.369	22.300	20.148	18.235	15.743	13.327	10.150	8.839
H_d	3.206	4.602	6.792	8.541	8.988	8.285	7.695	6.490	5.382	3.967	3.201	2.738
H_b	6.861	8.356	9.176	10.060	12.381	14.015	12.454	11.745	10.361	9.361	6.950	6.101
H	17.926	18.998	19.068	18.595	19.326	18.775	17.267	17.379	17.988	19.147	18.080	16.991
H_0	15.687	20.711	27.800	34.853	39.758	41.733	40.607	36.501	30.047	22.709	16.768	14.124
S_m	233.1	215.8	254.1	274.7	314.6	307.9	306.8	275.9	270.1	255.9	233.3	219.3
K_t	0.642	0.626	0.574	0.534	0.537	0.534	0.496	0.500	0.524	0.587	0.605	0.626

银川　　纬度38°29′，经度106°13′，高度1111.4m

月份	1	2	3	4	5	6	7	8	9	10	11	12
T_a	-9.0	-4.8	2.8	10.6	16.9	21.4	23.4	21.6	16.0	9.1	0.9	-6.7
H_t	10.066	13.343	16.229	19.727	22.447	24.043	21.695	20.371	16.874	13.782	10.818	9.095
H_d	3.814	5.256	7.801	10.149	10.393	9.370	8.865	7.415	6.335	4.808	3.828	3.436
H_b	6.251	8.087	8.428	9.578	12.054	14.674	12.829	12.956	10.538	8.973	6.990	5.658
H	17.965	19.689	18.758	19.486	20.298	20.287	19.124	19.644	18.920	18.900	18.060	15.941
H_0	16.234	21.218	28.200	35.083	39.820	41.709	40.622	36.664	30.385	23.182	17.304	14.675
S_m	213.6	208.6	240.9	264.7	297.5	295.4	291.7	276.8	249	240.3	222.2	210.7
K_t	0.620	0.629	0.575	0.562	0.564	0.576	0.534	0.556	0.555	0.594	0.625	0.620

太原　　纬度37°47′，经度112°33′，高度778.3m

月份	1	2	3	4	5	6	7	8	9	10	11	12
T_a	-6.6	-3.1	3.7	11.4	17.7	21.7	23.5	21.8	16.1	9.9	2.1	-4.9
H_t	9.367	11.943	15.418	17.871	21.698	22.146	18.992	17.743	15.017	12.611	9.532	8.234
H_d	3.852	4.965	7.180	8.658	9.148	8.450	8.009	7.341	5.969	4.732	3.850	3.423
H_b	5.515	6.978	8.239	9.213	12.550	13.696	10.983	10.402	9.048	7.879	5.682	4.810
H	15.836	17.693	17.820	17.697	19.592	18.663	16.754	17.013	16.648	16.868	15.042	13.701
H_0	16.663	21.613	28.509	35.257	39.864	41.685	40.630	36.786	30.645	23.548	17.723	15.107
S_m	179.8	179.8	209	237.6	274	259.4	236.6	231.5	216.7	213.8	180.9	168.6
K_t	0.562	0.552	0.540	0.507	0.544	0.531	0.467	0.482	0.490	0.536	0.538	0.545

侯马　　纬度35°39′，经度111°22′，高度433.8m

月份	1	2	3	4	5	6	7	8	9	10	11	12
T_a	-4.4	-0.2	6.9	13.8	19.8	24.9	26.3	24.8	18.9	12.4	4.5	-2.3
H_t	9.197	10.838	13.617	15.549	19.572	21.399	19.517	18.757	13.315	11.384	9.168	8.262
H_d	4.178	5.241	7.283	8.174	9.016	8.897	8.107	7.461	5.707	4.702	3.950	3.661
H_b	5.019	5.597	6.334	7.375	10.556	12.502	11.410	11.296	7.608	6.682	5.218	4.601
H	14.023	14.271	15.101	15.242	17.684	18.600	17.208	17.916	14.441	14.487	13.443	13.649
H_0	17.967	22.805	29.427	35.760	39.968	41.587	40.625	37.128	31.412	24.651	18.997	16.427
S_m	163.8	178.6	189.1	238.2	262	247.4	251.5	238.1	200	181.6	157.5	147.8
K_t	0.512	0.475	0.463	0.435	0.490	0.514	0.480	0.505	0.424	0.462	0.483	0.503

续附表 2

烟台 纬度 37°32′，经度 121°24′，高度 46.7m

月份	1	2	3	4	5	6	7	8	9	10	11	12
T_a	-1.9	-0.5	4.1	11.1	18.0	21.7	24.7	25.2	21.3	15.6	8.4	1.5
H_t	6.855	10.093	14.215	16.574	19.285	19.422	15.625	15.243	14.345	11.432	7.641	5.960
H_d	2.842	4.022	5.608	6.742	6.979	6.991	6.725	6.093	4.888	4.031	3.105	2.550
H_b	4.013	6.071	8.606	9.832	12.306	12.431	8.900	9.150	9.456	7.401	4.537	3.410
H	11.449	14.512	16.835	16.576	17.378	16.315	13.792	14.621	16.127	15.401	11.954	9.752
H_0	16.816	21.754	28.619	35.619	39.878	41.676	40.631	36.828	30.737	23.679	17.873	15.262
S_m	174	183.9	244.2	264	294.2	276.6	244.5	243.5	252.8	235.8	182.1	160.8
K_t	0.408	0.464	0.497	0.469	0.484	0.466	0.384	0.414	0.467	0.483	0.428	0.390

济南 纬度 36°41′，经度 116°59′，高度 51.6m

月份	1	2	3	4	5	6	7	8	9	10	11	12
T_a	-1.4	1.1	7.6	15.2	21.8	26.3	27.4	26.2	21.7	15.8	7.9	1.1
H_t	8.376	10.930	14.423	16.679	20.770	21.055	16.776	15.663	14.884	12.093	9.089	7.657
H_d	3.425	4.592	6.434	7.643	8.059	7.734	7.285	6.505	5.503	4.371	3.430	2.982
H_b	4.951	6.337	7.988	9.036	12.711	13.337	9.490	9.158	9.380	7.722	5.659	4.676
H	13.630	15.225	16.634	16.523	18.716	18.212	14.812	14.979	16.498	16.003	14.162	13.854
H_0	17.338	22.233	28.988	35.523	39.923	41.640	40.632	36.968	31.047	24.122	18.383	15.79
S_m	175	177.3	217.7	248.8	280.3	263.1	216.9	224.3	224.4	216.4	181.2	171.9
K_t	0.483	0.492	0.498	0.470	0.520	0.506	0.413	0.424	0.479	0.501	0.494	0.485

那曲 纬度 31°29′，经度 92°04′，高度 4507m

月份	1	2	3	4	5	6	7	8	9	10	11	12
T_a	-13.8	-10.6	-6.3	-1.3	3.2	7.2	8.8	8.0	5.2	-1.0	-8.4	-13.2
H_t	14.354	15.701	18.677	20.982	22.442	21.266	20.972	18.997	18.334	17.478	15.571	13.626
H_d	4.722	6.929	9.129	10.791	10.460	9.680	9.820	9.589	8.045	6.103	4.543	4.087
H_b	9.631	8.773	9.548	10.190	11.982	11.586	11.149	9.408	10.288	11.375	11.028	9.539
H	21.215	19.781	20.479	20.450	20.306	18.650	18.638	17.998	19.415	21.626	22.479	21.486
H_0	20.484	25.057	31.104	36.607	40.041	41.275	40.491	37.663	32.784	26.715	21.441	18.990
S_m	236.8	212.3	236.4	250.7	272.5	251.4	235.3	226.8	223.1	259.2	260.4	246.9
K_t	0.701	0.627	0.600	0.573	0.560	0.515	0.518	0.504	0.559	0.654	0.726	0.718

拉萨 纬度 29°40′，经度 91°08′，高度 3648.7m

月份	1	2	3	4	5	6	7	8	9	10	11	12
T_a	-2.2	1.0	4.4	8.3	12.3	15.3	15.1	14.3	12.7	8.3	2.3	-1.7
H_t	16.556	18.809	21.328	23.137	26.188	26.623	24.628	22.695	21.285	20.713	17.803	15.725
H_d	3.452	5.236	7.139	8.713	8.392	8.651	9.808	9.581	7.282	4.282	3.157	2.871
H_b	13.105	13.574	14.190	14.424	17.796	17.972	14.820	13.114	14.003	16.431	14.645	12.854
H	24.871	24.650	24.015	22.649	23.786	22.963	21.747	21.478	22.732	26.260	26.023	25.025
H_0	21.558	26.000	31.781	36.917	40.018	41.089	40.380	37.839	33.327	27.571	22.480	20.091
S_m	262.4	237.5	258.4	261.8	289.9	269.3	237.8	229.1	240	294.3	279.4	270.5
K_t	2.768	0.723	0.671	0.627	0.654	0.648	0.610	0.599	0.639	0.751	0.792	0.783

续附表2

昌都　纬度31°09′，经度97°10′，高度3306m

月份	1	2	3	4	5	6	7	8	9	10	11	12
T_a	-2.6	0.5	4.3	8.4	12.3	14.9	16.1	15.3	13.0	8.1	2.3	-2.0
H_t	12.798	14.267	16.551	18.991	19.763	20.078	19.991	19.520	17.410	15.077	13.645	12.593
H_d	3.915	5.601	7.433	8.856	9.066	9.304	9.184	8.394	7.067	5.551	3.909	3.292
H_b	8.894	8.665	9.118	10.135	10.696	10.774	10.806	11.126	10.343	9.525	9.736	9.301
H	19.016	18.272	18.304	18.558	17.874	17.636	17.756	18.499	18.524	18.452	19.609	20.092
H_0	20.681	25.231	31.230	36.666	40.039	41.244	40.473	37.698	32.886	26.873	21.632	19.192
S_m	207.6	188.1	206.9	211.1	233	209.6	206.9	207	193.7	207.5	213.4	217.6
K_t	0.619	0.565	0.530	0.518	0.494	0.487	0.494	0.518	0.529	0.561	0.631	0.656

成都　纬度30°40′，经度104°01′，高度506.1m

月份	1	2	3	4	5	6	7	8	9	10	11	12
T_a	5.5	7.5	12.1	17.0	20.9	23.7	25.6	25.1	21.2	16.8	11.9	7.3
H_t	5.911	7.191	10.326	12.505	14.034	14.916	15.506	14.789	10.112	7.534	6.227	5.419
H_d	4.349	5.453	7.186	8.664	9.548	9.630	9.306	8.631	7.298	5.707	4.537	4.042
H_b	1.562	1.738	3.140	3.840	4.485	5.286	6.199	6.158	2.814	1.827	1.690	1.377
H	6.773	7.740	10.664	12.049	12.933	13.450	14.011	14.005	10.117	7.917	7.027	6.302
H_0	20.966	25.482	31.411	36.750	40.035	41.196	40.445	37.746	33.031	27.101	21.908	19.484
S_m	55.3	53.1	85.8	117.7	125.5	120.8	136.5	160.3	80	61.3	59.1	53.7
K_t	0.282	0.282	0.329	0.340	0.350	0.362	0.383	0.392	0.306	0.278	0.284	0.278

西安　纬度34°18′，经度108°56′，高度397.5m

月份	1	2	3	4	5	6	7	8	9	10	11	12
T_a	-1.0	2.1	8.1	14.1	19.1	25.2	26.6	25.5	19.4	13.7	6.6	0.7
H_t	7.884	9.513	11.796	14.359	16.756	19.363	18.232	18.213	11.816	9.822	8.075	7.214
H_d	4.585	5.734	7.352	8.743	9.011	9.315	8.573	7.628	6.137	5.201	4.527	4.199
H_b	3.299	3.823	4.454	5.616	7.744	10.048	9.659	10.593	5.686	4.643	3.548	3.021
H	10.605	11.541	12.612	13.928	15.209	16.980	16.167	17.345	12.458	11.693	10.587	10.200
H_0	18.788	23.546	29.987	36.054	40.010	41.504	40.600	37.321	31.874	25.333	19.795	17.26
S_m	105.3	107.5	125.5	153.8	178.1	192	198.7	202.3	132	115.7	102.8	97.4
K_t	0.420	0.404	0.393	0.398	0.419	0.466	0.449	0.488	0.371	0.388	0.408	0.418

郑州　纬度34°43′，经度113°39′，高度110.4m

月份	1	2	3	4	5	6	7	8	9	10	11	12
T_a	-0.3	2.2	7.8	14.9	21.0	26.2	27.3	25.8	20.9	15.1	7.8	1.7
H_t	8.679	10.531	13.125	15.144	18.694	19.604	16.874	16.100	13.168	11.297	8.820	7.781
H_d	4.226	5.374	7.371	8.578	9.014	8.605	8.033	7.353	5.981	4.754	3.895	3.555
H_b	4.453	5.156	5.754	6.567	9.680	10.998	8.841	8.746	7.188	6.542	4.925	4.226
H	12.611	13.450	14.342	14.759	16.911	17.096	14.966	15.313	14.121	14.148	12.577	12.277
H_0	18.535	23.319	19.817	35.966	39.999	41.531	40.609	37.264	31.734	25.124	19.550	17.004
S_m	149.8	143.7	170.2	209.5	241.4	236.7	206.8	206.6	184.9	188.3	163.9	153.9
K_t	0.468	0.452	0.440	0.421	0.467	0.472	0.416	0.432	0.415	0.450	0.451	0.458

续附表 2

万县　　纬度 30°46′，经度 108°24′，高度 186.7m

月份	1	2	3	4	5	6	7	8	9	10	11	12
T_a	6.7	8.7	13.4	18.4	22.2	25.4	28.6	28.5	23.9	18.7	13.5	9.1
H_t	4.454	6.403	8.813	11.760	12.097	14.248	17.943	16.267	11.247	7.848	5.585	4.015
H_d	3.497	4.748	5.874	7.057	7.340	8.014	7.558	6.765	5.693	4.792	3.760	3.102
H_b	0.957	1.656	2.940	4.703	4.756	6.235	10.358	10.718	5.554	3.076	1.825	0.913
H	4.942	6.955	9.179	11.394	11.078	12.699	15.849	16.564	11.725	8.772	6.515	4.583
H_0	20.907	25.430	31.374	36.733	40.036	41.206	40.451	37.737	33.001	27.054	21.850	19.423
S_m	34.8	45.4	79.3	120.6	137.6	136.7	204.1	225.6	131.3	88.1	63.7	35.1
K_t	0.213	0.252	0.281	0.320	0.302	0.346	0.444	0.431	0.341	0.290	0.256	0.207

宜昌　　纬度 30°42′，经度 111°18′，高度 133.1m

月份	1	2	3	4	5	6	7	8	9	10	11	12
T_a	4.7	6.4	11.0	16.8	21.3	25.6	28.2	27.7	23.3	18.1	12.3	6.7
H_t	6.656	7.934	9.462	11.713	13.450	16.029	17.663	16.978	12.245	10.064	7.651	6.167
H_d	4.229	5.031	6.128	7.104	7.923	8.777	8.014	7.463	6.478	5.397	4.428	3.824
H_b	2.427	2.913	3.334	4.609	5.528	7.252	9.649	9.515	5.766	4.667	3.223	2.343
H	8.130	9.083	9.902	11.343	12.302	14.257	15.686	16.082	12.707	11.529	9.401	7.833
H_0	20.949	25.466	31.400	36.745	40.035	41.199	40.447	37.744	33.022	27.087	21.890	19.466
S_m	79.7	81.2	99.6	137.3	158.7	157.7	192.1	207.7	148.1	136.6	117.2	100.6
K_t	0.318	0.312	0.301	0.319	0.336	0.389	0.437	0.449	0.371	0.372	0.349	0.317

南京　　纬度 32°00′，经度 118°48′，高度 8.9m

月份	1	2	3	4	5	6	7	8	9	10	11	12
T_a	2.0	3.8	8.4	14.8	19.9	24.5	28.0	27.8	22.7	16.9	10.5	4.4
H_t	8.406	9.970	12.339	14.271	16.359	16.863	17.652	17.850	13.381	12.171	9.515	8.163
H_d	3.991	4.810	6.166	7.620	8.290	8.429	7.809	7.465	6.478	5.072	4.091	3.540
H_b	4.415	5.160	6.173	6.651	8.069	8.434	9.843	10.386	6.903	7.099	5.424	4.622
H	11.572	12.415	13.530	13.900	14.843	14.868	15.636	16.935	14.075	14.775	12.933	12.047
H_0	20.173	24.782	30.904	36.511	40.041	41.323	40.516	37.607	32.622	26.465	21.140	18.673
S_m	133.5	127.4	140.8	174	200.5	177.6	212.2	221.5	172.9	174.9	158.8	155.2
K_t	0.417	0.402	0.399	0.391	0.408	0.408	0.436	0.475	0.410	0.460	0.450	0.437

合肥　　纬度 31°51′，经度 117°14′，高度 27.9m

月份	1	2	3	4	5	6	7	8	9	10	11	12
T_a	2.1	4.2	9.2	15.5	20.6	25.0	28.3	28.0	22.9	17.0	10.6	4.5
H_t	8.107	9.322	11.624	13.423	15.965	17.348	17.180	16.637	12.492	11.450	8.944	7.565
H_d	3.849	4.666	6.151	7.554	8.257	8.618	7.406	7.389	6.225	4.966	4.016	3.494
H_b	4.258	4.656	5.472	5.869	7.708	8.731	9.774	9.248	6.268	6.484	4.928	4.070
H	11.131	11.490	12.630	13.046	14.499	15.293	15.200	15.776	13.097	13.790	12.004	10.927
H_0	20.263	24.862	30.962	36.539	40.042	41.310	40.509	37.623	32.669	26.537	21.227	18.764
S_m	126	119.4	132.7	168.9	194.6	177.2	204	210.3	163.4	167.5	158.3	149
K_t	0.400	0.375	0.375	0.367	0.399	0.420	0.424	0.442	0.382	0.431	0.421	0.403

续附表2

上海　　纬度31°24′，经度121°29′，高度6m

月份	1	2	3	4	5	6	7	8	9	10	11	12
T_a	3.5	4.6	8.3	14.0	18.8	23.3	27.8	27.7	23.6	18.0	12.3	6.2
H_t	8.371	9.730	11.772	13.725	15.335	15.111	18.673	18.180	12.963	11.518	9.411	8.047
H_d	4.091	4.869	6.179	7.372	8.197	8.664	8.262	7.450	6.883	5.544	4.509	3.776
H_b	4.280	4.860	5.593	6.353	7.154	6.447	10.412	10.730	6.080	5.974	4.903	4.271
H	11.293	11.919	12.775	13.356	13.965	13.471	16.550	17.236	13.479	13.555	12.330	11.437
H_0	20.669	25.220	31.222	36.663	40.040	41.246	40.474	37.696	32.880	26.864	21.620	19.180
S_m	126.2	146.7	123.3	163.6	191.5	148.8	220.5	205.9	196.2	179.4	148.4	147
K_t	0.405	0.386	0.377	0.374	0.383	0.366	0.461	0.482	0.394	0.429	0.435	0.420

杭州　　纬度30°14′，经度120°10′，高度41.7m

月份	1	2	3	4	5	6	7	8	9	10	11	12
T_a	4.3	5.6	9.5	15.8	20.7	24.3	28.4	27.9	23.4	18.3	12.4	6.8
H_t	6.813	7.753	9.021	12.542	14.468	13.218	17.405	16.463	12.013	10.276	8.388	7.303
H_d	3.583	4.170	5.131	7.124	7.871	7.872	7.806	7.615	6.244	5.181	4.246	3.680
H_b	3.405	3.120	3.832	5.201	6.050	4.822	9.245	8.949	5.220	4.846	4.269	3.922
H	9.103	8.534	9.552	11.953	12.715	11.417	15.158	15.684	11.846	11.524	10.839	10.425
S_m	112.2	103.3	114.1	145.8	168.9	146.6	222.2	215.3	151.9	153.9	143.2	142.5

慈溪　　纬度30°12′，经度121°16′，高度3.5m

月份	1	2	3	4	5	6	7	8	9	10	11	12
T_a	4.3	5.5	9.1	14.9	20	24.1	28.2	27.6	23.5	18.4	12.6	6.6
H_t	7.135	8.098	10.113	13.166	14.692	13.938	17.917	17.025	12.333	10.794	9.198	8.301
H_d	3.944	4.717	5.759	7.478	8.215	7.973	8.013	7.512	6.485	5.448	4.404	3.806
H_b	3.634	3.886	4.649	6.128	7.010	6.226	10.297	10.038	6.195	5.497	4.773	4.340
H	9.824	10.173	11.144	13.215	13.875	12.666	16.238	16.617	13.181	12.661	11.787	11.276
S_m	118	113.3	126.7	162.6	184.7	164.3	247.8	243.6	174.8	166.6	153.2	147.9

漠河　　纬度52°58′，经度122°31′，高度433.0m

月份	1	2	3	4	5	6	7	8	9	10	11	12
T_a	-29.8	-24.8	-14	-0.2	9.1	16	18.4	15.4	7.9	-3	-18.5	-28
H_t	4.309	8.744	14.448	17.104	20.099	22.649	19.373	18.202	13.130	8.666	5.241	3.258
H_d	1.991	3.005	5.111	6.916	8.512	9.230	8.827	7.504	4.646	3.052	1.918	1.337
H_b	2.318	5.738	9.337	10.188	11.587	13.420	10.546	10.698	8.484	5.614	3.323	1.921
H	12.105	20.117	21.902	18.437	17.924	18.589	16.682	17.726	17.364	16.103	13.943	10.361
S_m	144.1	188	254.6	225	261.1	261.6	236.5	217	190.8	189.5	141	125.5

续附表 2

黑河　纬度 50°15′，经度 127°27′，高度 166.4m

月份	1	2	3	4	5	6	7	8	9	10	11	12
T_a	-23.2	-18	-8.3	3.5	11.9	18.2	20.8	18.3	11.6	1.9	-11.2	-20.9
H_t	5.203	9.399	14.349	16.612	19.288	20.696	18.683	16.173	12.658	9.050	5.713	4.072
H_d	2.155	3.434	5.324	7.142	8.308	8.205	7.987	6.423	4.776	3.372	2.174	1.754
H_b	3.125	6.067	9.276	9.524	11.110	12.732	10.615	9.691	7.886	5.883	3.522	2.296
H	13.018	18.819	20.836	17.461	17.469	17.566	15.939	15.965	15.934	15.703	14.116	11.340
S_m	184.9	220	264.5	241.8	276.2	284.9	267.2	249.4	219.3	211.1	176.1	166.4

乌鲁木齐　纬度 43°47′，经度 87°37′，高度 917.9m

月份	1	2	3	4	5	6	7	8	9	10	11	12
T_a	-12.6	-9.7	-1.7	9.9	16.7	21.5	23.7	22.4	16.7	7.7	-2.5	-9.3
H_t	5.315	7.984	11.929	17.666	21.371	22.496	22.038	20.262	16.206	11.062	6.104	4.174
H_d	2.895	4.302	5.978	7.511	8.444	8.115	7.336	6.498	5.254	3.962	2.952	2.316
H_b	2.420	3.682	5.951	10.156	12.926	14.382	14.702	13.764	10.952	7.101	3.153	1.858
H	9.010	11.251	14.360	18.101	18.934	18.990	18.926	19.696	19.383	16.772	10.193	7.692
S_m	116.9	141.5	194.5	256.5	295.1	292.7	311.6	309.7	271.5	236.1	140.5	95.5

固原　纬度 36°00′，经度 106°16′，高度 1753.0m

月份	1	2	3	4	5	6	7	8	9	10	11	12
T_a	-8.1	-4.9	1	8.2	13.4	17	18.9	17.8	12.8	6.6	-0.3	-6
H_t	10.342	12.281	14.120	17.999	20.137	20.121	19.845	18.090	14.969	12.171	10.860	9.806
H_d	4.203	5.738	7.373	9.369	9.241	9.142	8.253	7.248	6.560	5.103	4.195	3.649
H_b	5.865	6.171	5.339	8.089	9.547	9.699	10.915	10.581	8.089	6.779	6.784	6.219
H	15.926	15.795	13.901	17.102	17.000	16.500	16.922	17.035	15.841	15.076	16.752	17.521
S_m	219.9	193.4	208.9	232.6	257.3	251	252.8	239.5	196.8	200.4	214.6	224.2

狮泉河　纬度 32°30′，经度 80°05′，高度 4278.0m

月份	1	2	3	4	5	6	7	8	9	10	11	12
T_a	-12.4	-10.1	-5.4	-0.3	4.5	10.3	13.8	13.3	8.8	0.3	-6.4	-11.1
H_t	13.487	16.536	20.487	24.011	25.956	26.996	23.521	22.354	21.952	19.595	15.768	12.827
H_d	3.047	3.994	5.339	5.682	6.064	5.625	6.450	5.525	3.674	2.543	2.181	2.593
H_b	9.765	11.381	13.613	16.826	18.024	19.410	15.265	15.403	17.250	16.084	12.897	9.524
H	20.426	21.352	22.164	22.413	21.446	21.255	18.922	19.922	23.483	25.254	23.942	20.741
S_m	255.2	251	299.4	318.2	348.6	356.5	322.6	315.3	314.4	320.6	286.8	267.6

续附表2

绵阳　　纬度31°28′，经度104°41′，高度470.8m

月份	1	2	3	4	5	6	7	8	9	10	11	12
T_a	5.3	7.3	11.4	16.8	21.4	24.3	25.7	25.4	21.4	17	11.8	6.7
H_t	5.481	6.653	8.889	12.745	14.251	14.163	14.678	14.172	9.580	7.385	5.829	4.771
H_d	4.311	5.200	7.122	9.006	9.528	9.909	9.453	8.451	7.015	5.529	4.407	3.850
H_b	1.454	1.609	2.095	3.947	4.968	4.497	5.397	5.516	2.540	1.984	1.560	1.246
H	6.603	7.338	9.325	12.474	13.315	13.041	13.454	13.221	9.540	7.988	6.737	5.940
S_m	64.3	60.2	86.1	123.1	131.8	126.7	146.2	163.3	82.2	72	65.7	60.6

峨眉山　　纬度29°31′，经度103°20′，高度3047.4m

月份	1	2	3	4	5	6	7	8	9	10	11	12
T_a	-5.7	-4.9	-1.3	2.9	6.3	9.3	11.6	11.2	7.7	3.5	-0.3	-3.5
H_t	11.145	12.390	14.624	15.083	13.583	12.419	13.280	12.657	10.436	9.355	9.945	10.736
H_d	4.062	5.337	6.498	7.891	8.355	8.157	8.784	7.902	6.751	5.689	4.591	3.695
H_b	6.880	7.076	7.764	6.798	4.676	3.648	4.181	4.390	2.841	3.370	4.753	6.992
H	15.151	15.299	15.589	14.267	12.094	10.743	11.852	11.650	9.622	9.951	11.813	15.584
S_m	153.4	124.9	146.4	133.8	105.5	90.1	120.3	129.3	81.2	78.5	116	158.2

乐山　　纬度29°34′，经度103°45′，高度424.2m

月份	1	2	3	4	5	6	7	8	9	10	11	12
T_a	7.1	8.8	12.9	18	21.8	24.1	25.9	25.8	21.9	17.8	13.4	8.7
H_t	4.688	6.376	9.048	12.363	13.223	13.056	14.308	14.463	9.150	7.148	5.301	4.253
H_d	3.714	4.800	6.385	8.026	8.697	8.702	8.863	8.262	6.576	5.389	3.974	3.411
H_b	0.974	1.576	2.663	4.337	4.526	4.355	5.444	6.201	2.574	1.759	1.327	0.842
H	5.134	6.845	9.300	11.945	12.285	11.839	12.986	13.700	9.155	9.497	5.863	4.702
S_m	44.3	50.3	83.6	119.9	125.2	112.8	146	166.1	78.5	54.5	54	45.3

南充　　纬度30°47′，经度106°06′，高度309.3m

月份	1	2	3	4	5	6	7	8	9	10	11	12
T_a	6.4	8.5	12.5	17.7	21.9	24.7	27.2	27.5	22.6	17.7	12.9	8
H_t	4.461	6.229	9.207	12.508	13.949	14.083	15.930	16.896	9.761	7.132	5.131	4.069
H_d	3.542	4.725	6.598	8.075	8.814	8.675	8.720	8.379	6.076	4.915	3.745	3.244
H_b	0.920	1.504	2.609	4.433	5.135	5.408	7.210	8.517	3.685	2.217	1.387	0.824
H	4.922	6.707	9.457	12.086	12.801	12.644	14.303	16.003	9.955	7.707	5.793	4.558
S_m	33.1	45.3	84.8	122.8	135.3	127	174.7	200.6	100	70	55.4	28.2

续附表 2

重庆　　纬度 29°31′，经度 106°29′，高度 351.1m

月份	1	2	3	4	5	6	7	8	9	10	11	12
T_a	7.8	9.5	13.6	18.4	22.3	25.1	28.1	28.4	23.6	18.6	14	9.3
H_t	3.505	4.848	7.677	10.441	11.492	11.847	15.447	15.655	9.576	6.107	4.404	3.210
H_d	3.054	4.028	5.999	7.142	7.838	7.796	8.276	8.144	5.944	4.365	3.336	2.806
H_b	0.465	0.743	1.915	3.218	3.567	4.056	7.189	7.733	3.275	1.733	0.901	0.498
H	3.670	4.905	8.025	9.992	10.617	10.735	13.893	15.034	9.345	6.487	4.587	3.531
S_m	24.6	34.3	76.8	105.1	112.8	109.9	190	213.4	94.9	70.5	42.7	26.6

泸州　　纬度 28°53′，经度 105°26′，高度 334.8m

月份	1	2	3	4	5	6	7	8	9	10	11	12
T_a	7.6	9.4	13.5	18.4	21.9	24.3	26.8	27	22.6	18	13.7	9.1
H_t	3.805	5.039	7.818	11.290	12.668	12.390	15.465	15.529	9.916	5.882	4.904	3.358
H_d	3.229	3.776	5.657	7.677	8.219	8.030	9.023	8.793	6.226	4.389	3.424	2.659
H_b	0.647	0.809	2.004	2.975	4.268	4.803	6.502	6.937	2.681	1.324	1.000	0.636
H	4.123	4.753	7.801	10.264	11.615	11.587	14.043	14.902	8.939	5.949	4.922	3.612
S_m	35.9	43.8	85.7	120	128	117.2	186.7	204.8	103.3	64.7	54.5	38.5

威宁　　纬度 26°55′，经度 104°17′，高度 2237.5m

月份	1	2	3	4	5	6	7	8	9	10	11	12
T_a	2	3.8	7.8	11.5	14.1	16.1	17.4	17	14.3	10.8	6.9	3.4
H_t	9.756	12.142	15.270	16.235	15.475	13.939	15.396	15.252	11.328	10.493	9.501	9.214
H_d	3.763	4.455	5.320	7.676	8.661	9.375	9.503	8.739	7.170	5.796	4.350	3.767
H_b	5.993	7.687	9.684	8.558	6.814	4.564	5.893	6.513	4.158	4.696	4.934	5.448
H	12.769	14.804	16.488	15.762	14.331	12.735	14.048	14.466	11.461	11.622	11.829	12.293
S_m	150.9	145.5	202.2	216.7	167.3	126.9	153.7	148.4	118.3	110.9	129.8	167.3

腾冲　　纬度 25°01′，经度 98°30′，高度 1654.6m

月份	1	2	3	4	5	6	7	8	9	10	11	12
T_a	8.1	9.7	12.9	15.8	18.2	19.6	19.5	19.9	19	16.7	12.5	9
H_t	14.847	15.850	17.176	17.543	16.945	13.625	12.269	14.395	14.816	14.974	14.316	14.352
H_d	4.059	4.982	6.814	8.325	9.013	9.119	8.638	9.216	8.432	5.970	4.422	3.694
H_b	10.815	11.138	10.512	8.758	7.849	4.094	3.053	5.193	6.302	8.923	9.737	10.466
H	20.691	19.554	18.692	16.554	15.621	12.161	10.953	13.717	14.982	16.960	18.609	19.416
S_m	248.4	209.7	229	204.3	175.4	92.2	72.2	108.5	125.9	180.5	211.2	249.9

续附表2

昆明								纬度25°01′，经度102°41′，高度1892.4m				
月份	1	2	3	4	5	6	7	8	9	10	11	12
T_a	8.1	9.9	13.2	16.6	19	19.9	19.8	19.4	17.8	15.4	11.6	8.2
H_t	13.322	15.928	18.368	19.423	17.655	14.565	13.571	14.681	12.950	11.638	11.590	11.884
H_d	4.040	4.724	6.356	8.023	8.382	9.222	8.967	9.047	7.872	5.896	4.844	4.121
H_b	9.283	11.204	12.012	11.400	9.273	5.343	4.604	5.634	5.095	5.742	6.746	7.763
H	18.297	19.392	19.919	18.834	16.269	13.287	12.601	13.963	13.130	12.898	14.612	15.736
S_m	231.5	227.2	264	252.8	219.6	140.2	128.4	149.5	127.8	149	175.7	206.6

景洪								纬度22°00′，经度100°47′，高度582m				
月份	1	2	3	4	5	6	7	8	9	10	11	12
T_a	16.5	18.7	21.7	24.5	25.8	26.1	25.6	25.4	24.7	22.9	19.7	16.5
H_t	13.152	16.129	16.694	18.106	18.211	16.512	14.593	15.450	16.064	14.435	12.113	11.433
H_d	4.679	5.446	7.449	8.542	9.301	10.408	9.683	9.016	8.597	7.038	5.786	5.100
H_b	7.873	10.896	9.408	9.329	8.917	6.028	4.894	6.505	7.385	7.418	6.007	6.332
H	15.746	19.018	17.785	17.288	16.915	15.228	13.632	14.781	16.222	15.784	13.860	14.356
S_m	197.6	225.3	241.4	231.4	209.6	159.5	133.8	155.6	170.9	164.4	148.8	158.9

蒙自								纬度23°23′，经度103°23′，高度1300.7m				
月份	1	2	3	4	5	6	7	8	9	10	11	12
T_a	12.4	14.3	18	21	22.4	23.1	22.7	22.2	21	18.6	15.3	12.3
H_t	13.002	15.068	16.650	18.521	18.084	15.874	15.486	14.566	14.060	13.200	11.965	12.128
H_d	4.675	5.394	6.863	8.472	9.060	10.109	9.796	9.088	8.517	6.672	5.464	4.525
H_b	8.050	9.827	9.327	9.189	8.609	5.815	5.477	5.959	5.887	5.850	5.845	6.983
H	16.412	17.881	17.233	17.097	16.374	14.708	14.200	14.327	14.578	13.646	13.563	15.230
S_m	216	212.3	237.6	231.8	207	144.2	143.4	153.2	153.5	159.2	169.3	200.1

武汉								纬度30°37′，经度114°08′，高度23.1m				
月份	1	2	3	4	5	6	7	8	9	10	11	12
T_a	3.7	5.8	10.1	16.8	21.9	25.6	28.7	28.2	23.4	17.7	11.4	6
H_t	6.524	7.808	8.830	12.407	14.098	14.756	17.308	16.960	13.294	10.248	8.333	7.022
H_d	4.074	5.001	5.723	7.651	8.309	8.536	8.170	8.388	7.022	5.345	4.377	3.765
H_b	2.450	2.807	3.107	4.755	5.788	6.220	9.137	8.572	6.272	4.903	3.955	3.257
H	8.013	8.892	9.237	12.007	12.895	13.184	15.405	16.063	13.795	11.796	10.522	9.404
S_m	110	105.8	119.2	156	187.3	185.3	239.6	248.7	182.4	166.3	148.9	140.7

续附表 2

长沙　纬度 28°12′，经度 113°05′，高度 44.9m

月份	1	2	3	4	5	6	7	8	9	10	11	12
T_a	4.6	6.1	10.7	17	21.8	25.6	29	28.5	23.7	18.2	12.4	6.7
H_t	5.397	6.230	7.135	10.184	13.065	14.443	18.613	17.344	13.407	10.086	8.014	6.811
H_d	3.499	4.032	4.874	6.584	7.886	8.645	8.632	8.701	7.116	5.290	4.436	3.838
H_b	1.874	1.909	2.274	3.471	4.777	5.921	10.273	8.793	6.262	4.756	3.691	3.045
H	6.310	6.537	7.369	9.717	11.762	13.109	16.848	16.559	13.775	11.322	10.213	8.712
S_m	81.6	64.6	73.7	96.2	136.2	150.5	252.9	239.4	165.1	142	120.2	113.6

遵义　纬度 27°42′，经度 106°53′，高度 843.9m

月份	1	2	3	4	5	6	7	8	9	10	11	12
T_a	4.5	6	10.2	15.8	19.7	22.7	25.1	24.6	21	16.1	11.3	6.7
H_t	3.791	4.634	7.364	10.550	10.806	11.798	15.186	14.824	9.906	7.594	5.312	4.252
H_d	3.076	3.785	5.336	7.429	8.068	8.371	9.723	8.972	6.671	4.952	3.637	3.135
H_b	0.715	0.850	1.761	3.121	2.739	3.427	5.463	5.852	3.235	2.642	1.492	1.117
H	4.063	4.807	7.195	10.181	10.141	10.815	13.874	14.063	9.973	8.194	5.857	4.825
S_m	29.5	31.2	58.3	94	106.5	107	177.1	188.4	117.7	80.7	57.1	45.6

贵阳　纬度 26°35′，经度 106°43′，高度 1074.3m

月份	1	2	3	4	5	6	7	8	9	10	11	12
T_a	5.1	6.6	11	16.1	19.6	22.2	23.9	23.6	20.6	16.3	11.8	7.4
H_t	4.752	6.213	9.246	11.217	12.004	11.971	14.453	14.648	11.462	8.425	6.699	5.514
H_d	3.421	4.302	6.306	7.337	8.066	7.902	8.632	8.062	6.558	4.931	4.075	3.600
H_b	1.277	1.938	3.099	3.908	3.607	3.792	5.633	6.174	4.365	3.448	2.272	1.874
H	5.381	6.774	9.688	10.874	10.931	10.696	13.003	13.502	11.097	9.167	7.410	6.421
S_m	42.8	47.6	84.5	106.1	114.3	108.2	160.1	171	123.4	94.1	73.2	64.6

赣州　纬度 25°51′，经度 114°57′，高度 123.8m

月份	1	2	3	4	5	6	7	8	9	10	11	12
T_a	8.1	9.8	13.6	19.6	23.8	27.1	29.3	28.8	25.8	21.2	15.4	10.3
H_t	6.923	7.347	7.840	10.860	13.759	16.119	19.741	18.398	15.139	12.496	10.080	8.807
H_d	4.294	4.547	5.320	7.099	8.143	9.247	8.566	8.519	7.629	6.209	5.128	4.489
H_b	2.636	2.659	2.407	3.314	5.088	6.760	11.049	9.823	7.284	6.253	4.974	4.586
H	8.342	7.953	7.920	10.068	12.328	14.448	17.723	17.346	15.305	13.922	12.430	11.425
S_m	89.7	75.3	74.3	103.4	141.9	178.2	269.1	242.4	186.8	169.5	150.8	145.5

续附表2

南昌　纬度28°36′，经度115°55′，高度46.7m

月份	1	2	3	4	5	6	7	8	9	10	11	12
T_a	5.3	6.9	10.9	17.3	22.3	25.7	29.2	28.8	24.6	19.4	13.3	7.8
H_t	6.340	7.341	8.141	10.972	13.721	14.456	18.924	18.082	14.559	11.909	9.291	8.027
H_d	3.827	4.383	5.243	6.868	7.826	8.249	7.847	7.882	7.230	5.822	4.636	4.149
H_b	2.535	2.693	2.805	3.941	5.378	6.338	11.477	10.575	7.013	6.021	4.800	3.966
H	7.708	8.000	8.364	10.452	12.230	13.062	17.100	17.454	14.739	13.542	12.301	10.609
S_m	96.2	87.5	89.1	119.2	156.2	164.8	256.8	251.1	191.9	172.8	152.6	147

福州　纬度26°05′，经度119°17′，高度84.0m

月份	1	2	3	4	5	6	7	8	9	10	11	12
T_a	10.9	11	13.5	18.2	22.2	26	28.9	28.4	25.9	22.1	17.7	13.2
H_t	7.504	7.869	9.020	11.953	12.837	14.907	18.683	16.610	13.736	11.537	9.219	8.324
H_d	3.978	4.547	5.576	7.115	7.599	8.016	8.213	8.197	6.917	5.780	4.848	4.149
H_b	3.492	3.163	3.577	4.670	4.658	6.680	10.720	8.638	6.254	5.630	4.437	4.407
H	9.446	8.645	9.533	11.408	11.421	13.191	17.095	15.932	13.501	12.738	11.392	10.860
S_m	105.3	82.3	92.2	115	119.3	147.1	232.9	206.1	160	149.7	124.3	131.3

韶关　纬度24°41′，经度113°36′，高度60.7m

月份	1	2	3	4	5	6	7	8	9	10	11	12
T_a	10.2	11.8	15.1	20.5	24.4	27.4	29	28.5	26.4	22.4	16.8	12.1
H_t	7.495	6.682	6.658	8.526	11.968	15.398	18.338	17.606	14.728	12.642	10.718	9.366
H_d	4.452	4.211	4.728	6.044	7.684	9.171	8.417	8.622	7.679	6.326	5.078	4.442
H_b	3.043	2.470	1.930	2.483	4.284	6.227	9.922	8.985	7.049	6.317	5.640	4.925
H	8.972	7.321	6.785	8.250	11.200	13.976	16.643	16.669	15.054	14.002	13.141	11.689
S_m	92.1	69.2	59.1	77.6	117.3	155	233.6	213.2	183.1	169	151.6	145

广州　纬度23°10′，经度113°20′，高度41.7m

月份	1	2	3	4	5	6	7	8	9	10	11	12
T_a	13.6	14.5	17.9	22.1	25.5	27.6	28.6	28.4	27.1	24.2	19.6	15.3
H_t	8.857	7.611	7.393	8.712	11.160	12.841	14.931	13.895	13.794	13.113	11.796	10.528
H_d	5.106	5.002	5.473	6.822	8.086	8.530	8.451	8.566	8.002	6.695	5.445	5.030
H_b	3.751	2.609	1.920	1.890	3.074	4.312	6.480	5.293	5.792	6.418	6.351	5.498
H	10.459	8.203	7.484	8.444	10.554	11.914	13.763	13.207	13.972	14.346	14.218	13.355
S_m	122.3	73.9	64.5	67.6	108.4	145.6	209.4	180.3	176.6	188.3	178.8	171.7

续附表 2

汕头 纬度 23°24′，经度 116°41′，高度 1.1m

月份	1	2	3	4	5	6	7	8	9	10	11	12
T_a	13.7	14.1	16.6	20.7	24.2	26.9	28.3	28.1	26.8	23.8	19.6	15.5
H_t	10.192	9.588	10.366	12.319	13.634	15.142	17.880	16.910	15.675	14.521	12.354	10.959
H_d	5.221	5.766	6.577	7.950	8.160	7.918	7.353	8.188	7.348	6.472	5.559	5.091
H_b	4.648	3.670	3.442	3.755	4.756	6.592	10.208	8.611	7.770	7.651	6.429	5.917
H	11.927	10.319	10.282	11.337	12.104	13.238	15.894	15.909	15.465	15.662	14.484	14.131
S_m	147.8	99.4	105.1	116.6	139.4	176.7	247.6	225.8	207.2	214.2	187.1	177.2

南宁 纬度 22°49′，经度 108°21′，高度 73.1m

月份	1	2	3	4	5	6	7	8	9	10	11	12
T_a	12.8	14.1	17.6	22.5	25.9	27.9	28.4	28.2	26.9	23.5	18.9	14.9
H_t	6.882	7.217	8.166	11.289	14.925	16.026	17.020	16.752	16.551	13.634	11.208	9.368
H_d	4.745	5.333	6.250	8.204	9.863	10.191	9.371	9.703	8.885	7.588	6.185	5.702
H_b	2.330	1.996	2.325	3.162	5.462	6.420	8.224	7.156	8.059	5.998	5.213	3.918
H	7.996	7.729	8.694	11.017	14.393	15.318	16.165	16.039	17.246	14.673	13.282	11.507
S_m	72	58.5	63.9	94.6	149.6	167	203.7	192.7	191.9	169.3	149	127.9

桂林 纬度 25°19′，经度 110°18′，高度 164.4m

月份	1	2	3	4	5	6	7	8	9	10	11	12
T_a	7.9	9.3	12.9	18.7	23	26.3	28	27.9	25.3	20.7	15.4	10.5
H_t	6.060	6.147	6.711	8.663	11.649	12.736	16.285	16.515	15.809	12.306	9.832	8.050
H_d	3.863	4.184	4.790	6.004	7.386	8.701	8.481	8.377	7.730	6.134	4.909	4.333
H_b	2.139	1.653	1.837	2.611	3.892	4.345	7.875	7.775	7.818	5.836	4.803	3.593
H	7.078	6.237	6.743	8.332	10.554	11.955	14.931	15.304	15.963	13.272	11.865	9.667
S_m	68.9	51.6	53.5	75.1	113.1	135.3	205.5	210.9	199.6	162.1	138.6	120.8

海口 纬度 20°02′，经度 110°21′，高度 13.9m

月份	1	2	3	4	5	6	7	8	9	10	11	12
T_a	17.7	18.7	21.7	25.1	27.4	28.4	28.6	28.1	27.1	25.3	22.2	19
H_t	8.093	8.900	11.492	14.481	16.950	17.556	18.637	16.412	15.046	12.142	10.464	8.937
H_d	4.686	5.193	6.701	7.900	7.411	7.644	6.903	7.152	6.943	6.116	5.742	5.133
H_b	3.068	3.348	4.221	6.045	9.205	9.357	11.518	8.519	8.039	5.460	4.524	4.115
H	8.744	9.174	11.203	13.680	15.377	15.427	16.690	14.844	15.239	12.557	11.563	10.792
S_m	113.1	102	141.5	173.3	225	230.1	259.7	224.7	199.9	183	150.3	136.4

附录3 生活饮用水水质标准

附表3 生活饮用水水质常规检验项目及限值

项目		限值
感官性状和一般化学指标	色度	色度不超过15度，并不得呈现其他异色
	浑浊度	不超过1度（NTU）①，特殊情况下不超过5度（NTU）
	臭和味	不得有异臭、异味
	肉眼可见物	不得含有
	pH值	6.5~8.5
	总硬度（以 $CaCO_3$ 计）$/mg \cdot L^{-1}$	450
	铝$/mg \cdot L^{-1}$	0.2
	铁$/mg \cdot L^{-1}$	0.3
	锰$/mg \cdot L^{-1}$	0.1
	铜$/mg \cdot L^{-1}$	1.0
	锌$/mg \cdot L^{-1}$	1.0
	挥发酚类（以苯酚计）$/mg \cdot L^{-1}$	0.002
	阴离子合成洗涤剂$/mg \cdot L^{-1}$	0.3
	硫酸盐$/mg \cdot L^{-1}$	250
	氯化物$/mg \cdot L^{-1}$	250
	溶解性总固体$/mg \cdot L^{-1}$	1000
	耗氧量（以 O_2 计）$/mg \cdot L^{-1}$	3，特殊情况下不超过5②
毒理学指标	砷$/mg \cdot L^{-1}$	0.05
	镉$/mg \cdot L^{-1}$	0.005
	铬（六价）$/mg \cdot L^{-1}$	0.05
	氰化物$/mg \cdot L^{-1}$	0.05
	氟化物$/mg \cdot L^{-1}$	1.0
	铅$/mg \cdot L^{-1}$	0.01
	汞$/mg \cdot L^{-1}$	0.001
	硝酸盐（以N计）$/mg \cdot L^{-1}$	20
	硒$/mg \cdot L^{-1}$	0.01
	四氯化碳$/mg \cdot L^{-1}$	0.002
	氯仿$/mg \cdot L^{-1}$	0.06

续附表 3

项目		限值
细菌学指标	细菌总数	100（CFU/mL）③
	总大肠菌群	每 100mL 水样中不得检出
	粪大肠菌群	每 100mL 水样中不得检出
	游离余氯	在与水接触 30min 后应不低于 0.3mg/L，管网末梢水不应低于 0.05mg/L（适用于加氯消毒）
放射性指标④	总 α 放射性④/$Bq \cdot L^{-1}$	0.5
	总 β 放射性/$Bq \cdot L^{-1}$	1

①NTU 为散射浊度单位。

②特殊情况包括水源限制等情况。

③CFU 为菌落形成单位。

④放射性指标规定数值不是限值，而是参考水平。放射性指标超过本表中所规定的数值时，必须进行核素分析和评价，以决定能否饮用。

附表 4　生活饮用水水质非常规检验项目及限值　（mg/L）

项目		限值
感官性状和一般化学指标	硫化物	0.02
	钠	200
毒理学指标	锑	0.005
	钡	0.7
	铍	0.002
	硼	0.5
	钼	0.07
	镍	0.02
	银	0.05
	铊	0.0001
	二氯甲烷	0.02
	1，2-二氯乙烷	0.03
	1，1，1-三氯乙烷	2
	氯乙烯	0.005
	1，1-二氯乙烯	0.03
	1，2-二氯乙烯	0.05
	三氯乙烯	0.07
	四氯乙烯	0.04
	苯	0.01
	甲苯	0.7

续附表4

项　目		限　值
毒理学指标	二甲苯	0.5
	乙苯	0.3
	苯乙烯	0.02
	苯并［*a*］芘	0.00001
	氯苯	0.3
	1，2-二氯苯	1
	1，4-二氯苯	0.3
	三氯苯（总量）	0.02
	邻苯二甲酸二（2-乙基己基）酯	0.008
	丙烯酰胺	0.0005
	六氯丁二烯	0.0006
	微囊藻毒素-LR	0.001
	甲草胺	0.02
	灭草松	0.3
	叶枯唑	0.5
	百菌清	0.01
	滴滴涕	0.001
	溴氰菊酯	0.02
	内吸磷	0.03（感官限值）
	乐果	0.08（感官限值）
	2，4-滴	0.03
	七氯	0.0004
	七氯环氧化物	0.0002
	六氯苯	0.001
	六六六	0.005
	林丹	0.002
	马拉硫磷	0.25（感官限值）
	对硫磷	0.003（感官限值）
	甲基对硫磷	0.02（感官限值）
	五氯酚	0.009
	亚氯酸盐	0.2（适用于二氧化氯消毒）
	一氯胺	3
	2，4，6-三氯酚	0.2
	甲醛	0.9

续附表 4

项　目		限　值
毒理学指标	三卤甲烷[1]	该类化合物中每种化合物的实测浓度与其各自限值的比值之和不得超过 1
	溴仿	0.1
	二溴一氯甲烷	0.1
	一溴二氯甲烷	0.06
	二氯乙酸	0.05
	三氯乙酸	0.1
	三氯乙醛（水合氯醛）	0.01
	氯化氰（以 CN^- 计）	0.07

①三卤甲烷包括氯仿、溴仿、二溴一氯甲烷和一溴二氯甲烷共四种化合物。

附录4　常用单位换算关系

附表5　常用单位的换算关系

类　别	非法定单位	换算系数	法定单位
长度	in	0.0254	m
	ft	0.3048	
	yd	0.9144	
	mile	1609.344	
质量	1b	0.4536	kg
	t	1000	
面积	in^2	6.4516×10^{-4}	m^2
	ft^2	0.0929	
容积，体积	ft^3	0.0283	m^3
	in^3	1.6387×10^{-5}	
	Uk gal	4.5461×10^{-3}	
	Us gal	3.7854×10^{-3}	
速度	ft/s	0.3048	m/s
	ft/min	0.0051	
密度	$1b/in^3$	27679.9	kg/m^3
	$1b/ft^3$	16.0185	
压强	kgf/cm^2	9.8067×10^4	Pa
	mmH_2O	9.8067	
	mmHg（Torr）	133.322	
	in H_2O	249.089	
	$1bf/in^2$	6894.76	
	bar	1×10^5	
	atm	101325	
动力黏度	$kgf\cdot s/m^2$	9.8067	Pa·s
	$1bf\cdot s/ft^2$	47.8803	
运动黏度	in^2/s	6.45×10^{-4}	m^2/s
	ft^2/s	9.29×10^{-2}	
	in^2/h	1.79×10^{-7}	
能、功、热	kW·h	3.6×10^6	J
	kgf·m	9.8067	
	Cal_{int}	4.1868	
	Cal_{1s}	4.1855	
	ft·1bf	1.3558	
	hp·h	2.68×10^6	
	Btu	1055.06	

续附表 5

类 别	非法定单位	换算系数	法定单位
功率	kcal/h	1.163	W
	Btu/h	0.2931	
	kgf·m/s	9.8067	
	hp	745.7	
热导率	kcal/(m·h·℃)	1.163	W/(m·℃)
	Btu/(ft·h·℉)	1.7307	
传热系数	kcal/(m^2·h·℃)	1.163	W/(m·℃)
	Btu/(ft^2·h·℉)	5.678	
比热容、比热焓、比熵	kcal/(kg·℃)	4186.8	J/(kg·℃)
	Btu/(lb·℉)	4186.8	
	ft·lbf/(lb·℉)	5.3803	
	kgf·m/(kg·℃)	9.8067	
冷量	U.S.RT	3516.91	W
力	kgf	9.8067	N
力矩	kgf·m	9.8067	N·m
转矩	kgf·m^2	9.8067	N·m^2
应力、强度	kgf/cm^2	9.8067×10^4	Pa
	kgf/mm^2	9.8067×10^5	Pa

注：非法定单位×换算系数=法定单位。

附录5　我国一些城市的经纬度

附表6　我国一些城市的经纬度

地点	北纬	东经	地点	北纬	东经
北京	39°57′	116°19′	青岛	36°04′	120°19′
上海	31°12′	121°26′	烟台	33°32′	121°23′
天津	39°06′	117°10′	南京	32°04′	118°47′
石家庄	38°04′	114°28′	无锡	31°40′	120°44′
唐山	39°40′	118°07′	苏州	31°21′	120°38′
邯郸	36°38′	114°28′	徐州	34°19′	117°22′
保定	38°53′	119°34′	合肥	31°53′	117°15′
太原	37°55′	112°34′	淮南	32°41′	117°00′
大同	40°00′	113°18′	蚌埠	32°58′	117°27′
呼和浩特	40°40′	111°41′	芜湖	31°20′	118°21′
包头	40°34′	109°50′	杭州	30°20′	120°10′
沈阳	41°46′	123°26′	宁波	29°54′	121°32′
大连	38°54′	121°38′	南昌	28°40′	115°58′
鞍山	41°07′	122°57′	九江	29°45′	115°55′
抚顺	41°50′	124°07′	福州	26°05′	119°18′
本溪	41°19′	123°47′	厦门	24°27′	118°04′
锦州	41°08′	121°07′	台北	25°02′	121°31′
阜新	42°10′	121°38′	高城	22°37′	120°15′
长春	43°52′	125°20′	郑州	34°43′	113°39′
吉林	43°52′	126°32′	洛阳	34°40′	112°30′
哈尔滨	45°45′	126°38′	开封	34°50′	114°20′
齐齐哈尔	47°20′	123°56′	武汉	30°38′	114°17′
牡丹江	44°35′	129°36′	宜昌	30°42′	111°05′
鸡西	45°17′	130°57′	长沙	28°15′	112°50′
济南	36°11′	116°58′	衡阳	27°53′	112°53′
湘潭	27°53′	112°53′	乌鲁木齐	43°47′	87°37′
广州	23°00′	113°13′	伊宁	43°55′	81°17′
汕头	23°21′	116°40′	喀什	39°31′	75°45′
海口	20°00′	110°25′	克拉玛依	45°33′	84°52′
南宁	22°48′	108°18′	哈密	42°50′	93°27′
柳州	24°20′	109°24′	成都	30°40′	104°04′
桂林	25°15′	110°10′	重庆	29°30′	106°33′
西安	34°15′	108°55′	自贡	29°24′	104°49′
延安	36°36′	109°32′	贵阳	26°34′	106°42′
银川	38°25′	106°16′	遵义	27°41′	106°55′
石嘴山	39°14′	106°45′	昆明	25°02′	102°43′
兰州	86°01′	103°53′	个旧	22°21′	103°08′
玉门	40°16′	97°11′	拉萨	29°43′	91°02′
西宁	36°35′	101°35′	日喀则	29°13′	88°55′
格尔木	36°12′	94°38′	吕都	31°11′	96°69′

附录 6　集热器三种面积计算方法

在确定集热器效率时需要用到集热器面积这个参数，但集热器面积却有三种表达方法，在国内外太阳能界中，经常会遇到由于采用不同的集热器面积定义而得到不同的集热器效率数值。为了使世界各国对于集热器面积的定义得以规范，国标标准 ISO—9488《太阳能术语》提出了三种集热器面积的定义，它们分别是：吸热体面积、采光面积、总面积（毛面积）。

下面就平板集热器的具体情况，对上述三种集热器面积的定义及其计算方法做简要的说明。

（1）吸热体面积（A_A）。平板集热器的吸热体面积是吸热板的最大投影面积，见附图 1。

$$A_A = (Z \times L_3 \times W_3) + [Z \times W_4 \times (L_4 + L_5)] + (2W_6 \times L_6) \tag{1}$$

式中，Z 为翅片数量；L_3 为翅片长度；W_3 为翅片宽度；W_4、W_6、L_4、L_5、L_6 见附图 1。

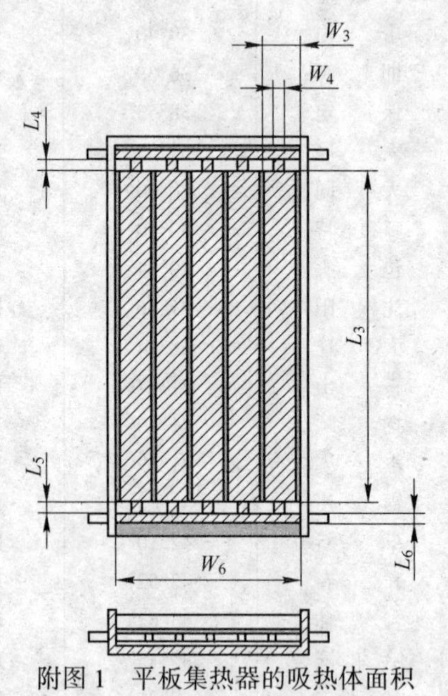

附图 1　平板集热器的吸热体面积

（2）采光面积（A_a）。平板集热器的采光面积是太阳辐射进入集热器的最大投影面积，见附图 2。

$$A_a = L_2 \times W_2 \tag{2}$$

（3）总面积（毛面积）（A_G）。

平板集热器的总面积是整个集热器的最大投影面积，见附图 3。

$$A_G = L_1 \times W_1 \tag{3}$$

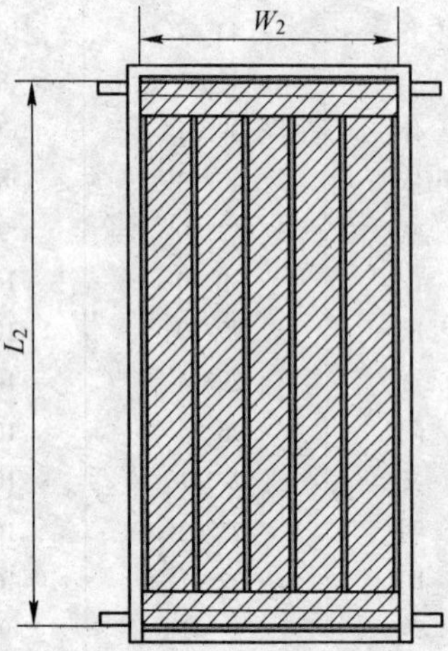

附图 2　平板集热器的采光面积

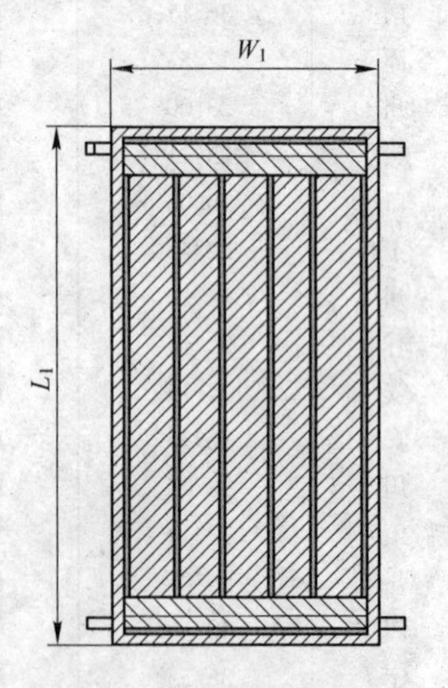

附图 3　平板集热器的总面积

附录 7　常用隔热材料导热系数

附表 7　常用隔热材料的导热系数 λ

名　称	导热系数 /kcal·（m·h·℃）$^{-1}$	名　称	导热系数 /kcal·（m·h·℃）$^{-1}$
空气	0.0192	膨胀蛭石	0.45~0.6
水	0.500	水泥蛭石板	0.08~0.12
木柴	0~0.15	脲醛泡沫塑料	0.0119
干锯木屑	0.060	聚苯乙烯泡沫塑料	0.041
石炭	0.16	松散锯末	0.08~0.1
厚纸板	0.061	木纤维板	0.14
软木板	0.036	松散稻壳	0.104
混凝土	0.7~1.20	稻草垫	0.047
干土	0.119	棉絮	0.037
湿土	0.565	石棉	0.06
干砂	0.28	麻毡	0.045
湿砂	0.97	切碎稻草填充物	0.04
玻璃	0.64	陶土填充料	0.18
沥青	0.60	膨胀珍珠岩	0.03~0.045
橡皮	0.14	泡沫砖	0.07~0.16
矿渣棉	0.038~0.046	加气砖	0.08~0.14
玻璃棉	0.03~0.05	加气混凝土	0.08~0.12
玻璃棉毡	0.35~0.4	水泥珍珠岩制品	0.046~0.07
超细玻璃棉	0.26~0.3		

注：1kcal=4.186kJ。

参考文献

[1] 中国标准化研究院 . GB/T 6424—2007 平板型太阳能集热器［S］. 北京：中国标准出版社，2008.

[2] 中国标准化研究院 . GB/T 4271—2007 太阳能集热器热性能试验方法［S］. 北京：中国标准出版社，2008.

[3] 中国标准化研究院 . GB/T 50364—2005 民用建筑太阳能热水系统应用技术规范［S］. 北京：中国建筑工业出版社，2005.

[4] 中国标准化研究院 . GB 50015—2003（2009 年版）建筑给水排水设计规范［S］. 北京：中国计划出版社，2006.

[5] 中国标准化研究院. GB/T 28746—2012 家用太阳能热水系统储水箱技术要求［S］. 北京：中国标准出版社，2013.

[6] 中国标准化研究院 . GB/T 28745—2012 家用太阳能热水系统储水箱试验方法［S］. 北京：中国标准出版社，2013.

[7] 中国标准化研究院 . GB/T 18713—2002 太阳热水系统设计、安装及工程验收技术规范［S］. 北京：中国标准出版社，2002.

[8] 太阳能集热系统设计与安装 06K503［S］. 北京：中国计划出版社，2006.

[9] 郑瑞澄，路宾，李忠，等. 太阳能供热采暖工程应用技术手册［M］. 北京：中国建筑工业出版社，2012.

[10] 岑幻霞. 太阳能热利用［M］，北京：清华大学出版社，1996.

[11] 喜文化. 太阳能实用工程技术［M］. 甘肃：兰州大学出版社，2001.

[12] J. 理查德 · 威廉斯. 太阳能采暖和热水系统的设计与安装［M］. 赵玉文，郑敏樟，霍志臣，译. 北京：新时代出版社，1990.

[13] 郑瑞澄. 民用建筑太阳能热水系统工程技术手册［M］北京：化学工业出版社，2011.

[14] 葛新石，龚堡，陆维德. 太阳能工程——原理和应用［M］. 北京：学术期刊出版社，1988.

[15] 何梓年，朱敦智. 太阳能供热采暖应用技术手册［M］. 北京：化学工业出版社，2009.

[16] 张鹤飞. 太阳能热利用原理与计算机模拟［M］. 西安：西北工业大学出版社，2004.

[17] 施玉川，李新德. 太阳能应用［M］. 西安：陕西科学技术出版社，2004.

[18] 罗运俊，何梓年，王长贵. 太阳能利用技术［M］. 北京：化学工业出版社，2005.